"十四五"职业教育国家规划教材
"十三五"职业教育国家规划教材
智能建筑工程实用技术系列丛书

视频监控系统工程实用技术（第3版）

王公儒◎主　编
王崇梅　凡明春◎副主编
冯义平　蒋　晨◎参　编

中国铁道出版社有限公司
CHINA RAILWAY PUBLISHING HOUSE CO., LTD.

内容简介

本书以培养视频监控系统工程设计、施工安装和运维人员的岗位技能为目的，满足视频监控技术等相关专业课教学实训与专业技能训练需求，依据相关现行国家标准和课程的具体要求编写。全书共七个单元，按照典型工作任务和工程项目流程以及编者多年从事智能建筑工程项目的实际经验精心安排内容，突出项目设计和专业技术技能等工程实用技术，安排有大量的典型案例，并配套有丰富的课程思政、练习题、互动练习、实训项目、技能竞赛等内容和电子版等。全书循序渐进，层次清晰，图文并茂，好学易记，并且配套有专业技能训练设备和实操视频。

本书适合作为高等职业院校智能建筑类、安全防范类、计算机类专业的教学实训教材，也可作为智能建筑行业、安全防范行业、计算机网络行业的工程设计、施工安装与运维等专业技术人员的参考书。

图书在版编目（CIP）数据

视频监控系统工程实用技术 / 王公儒主编. -- 3版.
北京 : 中国铁道出版社有限公司, 2025. 3. -- (智能建筑工程实用技术系列丛书). -- ISBN 978-7-113-31421-7

Ⅰ. TN948.65

中国国家版本馆CIP数据核字第2024JU8910号

书　　名：视频监控系统工程实用技术
作　　者：王公儒

策　　划：翟玉峰　　　　编辑部电话：(010) 51873135
责任编辑：翟玉峰　贾淑媛
封面设计：崔　欣
封面制作：刘　颖
责任校对：刘　畅
责任印制：赵星辰

出版发行：中国铁道出版社有限公司（100054，北京市西城区右安门西街 8 号）
网　　址：https://www.tdpress.com/51eds
印　　刷：天津嘉恒印务有限公司
版　　次：2018 年 2 月第 1 版　2025 年 3 月第 3 版　2025 年 3 月第 1 次印刷
开　　本：787 mm×1 092 mm 1/16　印张：13.25　字数：323 千
书　　号：ISBN 978-7-113-31421-7
定　　价：42.00 元

前言

《视频监控系统工程实用技术》第1版和第2版于2018年、2022年出版，2020年和2023年分别入选“十三五”“十四五”职业教育国家规划教材。本版根据现行高等职业教育相关专业教学标准、专业实训教学条件建设标准和多所学校人才培养方案等规定修订改版，从计算机网络技术应用视角，优化了教材结构，增加教材的可读性，增加了大量图片、实训项目、实训报告、练习题等对应的二维码，并将“互动练习”“练习题参考答案”修订为电子版。

随着智慧城市和数字经济快速发展，全社会急需熟悉计算机网络工程技术的智能建筑类专业技术技能人才，行业急需大量智能建筑系统工程的规划设计、安装施工、调试验收和运维等专业人员。视频监控、入侵报警、智能家居等工程技术已经成为建筑设备类、安全防范类、计算机类相关专业的必修课程或重要选修课程，也为高等职业院校人才培养和学生对口就业提供了广阔的行业和领域。

本书坚持“技能就是标准规范”的理念，融入和分享了编者多年实际工程经验和研究成果，以快速培养智能建筑、安全防范等行业急需专业人员为目标，首先以看得见、摸得着的视频监控实训装置和典型工程案例开篇，通过实物展示柜和工具箱，图文并茂地介绍了常用器材和工具；然后以任务驱动方式，精选最新智能建筑标准，并结合案例讲述；其次介绍了专业技术知识与实战技能；最后专门安排了相关工程管理内容。全书安排丰富的典型案例、课程思政、练习题、互动练习、实训项目等，通过配套的专门设备和实操指导视频训练专业技能，充分展示了“工作经验就是应用标准规范的能力”，体现了扩展就业能力，帮助读者快速上岗。

本书按照从点到面、从理论到技术再到技能的授课方式展开，每个单元开篇有学习目标，首先引入基本概念和相关知识，再给出具体的工程设计、施工安装等技术和技能方法，最后给出了多个工程典型案例。全书共分7个单元：单元1、2、3介绍了视频监控系统的概念、器材和工具、现行标准等内容，让读者快速认识视频监控系统，认识常用器材和工具，熟悉常用标准；单元4、5、6介绍了工程设计、施工安装和调试验收等工程实用技术和专业技能；单元7介绍了工程管理方法、常用表格和实践经验。

本书采用企业、学校、标准融合方式编写，由职业院校、龙头企业联合开发，由陕西省智能建筑产教融合科技创新服务平台支持，内容结合新规范、新标准编写。本书由王公儒担任主编，王崇梅、凡明春担任副主编。王公儒（西安开元电子实业有限公司）规划全书框架结构和主要内容，编写了单元1、2、6，并负责全书统稿，王崇梅（浙江建设技师学院）编写了单元7，凡明春（首钢技师学院）编写了单元3，冯义平（西安开元电子实业有限公司）编写了单元4，并协助统稿及编写实训项目、互动练习和习题等，蒋晨（西安开元电子实业有限公司）编写了单元5。

在本书的编写过程中参考和应用了多个国家标准，也有少量图片和文字来自有关厂家的产品手册和说明书，西安开元电子实业有限公司给予了资金和人员等全方位的支持，西安开元电子实业有限公司工会职工书屋提供了大量的参考书，在此表示感谢。

本书免费提供配套的课程思政、典型案例、互动练习、实训项目、实训报告等电子版文件资源，以及部分原图、实操视频、PPT课件等数字化资源，在文前部分特别安排了二维码索引表，扫描二维码可以下载进行改编和工程实战应用、完成互动练习和实训报告、创新实训项目、观看实操视频等。请访问西安开元电子实业有限公司官方网站“教学资源”栏下载或者在中国铁道出版社有限公司教育资源数字化平台https://www.tdpress.com/51eds中下载。

视频监控系统工程实用技术是快速发展和实践性较强的综合专业技术，欢迎专家和读者共同探讨和完善，推动行业发展。编者邮箱为s136@s369.com，教学实训交流QQ群为西元智能建筑工程技术教学实训群，128949365。

编　者

2024年6月

目录

实训视频二维码索引表

单元	视频名称	页码
单元1	“百炼成‘刚’”——纪刚劳模的先进事迹	9
	VSCS21-实训1-认识视频监控系统	17
	VSCS20-西元视频监控系统实训装置	17
	VSCS22-实训2-视频监控系统基本操作	19
单元2	A117-西元铜缆跳线制作	54
	VSCS23-实训3-网络跳线制作训练	54
	VSCS24-实训4-网络模块端接训练	57
单元3	VSCS25-实训5-同轴电缆接头的制作与测试	84
单元4	VSCS26-实训6-手机控制操作	112
单元5	VSCS27-实训7-摄像机的安装	153
单元6	VSCS28-实训8-计算机视频监控软件的设置与调试	177

实训项目二维码索引表

单元	实训项目名称	页码
单元1	实训1 认识视频监控系统	18
	实训2 视频监控系统基本操作	20
单元2	实训3 网络跳线制作训练	56
	实训4 网络模块端接训练	59
单元3	实训5 同轴电缆接头制作与测试	87
单元4	实训6 手机控制操作	114
单元5	实训7 摄像机的安装	156
单元6	实训8 计算机视频监控软件的设置与调试	179
单元7	实训9 视频监控系统工程综合实训	200

互动练习二维码索引表

单元1

认识视频监控系统

本单元首先介绍了视频监控系统的基本概念、主要组成部分和几种常用结构模式等，然后介绍了系统的特点和工程应用，最后安排了典型工程案例，可帮助读者快速认识和了解视频监控系统。

学习目标：

- 掌握视频监控系统的基本概念。
- 掌握视频监控系统的基本组成、传输方式及系统结构。
- 了解视频监控技术的发展。

1.1 视频监控系统概述

1.1.1 无处不在的视频监控系统

传统上，视频监控系统（video surveillance and control system ,VSCS）广泛应用于安防领域，它是公共安全部门打击犯罪、维持社会安定的重要手段。随着宽带通信网络的普及、计算机技术的发展及图像处理技术水平的提高，视频监控系统已广泛渗透到教育、政府、娱乐、医疗、酒店、运动等各个领域。现在，无论工作、购物，还是去银行，或者开车时，我们都处在视频监控系统之中，视频监控系统与我们的生活可以说是息息相关，无处不在。

例如：在学校的出入口、重要路段、重要教学实验室等地点，都会安装各种摄像机，也称视频监控点，主要用于预防事故和震慑犯罪，减少财产损失，保障师生的人身安全，创建一个文明、安全、和谐、美丽的校园环境，通常称之为“校园视频监控系统”。

1.1.2 视频监控系统的基本概念

视频监控系统是安全技术防范体系中的一个重要组成部分，是一种先进的、防范能力极强的综合系统。根据GB 50395—2007《视频安防监控系统工程设计规范》，其定义为：视频监控系统是利用视频技术探测、监视设防区域，并实时显示和记录现场图像的电子系统或网络。

1.1.3 视频监控系统是安全防范系统的核心

在早期的安全防范系统中，视频监控只是一种报警复核手段，但随着视频监控系统相关技术的飞跃发展，视频监控技术在安全防范系统中的地位日益突出，已发展到凡有安全防范的地方必有视频监控的程度。现在的视频监控系统已经成为安全防范系统集成的核心，成为安全防范系统的主导技术，更是安全防范系统中不可或缺的重要组成部分。

1.1.4 视频监控系统的发展历程

视频监控技术的发展，经历了开始的模拟化，到数字化、网络化的发展，可大致归纳为三代。

1. 第一代：模拟视频监控阶段（20世纪90年代前期）

模拟视频监控系统，也称闭路电视监控系统（closed-circuit television，CCTV）。该系统主要由模拟摄像机、同轴电缆、视频切换矩阵、画面分割器、模拟监视器、模拟录像设备和盒式录像带等构成。由模拟摄像机获取模拟视频信号，视频信号通过同轴电缆传输，并由控制主机进行模拟处理。一般传输距离不能太远，主要应用于小范围内的监控，监控图像一般只能在控制中心本地查看。

2. 第二代：半数字视频本地监控系统（20世纪90年代中后期）

半数字视频本地监控系统是以数字录像设备（digital video recorder，DVR）为代表的视频监控系统。由模拟摄像机获取模拟视频信号，经由同轴电缆传输，由DVR将模拟信号数字化，并存储在计算机硬盘中。模拟的视频信号只是在后端变为了数字信号，其他部分依然为模拟视频信号。DVR集成了录像机、画面分割器等功能，跨出了数字监控的第一步。

3. 第三代：全数字远程视频监控系统（2000年以后）

全数字远程视频监控系统就是基于IP的网络视频监控系统，它克服了DVR无法通过网络获取视频信息的缺点，用户可以通过网络中的任何一台计算机来观看、录制和管理实时的视频信息。它基于标准的传输控制协议/互联网协议（TCP/IP），能够通过局域网、互联网、无线网传输，并通过网络虚拟矩阵控制主机（IPM）来实现对整个监控系统的指挥、调度、存储、授权控制等功能。

1.2 视频监控系统简介

1.2.1 视频监控系统的基本组成

视频监控系统一般由前端设备、传输线路、控制及显示记录四个主要部分组成。日常生活中，我们经常只能够看到前端摄像机、终端显示器等部分设备，不能全面和系统地认识视频监控系统。

西元视频监控系统实训装置搭建和集成一个完整的数字化视频监控系统，能够帮助我们清楚直观地认识各部分设备和布线系统，特别方便教学实训使用。下面，以图1-1所示的西元视频监控系统实训装置和图1-2所示的视频监控系统拓扑图为例，详细介绍视频监控系统的基本组成。

1. 前端设备部分

前端设备部分是视频监控系统的“视觉”器官，一般包括多台摄像机和镜头，也包括支架、云台、防护罩、解码器等配套器材。

摄像机一般安装在需要监控的入口、通道、围墙等位置，图1-1和图1-2中安装了四种常用的摄像机，分别为一体化全球摄像机、半球固定摄像机、半球云台摄像机、枪式摄像机等，通过布线系统连接到监控中心，安保人员在监控中心可以远程控制摄像机的旋转、拉近推远和聚焦，监控局部和全景。

图片

图 1-1

图片

图 1-2

2. 传输线路部分

传输线路部分是视频监控系统的“神经网络”，传输分为有线和无线两种方式。有线方式主要使用网络双绞线电缆实现控制和信号传输，信号传输和控制比较稳定，可靠性较高。在图1-1和图1-2中能够看到传输线路部分包括网络双绞线电缆和网络交换机，四个前端摄像机通过网络双绞线电缆连接到网络交换机上，再通过网络交换机连接到监控主机上，组成完整的有线传输局域网，如果在交换机上接入外网，可以实现远程监控功能。

请扫描“图1-1”和“图1-2”二维码，观看或下载彩色高清图片。

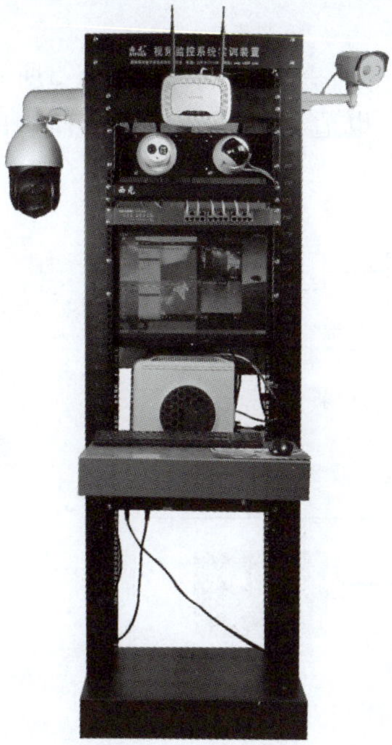

图1-1 西元视频监控系统实训装置

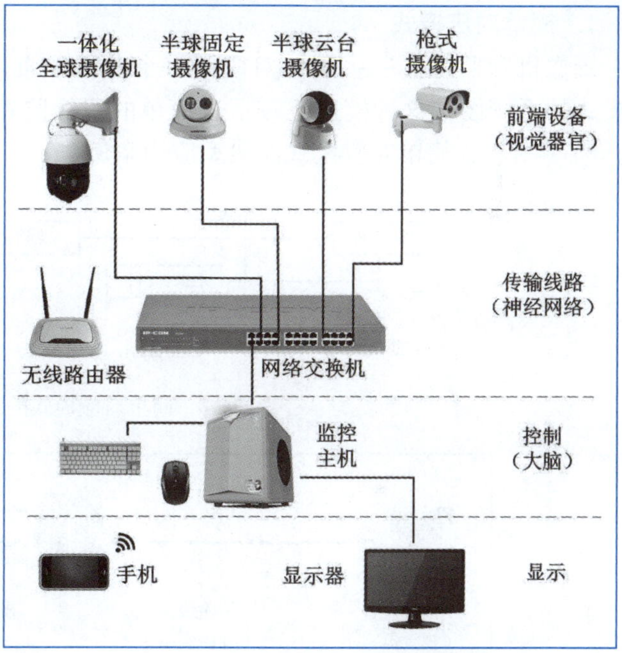

图1-2 视频监控系统拓扑图

无线方式主要采用微波等电磁波传输信号，需要选用专门的无线摄像机和配套的信号解调器，增加无线路由器和交换机等设备。无线系统容易受到外界电磁干扰，稳定性和可靠性较差。

图1-1和图1-2中增加了一台无线路由器，直接连接到网络交换机上，建立了一个无线局域网，能够通过手机、PDA（个人数字助理）等无线设备控制视频监控系统。

3. 控制部分

控制部分是视频监控系统的“大脑”，一般包括监控主机和操作键盘、鼠标等配套器材。控制部分一般安装在监控中心，安保人员在监控中心可以实现对监控画面的实时查看、摄像机的控制等。在图1-1和图1-2中，监控主机通过网络双绞线电缆连接至网络交换机，再连接到前端摄像机，组成完整的有线传输局域网，实现对视频监控系统的控制。在一些较大的视频监控系统中还会用到视频切换器、多画面图像分割器、视频分配器等其他控制设备。

4. 显示记录部分

显示记录部分是视频监控系统“大脑”的“记忆”，一般包括显示器和主机硬盘等设备。显示记录部分一般安装在监控中心，安保人员在监控中心可以实现视频信息的存储、显示记录和回放等。图1-1和图1-2中，显示器为视频信号的显示设备，监控主机的硬盘实现信号的存储记录等。

1.2.2 视频监控系统的几种常用结构模式

在视频监控系统工程中，前端摄像机数量往往多于后端显示器数量，经常需要在一个显示器上显示多个摄像机的监控画面，也需要将前端摄像机的画面切换到大屏幕上。依据GB 50395—2007《视频安防监控系统工程设计规范》的规定，根据对视频图像处理与控制方式的不同，视频安防监控系统有以下几种常见模式：

1. 简单对应模式

摄像机和监视器一一简单对应，一个监视器直接显示一个摄像机图像，图1-3所示为该模式的系统图，这种模式比较适合简单的视频监控系统，也适合需要专门定点监视的区域。图1-4所示为简单对应模式的典型应用案例。

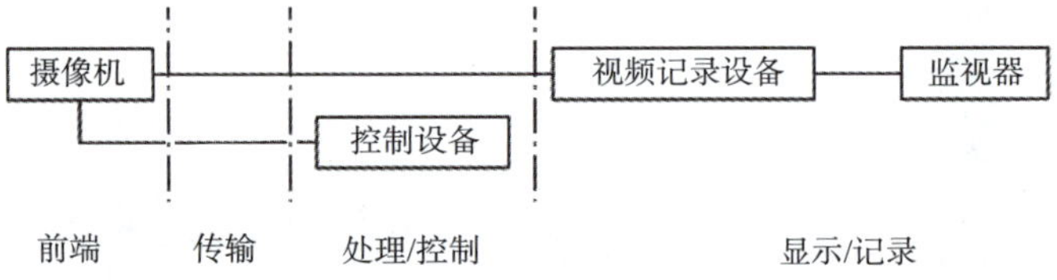

图1-3 简单对应模式的系统图

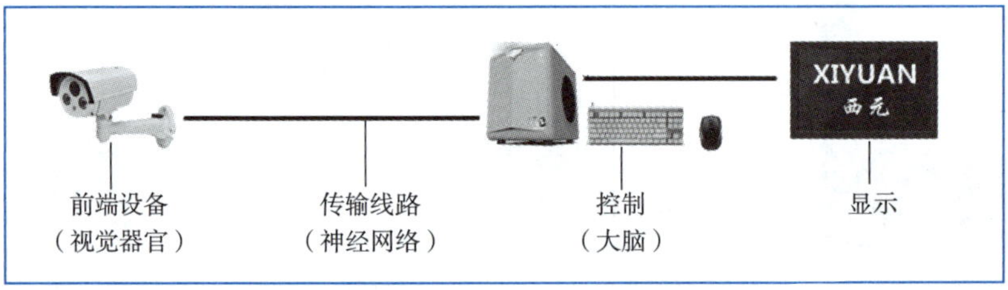

图1-4 简单对应模式的典型应用案例

2. 时序切换模式

将前端摄像机首先连接到时序切换器上，然后根据需要可以将任意一台前端摄像机的视频输出到指定的监视器中，也可以按照设定时序自动切换到指定的监视器中，图1-5所示为该模式的系统图。这种模式比较适合前端摄像机特别多、后端显示监视器较少的视频监控系统，往往不能实时显示全部摄像机视频画面。图1-6所示为时序切换模式的典型应用案例。

3. 矩阵切换模式

根据安全防范重点部位实时监控图像的需要，或者事后复查回放的需要，可以通过控制键盘将任何一台前端摄像机的图像切换到指定的监视器上。还可以自行编制多种自动切换程序，将前端摄像机图像按照编制的程序自动切换到指定的监视器上。例如，保安交接班时，可以把交接班的视频实况自动切换到监控中心的大屏幕上显示。图1-7所示为矩阵切换模式的系统图，图1-8所示为矩阵切换模式的典型应用案例。

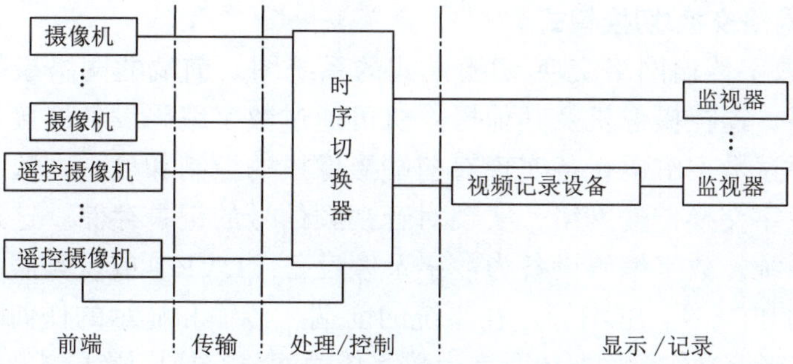

图1-5　时序切换模式的系统图

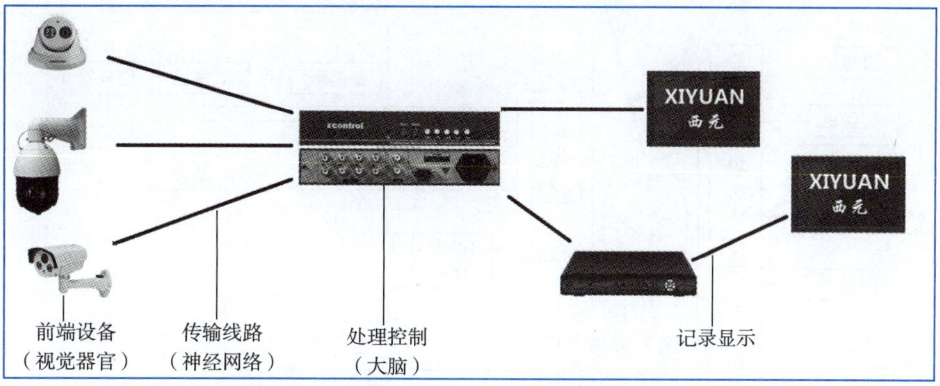

图1-6　时序切换模式的典型应用案例

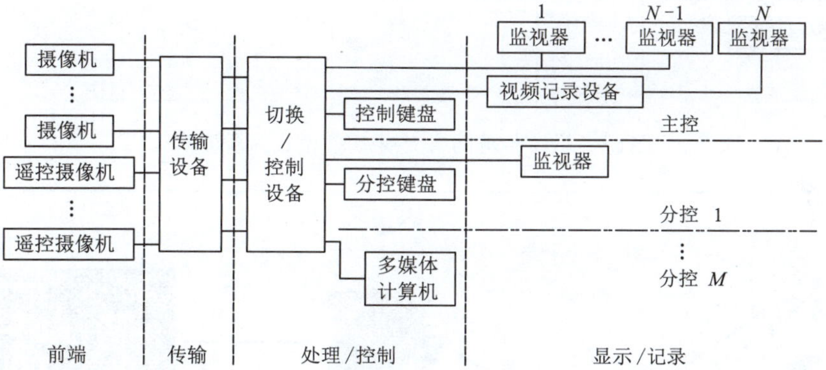

图1-7　矩阵切换模式的系统图

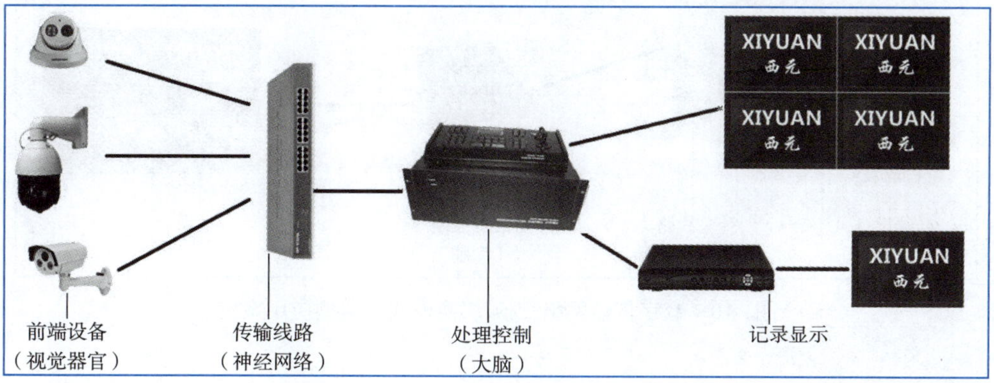

图1-8　矩阵切换模式的典型应用案例

4. 数字传输网络交换/切换模式

图1-9所示为数字传输网络交换/切换模式的系统图。前端的网络摄像机可直接连接到数字交换传输网络，遥控摄像机及其他摄像机可通过数字编码设备连接至数字交换传输网络。控制键盘可通过数字解码设备实现对前端摄像机的控制和显示。数字视频音频记录装置可直接连接到数字交换传输网络，实现对音视频信号的记录存储。这种模式适合于大型的数字视频监控系统，数字编码设备为数字录像设备（DVR）或视频服务器，数字交换传输网络采用以太网和DDN、SDH等，在系统的前端、传输和显示的任何环节都可以实现数字视频的处理、控制等操作。图1-10所示为数字传输网络交换/切换模式的典型应用案例。

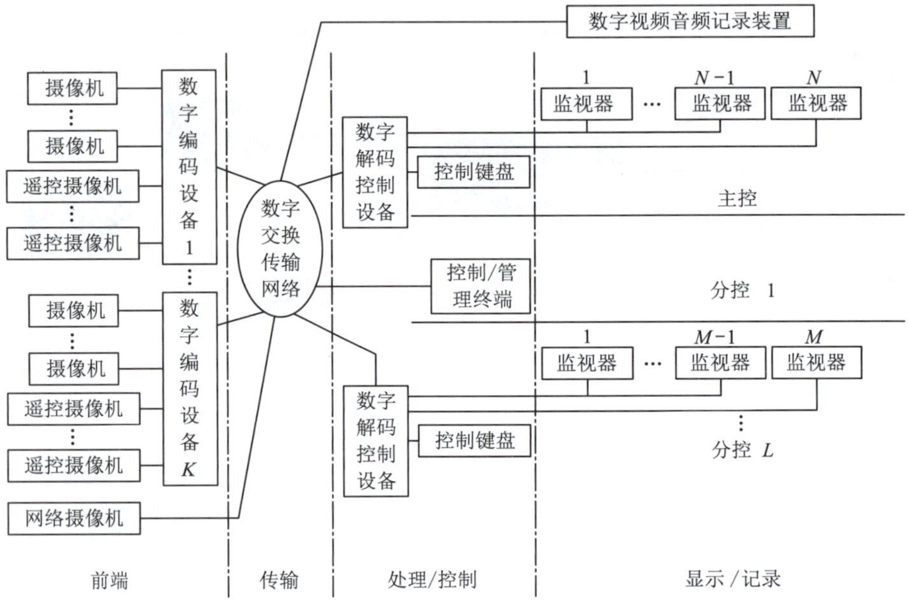

图1-9　数字传输网络交换/切换模式的系统图

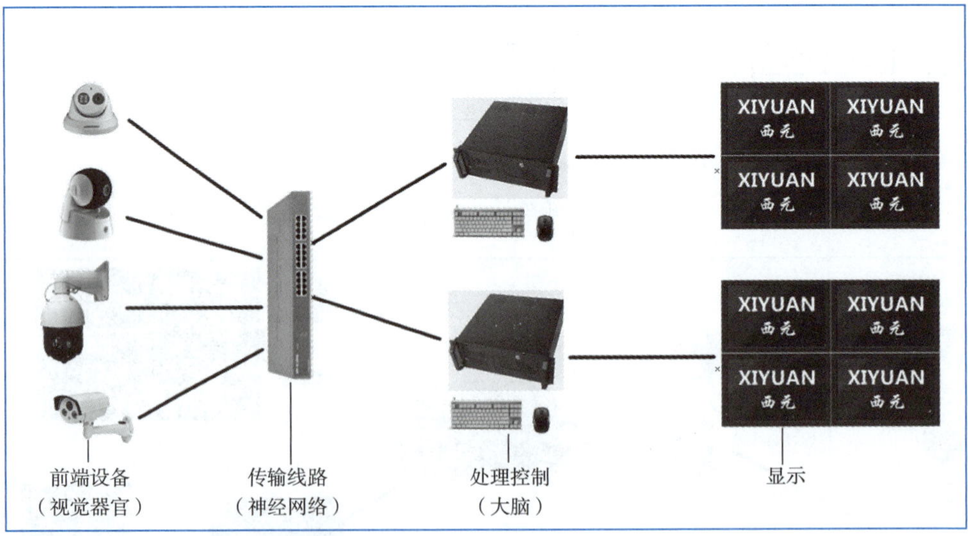

图1-10　数字传输网络交换/切换模式的典型应用案例

1.2.3　视频监控系统的传输方式

在视频监控系统中，传输通道中的信号一般有视频信号和控制信号两种。其中，视频信号从系统前端的摄像机传输至控制中心，控制信号从控制中心传输至前端的摄像机。根据传输介质的不同，视频监控系统的传输方式可分为同轴电缆传输、双绞线电缆传输、光纤传输和无线传输等方式。

1. 同轴电缆传输方式

同轴电缆传输方式是利用同轴电缆进行视频信号的传输，同轴电缆只能传输摄像机的视频信号，还需要增加控制电缆、电源电缆等，以实现对摄像机的控制和供电，一般适用于中小型模拟视频监控系统。

视频监控系统使用的同轴电缆规格为75 Ω，传输距离一般在300 m左右，其优点是短距离下传输图像信号损失小、造价低廉、系统稳定，缺点是传输距离短、布线量大、维护困难、可扩展性差。

2. 双绞线电缆传输方式

双绞线电缆传输方式是利用网络双绞线电缆进行视频信号和控制信号的传输，只需要再增加电源线，不需要专门的控制电缆，一般适用于中小型数字视频监控系统。

视频监控系统使用的双绞线一般为5类及以上的双绞线，传输距离一般不超过100 m，如超过时需增加交换机进行拓展，其优点是布线简易、成本低廉、抗干扰性能强，缺点是传输距离短、抗老化能力差，不适于野外传输。

近年来，POE以太网供电技术快速发展，在小型数字监控系统中普遍应用，利用网络双绞线电缆进行视频信号和控制信号的传输，同时给摄像机供电，不再需要专门的电源线。POE供电模式需要配置带POE模块的网络交换机，通过交换机给摄像机供电，传输距离一般不超过100 m，摄像机功率不大于90 W。

3. 光纤传输方式

光纤传输方式是利用光纤进行视频信号的传输，适用于大中型视频监控系统。利用光纤传输时，除光纤外，还需光纤终端盒、光纤接续盒、光纤配线架、光纤收发器等配套器材。光纤传输方式的优点是传输距离远、衰减小、抗干扰性能好，适合远距离传输，缺点是对于几千米内的监控信号传输不够经济，光纤熔接及维护技术要求高，不易升级扩容。

光纤分为多模光纤和单模光纤两种类型。多模光纤传输距离较短，单模光纤传输可达几十千米，因此在视频监控工程中经常使用单模光纤。

4. 无线传输方式

无线传输方式是利用微波等无线电波进行视频信号的传输，主要应用于因现场环境的限制而无法使用有线传输方式的场所。利用无线传输方式时，需要选用专门的无线摄像机完成对视频信号的传输，其优点是无须布线、成本低廉、适应性和拓展性好，缺点是容易受到外界电磁干扰，稳定性和可靠性较差。

1.3　视频监控系统的特点和应用

1.3.1　视频监控系统的特点

视频监控系统在实际应用中具有以下特点：

1. 主动探测性

视频监控本身就是一种主动的探测手段，通过前端摄像机直接对目标区域的实时情况进行探测并获取视频信息，是实时动态监控的最佳方式。

2. 有效辅助性

视频监控系统可作为其他技术系统的有效辅助手段，如在智能报警系统中，可作为有效的报警复核手段，提供实时、直观的视频信息。

3. 记录和完整再现真实性

视频监控系统所记录的信息是安防系统中最完整和真实的内容，它可以记录整个事件的发生、发展过程和结果，这是其独一无二的特点。

4. 资源共享性

视频监控系统可以和其他技术系统实现资源共享，成为其他自动化系统的一部分，如消防系统、停车场管理系统等。

5. 集成核心性

视频监控系统是安防系统技术集成、功能集成的核心。当前，安防系统最通用、最成熟的集成方式是：以视频监控系统为核心，实现与其他子系统的功能联动，建立一个综合的人机交互界面。

6. 影响最小性

视频监控系统是对安全防范区域的日常工作影响最小的技术系统，成为人们最乐于采用、功能最有效的技术手段。

1.3.2 视频监控技术的工程应用

随着计算机技术、多媒体技术、网络技术和数字图像压缩技术的快速发展，视频监控系统已经遍布人们日常生活的各个角落，在电梯、大楼出入口、小区边界、城市道路口、银行等处随处可见，下面以图片形式展示典型的应用案例。

图1-11所示为视频监控技术在城市道路交通管理方面的应用案例，图1-12所示为城市道路交通管理指挥中心。图1-13所示为银行营业大厅视频监控系统前端摄像机，图1-14所示为住宅小区安装的摄像机。

图1-11 城市道路交通管理监控系统应用案例

图1-12 城市道路交通管理监控指挥中心

图1-13 银行营业大厅视频监控系统前端摄像机

图1-14 住宅小区安装的摄像机

课程思政1 细微中显卓越，执着中见匠心

中国共产党第二十次全国代表大会报告明确提出：“育人的根本在于立德。全面贯彻党的教育方针，落实立德树人根本任务，培养德智体美劳全面发展的社会主义建设者和接班人。”请扫码观看“百炼成‘刚’”微视频，重点学习纪刚劳模“细微中显卓越，执着中见匠心”的道德品质和职业素养，争做德智体美劳全面发展的社会主义建设者和接班人。

2020年荣获“西安市劳动模范”称号的纪刚技师用16年的时间书写了匠心与执着。2004年，中专毕业的纪刚被西安开元电子实业有限公司录取，从学徒工做起的他开始不断地学习和钻研，不懂就问，反复练习，业余时间就去图书馆、书店“充电”，反复琢磨消化师傅教授的知识，每天坚持写工作日志，记录并核算自己在工作当中的不足……（见图1-15和图1-16）

图1-15 纪刚劳模工作照片

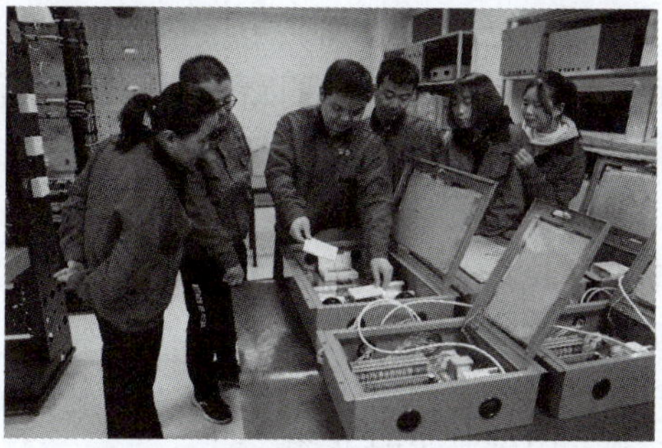

图1-16 纪刚劳模传帮带照片

16年的时间，纪刚从一名学徒成长为国家专利发明人，拥有国家发明专利4项、实用新型专利12项，精通16种光纤测试技术、200多种光纤故障设置和排查技术，先后被授予“西安市劳动模范”“西安市优秀党务工作者”“西安好人”“雁塔工匠”“中国计算机学会（CCF）高级会员”等荣誉称号。技能改变了命运，也把不可能变成了可能。他说：“我只是一个普通的技术工人，能在自己的岗位上做好一颗螺丝钉，心里很踏实。”

视频

“百炼成‘刚’”——纪刚劳模的先进事迹

请扫描二维码观看“百炼成‘刚’”微视频，该视频时长4 min，由西安市雁塔区委和西安市雁塔区人民政府出品，以“细微中显卓越，执着中见匠心”为主题介绍了西安市劳动模范纪刚技师的先进事迹。该视频在全国总工会与中央网信办联合主办的2020年“网聚职工正能量 争做中国好网民”主题活动中获得优秀作品奖。

1.4 典型案例1 西元科技园视频监控系统

为了全面直观了解视频监控系统，下面简单介绍典型案例，以方便读者比较全面地了解视频监控系统概况、设计原则和主要工作任务与文件。

1. 项目名称

西元科技园视频监控系统。

2. 项目地址

西安市高新区秦岭四路西安西元电子科技集团有限公司科技园（简称西元科技园）。

3. 建设单位

西安西元电子科技集团有限公司。

4. 设计施工单位

西安开元电子实业有限公司。

5. 项目概况

西元科技园位于西安市高新区草堂科技产业园秦岭四路以北，草堂八路以东，占地面积14 652 m^2（22亩），一期建设有3栋大楼，建筑面积12 500 m^2，主营业务为大型复杂信息网络系统和智能楼宇系统工程设计与实施，以及信息网络布线、智能楼宇、智能家居、管道安装等教学实训设备的研发和生产销售。

6. 物防情况

西元科技园四周建设有2.5 m高的栏杆式围墙，栏杆间距110 mm，每隔4 m安装有围墙灯，夜间常开。东边和北边围墙与其他公司共用，西边围墙外是宽30 m的草堂八路，南边围墙外是宽30 m的秦岭四路。西元科技园设计有两个大门，西大门宽6 m，设计为大型货车出入，平时关闭，车辆出入时开门。南大门宽13.6 m，设计为园区主入口和人行通道。

1号楼为科研办公楼，主入口朝南，面对南大门，在玻璃幕墙上安装有玻璃自动门，需要采取技防措施。东边和西边出入口为金属防盗门。1号楼一层全部窗户安装有窗户专用锁。

2号楼和3号楼为生产厂房，出入口全部为金属大门或金属防盗门，一层全部窗户安装有窗户专用锁，平时关闭。

7. 人防情况

西元科技园设计有两个门卫房，南大门24 h值班，西大门夜间值班，保安夜间不间断巡逻，公司制定有完善的安全保卫条例和保安巡逻管理制度，公司有专人负责园区安全防范工作。公司向南300 m为园区派出所和消防中队。前期调研了解的信息为当地社会治安情况良好。

8. 技防情况

西元科技园在前期设计阶段，充分考虑了物防、人防、技防情况。园区设计与管理的技防手段主要如下：

（1）西元科技园3栋大楼一层窗户全部安装了窗户专用锁，只能从室内开锁后才能开启窗户，预防非法入侵。

（2）西元科技园3栋大楼全部出入口和窗户位置安装有智能报警系统，报警中心设置在南门房，安装有警号和警灯。如果发生非法入侵事件，报警系统实时发出报警信号，自动拨打三组电话，警号鸣响，警灯闪烁。

（3）西元科技园安装有夜间自动照明系统，在夜间有人员接近大楼时，照明灯自动开启。

（4）西元科技园安装有保安巡更系统，在园区边界、主要通道和三栋大楼周边安装有85个巡更点。

（5）西元科技园设计有完善的信息网络布线系统，各个大楼与两个门卫房之间预留有足够的网络双绞线和25对大对数电缆等缆线。

9. 设计原则

鉴于西元科技园设计有比较完善的物防、人防、技防措施，本视频监控系统的设计原则如下：

（1）充分发挥视频监控系统实时录像、画面报警和长期保存图像等功能，进行每天24 h不间断的实时监视记录和报警，回放和复核报警信息。同时兼顾管理人员检查安全保卫工作。

（2）对园区出入口、建筑物出入口设置高分辨率摄像机，主要监视和记录车辆、货物、人员出入情况。重点考虑夜间和节假日车辆和货物出入情况。

（3）对1号楼玻璃门、大楼之间通道、边界围墙等区域设置高分辨率室外彩色摄像机，夜间自动启动红外灯，主要监视非法入侵、盗窃、破坏和抢劫等异常突发情况。

（4）鉴于园区设计和预留有完善的信息网络布线系统，视频监控系统全部采用网络摄像机和POE以太网交换机集中供电。在每栋楼安装1台POE网络交换机，通过局域网组网。

（5）视频监控中心设计在24h值班的南门卫房，距离园区派出所最近。

10. 视频监控系统主要设备

西元科技园视频监控系统设计为全数字化的视频监控系统，全部采用网络摄像机和POE以太网供电方式，实现了集中供电。共设计有16台摄像机、4台POE交换机、1台以太网交换机、1台硬盘录像机、1台大屏幕显示器。视频监控系统覆盖了厂区边界、大门、大楼出入口等重点区域，监控中心位于南门卫房。图1-17所示为西元科技园全数字化POE以太网供电视频监控系统拓扑图。

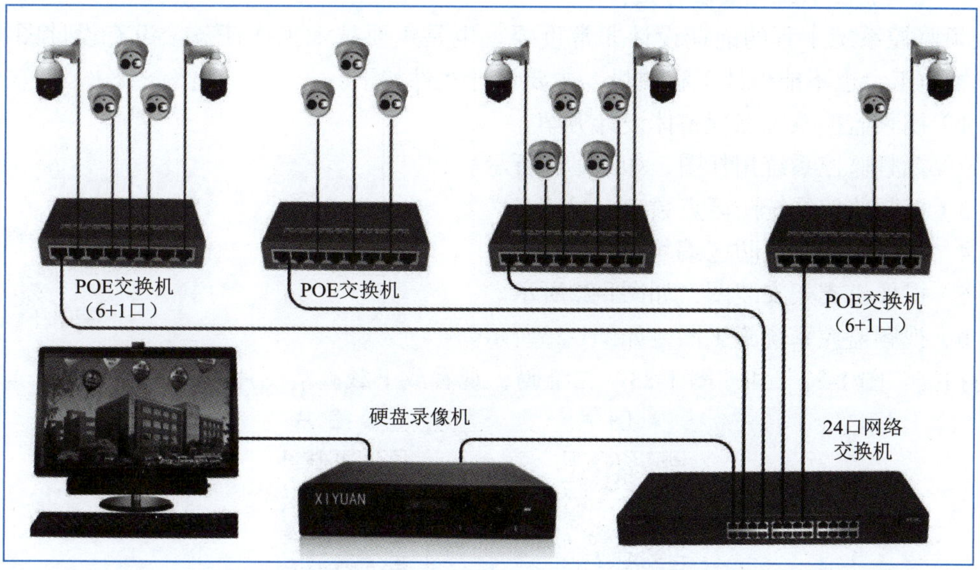

图1-17　西元科技园全数字化POE以太网供电视频监控系统拓扑图

图1-18所示为室外墙面安装的全球摄像机和支架，图1-19所示为室外墙角安装的全球摄像机和支架。图1-20所示为雨棚下安装的室内半球彩色摄像机，图1-21所示为2号楼一层入口墙面安装的彩色半球摄像机。

图1-18　室外墙面安装的全球摄像机和支架

图1-19　室外墙角安装的全球摄像机和支架

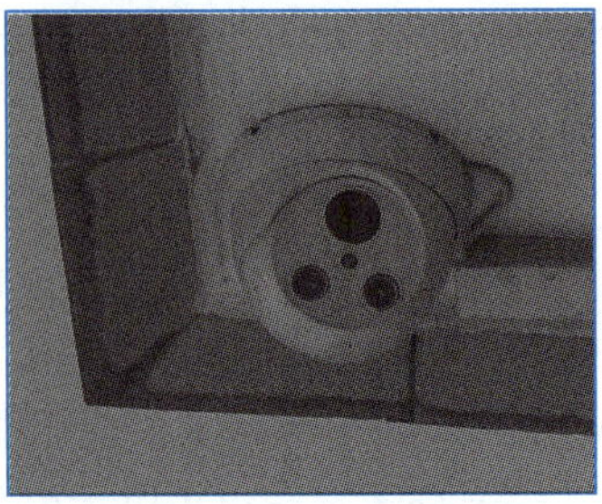

图1-20　雨棚下安装的半球彩色摄像机

图1-21　墙面安装的彩色半球摄像机

11. 视频监控系统主要设计文件

视频监控系统工程的前期设计非常重要，也是主要技术工作任务，没有设计图纸就无法在现场施工，也不能保证工程质量。主要设计文件如下：

（1）视频监控系统工程整体设计方案。

（2）视频监控系统拓扑图，如图1-17所示。

（3）视频监控系统防区点数表，见表1-1。

（4）视频监控系统防区编号表，见表1-2。

（5）摄像机支架安装图，如图1-22所示。

（6）视频监控系统施工图，如图1-23所示。

请扫描“图 1-22”和“图 1-23”二维码，观看或下载高清图片。

图 片

图 1-22

图 片

图 1-23

表1-1　西元科技园视频监控系统防区点数表

建筑物	南门房		1号研发楼内外						2号厂房			3号厂房内外					合计
设防区域	南大门入口	人行道入口	西元大道	东北边界	研发楼东门	研发楼大厅	研发楼西门	西部边界	2号楼东门	2号楼一层	2号楼西门	园区西大门	3号楼西门	3号楼一层	3号楼北门	园区北边界	16个防区
半球摄像机	1	0	1	0	1	1	1	0	1	1	1	0	1	1	1	0	11
全球摄像机	0	1	0	1	0	0	0	1	0	0	0	1	0	0	0	1	5
合计	2		6						3			5					16

表1-2　西元科技园视频监控系统防区编号表

建筑物	南门房		1号研发楼内外						2号厂房			3号厂房内外					合计
设防区域	南大门入口	人行道入口	西元大道	东北边界	研发楼东门	研发楼大厅	研发楼西门	西部边界	2号楼东门	2号楼一层	2号楼西门	园区西大门	3号楼西门	3号楼一层	3号楼北门	园区北边界	16个防区
半球摄像机	1	0	1	0	1	1	1	0	1	1	1	0	1	1	1	0	11
全球摄像机	0	1	0	1	0	0	0	1	0	0	0	1	0	0	0	1	5
合计	2		6						3			5					16
防区编号	1	2	3	4	5	6	7	8	9	10	11	12	13	14	15	16	

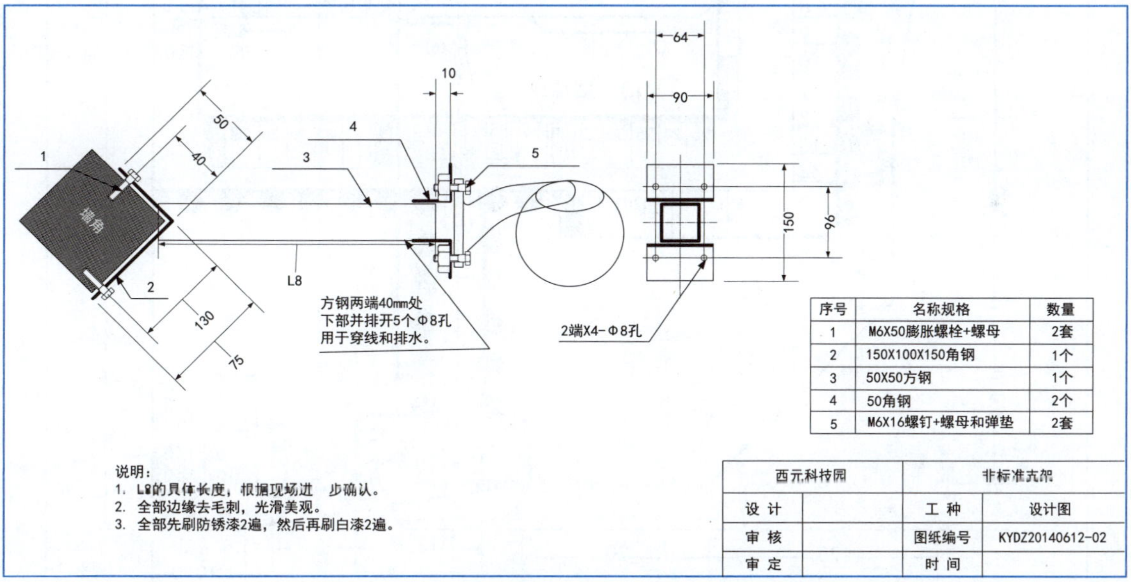

图1-22　墙角安装的摄像机支架安装图（单位：mm）

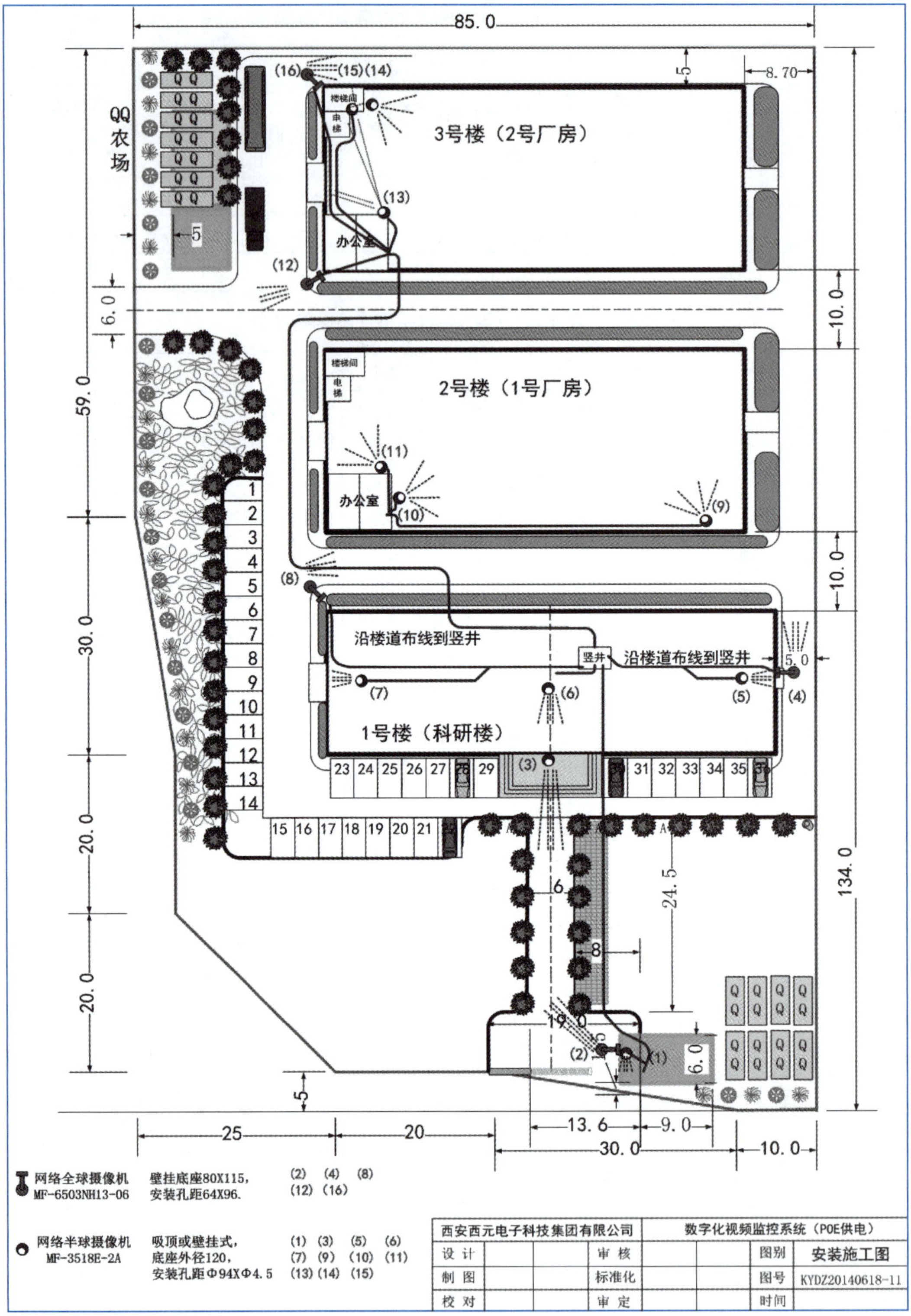

图1-23 视频监控系统安装施工图（单位：mm）

练　习　题

文档

单元 1 练习题

请扫描“单元1练习题”二维码，下载电子版，按时完成。

1. 填空题（10题，每题2分，合计20分）

（1）GB 50395—2007《视频安防监控系统工程设计规范》中的定义为，视频监控系统是利用________探测监视设防区域，并________和________的电子系统或网络。（参考1.1.2知识点）

（2）现在的视频监控系统已经成为安全防范系统集成的________，成为安全防范系统的________，更是安全防范系统中不可或缺的重要组成部分。（参考1.1.3知识点）

（3）视频监控技术的发展，大致归纳为三代。第一代为________时代，第二代为________时代，第三代为________时代。（参考1.1.4知识点）

（4）视频监控系统一般由________、________、________及________四个主要部分组成。（参考1.2.1知识点）

（5）传输线路部分是视频监控系统的“神经网络”，传输分为________和________两种方式。（参考1.2.1知识点）

（6）GB 50395—2007《视频安防监控系统工程设计规范》规定，视频安防监控系统有以下几种常见模式：________、________、________、数字传输网络交换/切换模式。（参考1.2.2知识点）

（7）在图1-5的时序切换模式中，将前端摄像机首先连接到________上，然后根据需要可以将任意一台前端________的视频输出到指定的监视器中，也可以按照设定时序自动切换到指定的监视器中。（参考1.2.2知识点）

（8）同轴电缆传输方式是利用同轴电缆进行________的传输，同轴电缆只能传输摄像机的视频信号，还需要增加________、电源线缆等，实现对摄像机的控制和视频信号的传输，一般适用于中小型模拟视频监控系统。（参考1.2.3知识点）

（9）视频监控系统使用的双绞线一般为________及以上的双绞线，传输距离一般不超过________m，其优点是布线简易、成本低廉、抗干扰性能强。（参考1.2.3知识点）

（10）西元科技园在前期设计阶段，充分考虑了________、________、________情况。（参考1.4内容）

2. 选择题（10题，每题3分，合计30分）

（1）前端设备是视频监控系统的（　　）器官，一般包括多台（　　）和镜头，也包括支架、云台、防护罩、解码器等配套器材。（参考1.2.1知识点）

A. 视觉　　B. 大脑　　C. 摄像机　　D. 监控主机

（2）摄像机一般安装在需要监控的（　　）、（　　）、围墙等位置。（参考1.2.1知识点）

A. 入口　　B. 监控中心　　C. 通道　　D. 办公室

（3）在图1-2中能够看到传输线路部分包括网络双绞线电缆和网络交换机，4个前端摄像机通过网络双绞线电缆连接到（　　）上，再通过网络交换机连接到（　　）上，组成完整的有线传输局域网。（参考1.2.1知识点）

A. 无线路由器　B. 网络交换机　　C. 手机　　D. 监控主机

（4）图1-3所示为摄像机和监视器一一对应的简单模式，1个监视器直接显示1个摄像机

图像，这种模式比较适合简单的视频监控系统，也适合需要专门定点监视的区域。请填写该系统的基本组成。（参考图1-3）

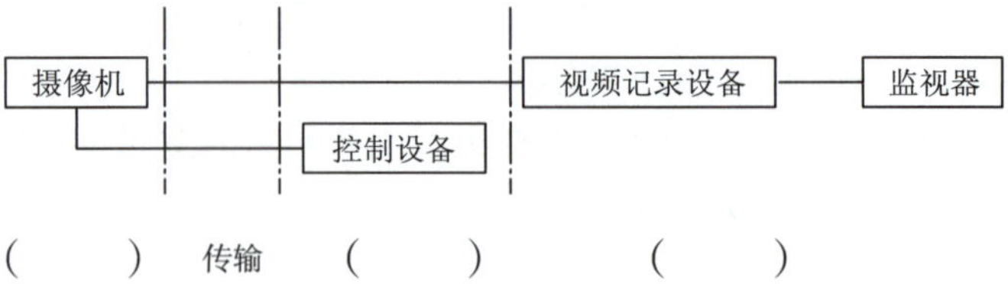

A. 前端　　B. 时序切换　　C. 处理/控制　　D. 显示/记录

（5）视频监控系统使用的同轴电缆规格为（　　）Ω，传输距离一般在（　　）m左右，其优点是短距离传输图像信号损失小，造价低廉，系统稳定。（参考1.2.3知识点）

A. 35　　B. 75　　C. 300　　D. 1 000

（6）POE供电模式需要配置带（　　）的网络交换机，通过交换机给摄像机供电，传输距离一般不超过（　　）m，摄像机功率不大于（　　）W。（参考1.2.3知识点）

A. POE模块　　B. 100　　C. 60　　D. 30

（7）光纤传输方式的优点是传输（　　）、（　　）、（　　）性能最好，适合远距离传输。（参考1.2.3知识点）

A. 距离远　　B. 功率大　　C. 衰减小　　D. 抗干扰

（8）视频监控本身就是一种（　　）的探测手段，通过前端摄像机直接对目标区域的实时情况进行探测并获取视频信息，是实时（　　）的最佳方式。（参考1.3.1知识点）

A. 被动　　B. 主动　　C. 报警　　D. 动态监控

（9）西元科技园3栋大楼全部出入口和窗户位置安装有（　　）系统，报警中心设置在南门房，安装有警号和警灯。如果发生非法入侵事件，报警系统实时发出报警信号，自动拨打三组电话，（　　），警灯闪烁。（参考1.4内容）

A. 视频监控　　B. 智能报警　　C. 呼叫人员　　D. 警号鸣响

（10）西元科技园安装有保安巡更系统，在（　　）、主要通道和三栋大楼周边安装有（　　）个巡更点。（参考1.4内容）

A. 办公室　　B. 园区边界　　C. 85　　D. 58

3. 简答题（5题，每题10分，合计50分）

（1）视频监控系统在实际应用中具有哪些特点？（参考1.3.1知识点）

（2）视频监控系统的传输方式主要有哪几种？（参考1.2.3知识点）

（3）简述双绞线电缆传输方式。（参考1.2.3知识点）

（4）视频监控系统一般由哪几大部分组成？每部分都有哪些主要设备和器材？（参考1.2.1知识点）

（5）学校和周边区域都能看到哪些视频监控系统？按照应用类别至少列出5类。

请扫描“互动练习1”和“互动练习2”二维码，下载Word版按时完成，掌握本单元主要内容。

文档

互动练习 1

文档

互动练习 2

实训1　认识视频监控系统

1. 实训任务来源

视频监控系统是安全防范系统的一个重要组成部分，是一种先进的、防范能力极强的综合系统，已广泛应用到教育机构、企事业单位、交通与城市管理、医院、酒店等各个领域。同时，视频监控系统已成为相关专业的必修课程或重要的选修课程，视频监控系统越来越重要了。

2. 实训任务

独立完成视频监控系统的认知，包括视频监控系统各组成部分的相关硬件设备，以及各个设备之间的连接关系，并绘制视频监控系统的接线图。

3. 技术知识点

熟悉GB 50395—2007《视频安防监控系统工程设计规范》对视频监控系统定义和构成的相关规定：

（1）视频监控系统是利用视频技术探测、监视设防区域，并实时显示和记录现场图像的电子系统或网络。

（2）视频监控系统包括前端设备、传输设备、处理/控制设备和记录/显示设备四部分。

视频

认识视频监控系统

4. 实训课时

（1）该实训共计1课时完成，其中技术讲解10 min，视频演示10 min，学员操作20 min，实训总结5 min。

（2）课后作业2课时，独立完成实训报告，提交合格实训报告。

视频

西元视频监控系统实训装置

5. 实训指导视频

（1）VSCS21-实训1-认识视频监控系统（3 min 30 s）。

（2）VSCS20-西元视频监控系统实训装置（3 min 20 s）。

6. 实训设备

"西元"视频监控系统实训装置，产品型号：KYZNH-01-2。

本实训装置专门为满足视频监控系统的工程设计、安装调试等技能培训需求开发，配置有摄像机、视频监控主机、显示器等典型设备，以及网络线制作与测量实验装置、音视频线制作与测试实训装置等接线端接技能训练设备，特别适合学生认知和技术原理演示，具有工程实际使用功能，能够在真实的应用环境中进行工程安装实践和操作管理，理实合一。

7. 实训步骤

（1）预习和播放视频。课前应预习，初学者提前预习，请扫描二维码观看实操视频，熟悉技术知识点，了解视频监控系统基本概念、组成和设备连接关系。

（2）实训内容。西元视频监控系统实训装置将视频监控系统的四个主要组成部分集成在一起，认识实训装置上的所有设备，了解各个设备之间的连接关系，快速完成对视频监控系统的认知。

第一步：设备认知。逐一认识装置上视频监控系统相关实物设备，并说明其属于视频监控系统的哪个组成部分。

第二步：布线认知。观察各个设备所接线缆，说明各个线缆的作用以及各设备之间的连接关系。

第三步：独立绘制本装置视频监控系统的接线图，包括信号接线和电源接线，并标明设备名称、电缆类型，以及各种设备属于视频监控系统的哪个部分等。

第四步：两人一组，通过实训装置互相介绍视频监控系统。

8. 实训报告

为了通过实训报告训练读者的工程文件撰写能力，训练工程师等专业人员的严谨工作态度、职业素养与岗位技能，编者对本书的全部实训报告提出如下具体要求，请教师严格评判：

（1）实训报告应该是1项工作任务，日事日毕，必须按照规定时间完成，教师评判成绩时，未按时提交者直接扣减10分（百分制）。

（2）实训报告必须提交打印版或电子版，要求页面和文字排版合理规范，图文并茂，没有错别字。建议教师评判时，出现1个错别字直接扣5分。

（3）全部栏目内容填写完整，内容清楚、正确。表格为A4幅面，按照填写内容调整。

（4）“实训步骤和过程描述”栏，必须清楚叙述主要实训操作步骤和过程，总结关键技能，增加实训过程照片、作品照片、测试照片等，至少有1张本人出镜的正面照片。

（5）“实训收获”栏描述本人完成工作量和实训收获，及掌握的实践技能和熟练程度等。

请扫描“实训1”二维码，下载电子档。

按照表1-3所示的实训报告模板（或学校模板）独立完成实训报告，2课时。请扫描“实训报告”二维码，下载电子版。

表1-3 实训报告模板

实训名称：

学校名称		学院/系		专业	
班级		姓名		学号	
课程名称		实训项目		日期	年 月 日
实训报告类别	成绩	实训报告内容			
1.实训任务来源和应用	5分				
2.实训任务	5分				
3.技术知识点	5分				
4.关键技能	5分				
5.实训时间（按时完成）	5分				
6.实训材料	5分				
7.实训工具和设备	5分				
8.实训步骤和过程描述	30分				
9.作品测试结果记录	20分				
10. 实训收获	15分				
11.教师给出成绩与评判说明					

说明：该实训报告模板适用全书，也可根据不同项目进行增减。

文档

实训 1

文档

实训报告

实训2 视频监控系统基本操作

1. 实训任务来源

视频监控系统的基本控制操作是系统调试和运维人员必备的岗位技能，正确的调试和及时的运行维护，直接关系到视频监控系统的正常使用。

2. 实训任务

熟悉视频监控系统的基本操作功能，独立完成各项功能的操作控制。

3. 技术知识点

（1）视频监控软件基本操作界面功能。

（2）单画面、多画面切换控制操作方法。

（3）摄像机变焦、旋转等控制操作方法。

4. 实训课时

（1）该实训共计1课时完成，其中技术讲解10 min，视频演示5 min，学员操作25 min，实训总结5 min。

（2）课后作业2课时，独立完成实训报告，提交合格实训报告。

视 频

视频监控系统基本操作

5. 实训指导视频

VSCS22-实训2-视频监控系统基本操作（3 min 03 s）。

6. 实训设备

“西元”视频监控系统实训装置，产品型号：KYZNH-01-2。

本实训装置专门为满足视频监控系统的工程设计、安装调试等技能培训需求开发，配置有全套数字视频监控系统设备和专用视频监控软件，可实现视频监控系统的基本控制操作，特别适合学生认知和操作演示，具有工程实际使用功能，能够在真实的应用环境中进行工程安装实践和操作管理，理实合一。

7. 实训步骤

（1）预习和播放视频。课前应预习，初学者提前预习，请扫描二维码观看实操视频，熟悉视频监控系统相关基本操作的功能和方法。

（2）实训内容。西元视频监控系统实训装置主机配置了专用的视频监控软件，可实现对前端摄像机的控制操作，独立完成下列基本操作，掌握视频监控系统的操作特点：

① 画面切换控制操作（单画面、四画面）。

单画面显示：

方法一：选中摄像机，单击软件桌面“1-画面”按钮，屏幕显示单个摄像机图像，如图1-24和图1-25所示。

方法二：在桌面同时显示多画面（4、9、16画面）情况下，选中单个画面，双击即可转为单画面。

多画面显示：在单画面情况下，需要在桌面显示4画面、9画面等多画面时，如图1-26所示，单击软件桌面“4-画面”或“9-画面”或“16-画

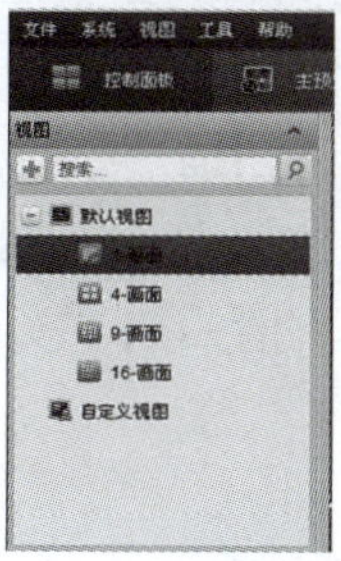

图1-24 单击“1-画面”按钮

图1-25 屏幕显示单个摄像机图像

面”按钮，屏幕同时显示4个或者9个或者16个摄像机图像。如图1-27所示为桌面同时显示4个画面的操作。

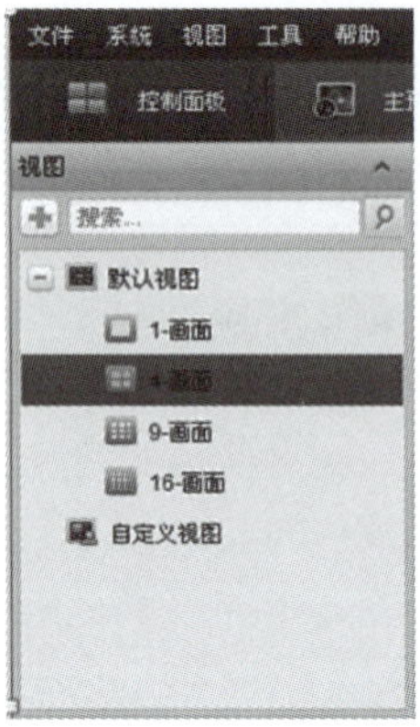

图1-26　单击“4-画面”按钮

图1-27　屏幕显示4个摄像机图像

② 控制摄像机变焦、旋转。单击软件“云台控制”，出现云台控制界面，可实现对云台摄像机的变焦、旋转等控制操作。

摄像机变焦：拉近或者图像放大。单击焦距按钮 + Q - 中的 + 按钮，增大摄像机的焦距，实现拉近或图像放大，如图1-28所示。

摄像机变焦：推远或者全景图像。单击焦距按钮 + Q - 中的 - 按钮，减小摄像机的焦距，实现推远或全景图像，如图1-29所示。

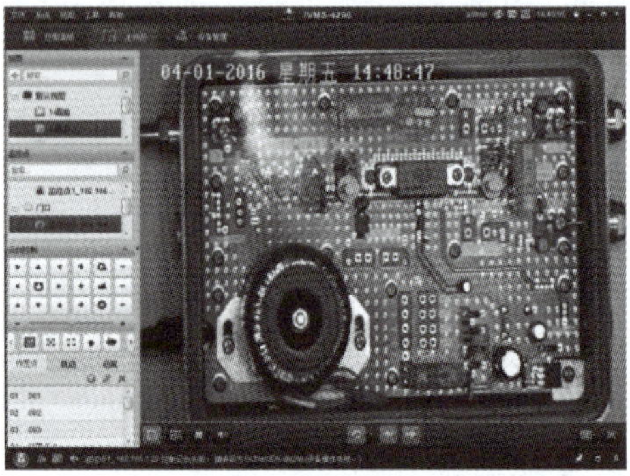

图1-28　图像放大

图1-29　全景图像

控制摄像机旋转。在摄像机旋转控制界面，单击 按钮，控制云台摄像机自动旋转。单击界面中的箭头，即可实现摄像机在相应方向上的转动，如单击 ▲ 按钮，摄像机镜头向上转动，单击 ▶ 按钮，摄像机镜头向右转动。

文档
实训 2

文档
实训报告

8. 实训报告

（1）请扫描“实训2”二维码，下载电子版。

（2）按照单元1表1-3所示的实训报告模板，独立完成实训报告，2课时。请扫描“实训报告”二维码，下载电子版。

单元2 视频监控系统常用器材和工具

器材和工具是任何一个系统工程的基础，通过学习和熟悉视频监控系统的主要器材，能够加深对其结构组成与功能特点的理解，工具直接决定工程施工的质量与效率。本单元主要介绍视频监控系统常用器材和工具的特点与使用方法。

学习目标：

- 认识视频监控系统工程常用器材，熟悉基本工作原理和安装使用方法。
- 认识视频监控系统工程常用工具，掌握基本使用方法和技巧。

视频监控系统工程常用器材和工具种类多，为了方便教学与实训，将器材名称、功能、照片和实物对应介绍，使读者快速熟悉器材。本单元以西元视频监控类器材展柜为例进行介绍。

西元视频监控类器材展柜精选了视频监控系统工程的典型设备进行展示和介绍，如图2-1所示。在教学中以实物为例进行讲解，可结合展柜配套的语音介绍反复学习。

请扫描“图 2-1”二维码，观看或下载彩色高清图片。

图片

图 2-1

图2-1　西元视频监控类器材展柜局部

2.1 视频监控系统前端设备

2.1.1 摄像机

1. 摄像机的基本工作原理

摄像机是一种把景物的光学影像转变为电信号的装置，其结构分为以下三部分：

（1）光学系统。主要有光学镜头，它由透镜系统组合而成，将被摄对象的反射光经过光学系统的透镜收集和折射，使其聚焦在光电转换系统的摄像管或固体摄像器件的成像面上。

（2）光电转换系统。主要有摄像管或固体摄像器件。光电转换系统中的光敏器件会把被摄对象的光学图像转变成携带电荷的电信号。

（3）电路系统。主要有视频处理电路，把光电转换系统提供的这些电信号，经过电路系统进一步放大，形成符合特定技术要求的“视频信号”，并从摄像机中输出。

2. 摄像机的分类

摄像机用途广泛、种类繁多，从不同的角度分为不同的类型，以下为几种常用的分类方法：

（1）根据摄像机的质量划分为广播级、业务级和家用级三种。

（2）根据摄像机的画面分辨率划分为标清摄像机和高清摄像机两种。

（3）根据摄像机的成像色彩划分为彩色摄像机、黑白摄像机和彩色与黑白自动切换摄像机三种。

（4）根据摄像机的安装环境划分为室内摄像机和室外摄像机两种。

（5）根据摄像机的成像光源划分为可见光摄像机、红外线等非可见光摄像机和可见光与非可见光自动切换摄像机三种。

（6）根据摄像器件的类型划分为电真空摄像器件（即摄像管）和固体摄像器件（如CCD器件、CMOS器件）两大类。

（7）根据摄像机采用的技术划分为模拟摄像机和数字摄像机两大类。

（8）根据摄像机的外形划分为枪式摄像机、半球摄像机和全方位云台摄像机三大类。

3. 视频监控系统常用的摄像机

1）枪式摄像机

枪式摄像机在行业也简称为“枪机”，它是按照这种摄像机的外形结构分类的，图2-2所示为常用的几种枪式摄像机。这种摄像机种类也很多，用途广泛，常用于城市道路、高速公路、各种出入口、收费站、平安城市等24 h全天候监控的场所，配套辅助照明灯光，真实记录夜间动态画面。

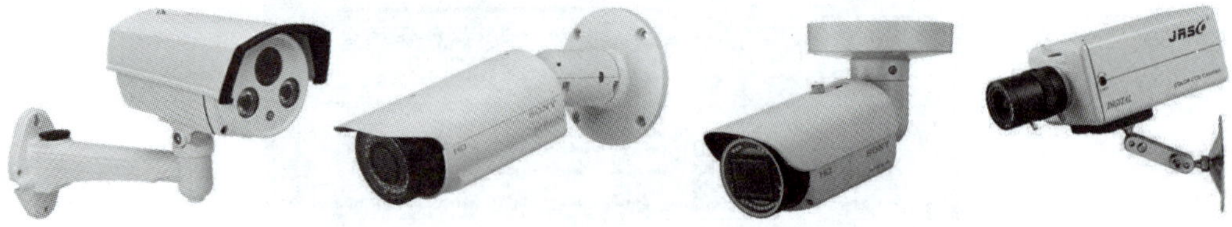

图2-2 枪式摄像机

一般的枪式摄像机可根据选用镜头的不同，变焦范围从几倍到数十倍，实现远距离或广角监控，而且镜头更换十分方便。如在道路监控使用中，即使车速变化范围较大，枪式摄像机也可以提供清晰的画面，通过内置的强光抑制功能、电子快门设定等，实现对车牌的抓拍。

2）半球摄像机

半球摄像机，顾名思义，外部形状是个半球，图2-3所示为几种常用的半球摄像机。半球摄像机由于体积小巧、外形美观，比较适合办公场所以及装修档次高的场所使用，这种摄像机一般都安装有红外照明灯，在夜间自动开启进行红外照明，提供清晰图像。

图2-3　半球摄像机

半球摄像机自带变焦镜头，一般变焦范围较小，且镜头不易更换，其最大的特点是集摄像机、镜头以及安装系统为一体，设计精巧且易于安装，因此被大量地应用于室内监控，如办公场所的重要部位出入口、通道、电梯轿箱等。

3）全方位云台摄像机

全方位云台摄像机适用于要求实现拉近、推远和聚焦，监控局部和全景的全方位旋转监控场所，它是将摄像机、云台旋转系统、通信控制系统、支架安装系统和护罩相结合的一体化产品。根据其外形分为全球型云台摄像机（图2-4）、半球型云台摄像机（图2-5）两种。

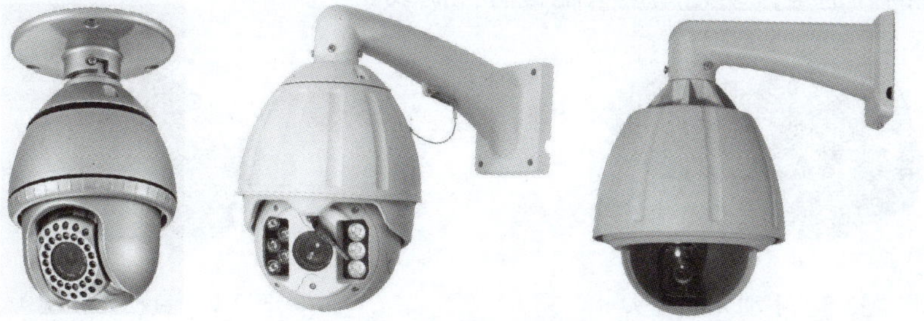

图2-4　全球型云台摄像机

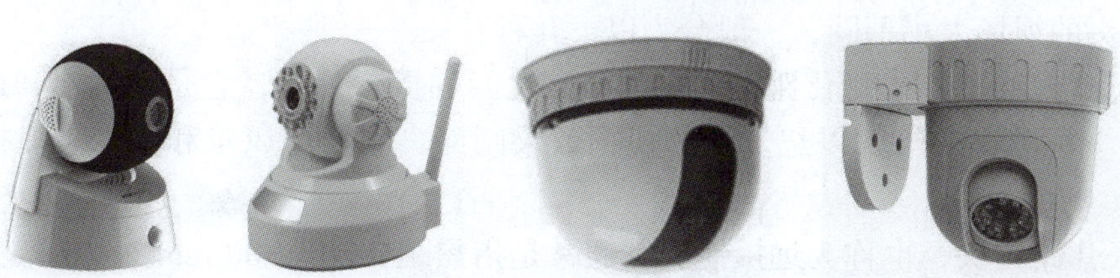

图2-5　半球型云台摄像机

全球型云台摄像机内置有两个电机，可以水平和垂直运动，分别负责云台的上下和左右方向的转动，实现360°全方位旋转。

当摄像机接收到上、下动作信号时，垂直电机转动，带动垂直传动轮盘转动，实现摄像机镜头上下旋转。

当摄像机接收到左、右动作信号时，水平电机转动，带动水平传动轮转动，实现摄像机镜头水平旋转。

2.1.2 镜头

镜头是指安装在摄像机前端的光学装置，该装置由许多光学玻璃或者透明树脂镜片及镜筒等组成。镜头用来收集从物体反射来的光线，使其聚焦并投射到摄像器件的受光面上进行成像，其质量直接决定视频影像的清晰度和逼真程度。图2-6所示为常见彩色摄像机及镜头，图2-7所示为西元展柜中的彩色摄像机及镜头。

图2-6 常见彩色摄像机及镜头

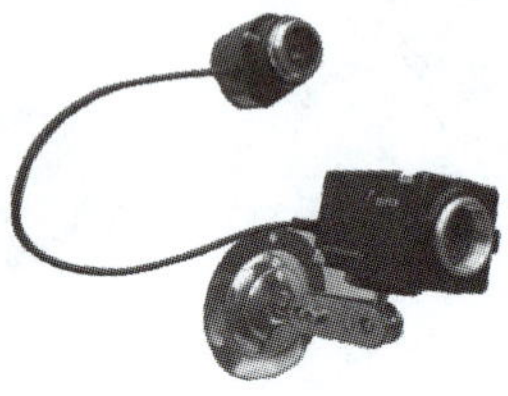

图2-7 西元展柜中的彩色摄像机及镜头

1. 镜头的分类

1）按镜头光圈分类

根据镜头配置的光圈不同，分为手动光圈镜头和自动光圈镜头。

（1）手动光圈镜头是最简单的镜头，由数片金属薄片组成机械调整结构，手动旋转调节光圈缩小或放大，适用于光照条件相对稳定的场合，图2-8所示为一种常见的手动光圈镜头。

（2）自动光圈镜头会根据亮度变化自动调整其光圈，特别适用于亮度变化比较明显的场合，图2-9所示为一种常见的自动光圈镜头。西元展柜中所展示的镜头也均为自动光圈镜头。两者外观的区别是自动光圈镜头配置有控制线。

图2-8 手动光圈镜头

图2-9 自动光圈镜头

2）按镜头的视场大小分类

根据镜头的视场大小不同，一般分为以下几种：

（1）标准镜头通常是指焦距在40～55 mm之间的摄影镜头，它是最基本和最常用的一种摄影镜头。标准镜头给人以纪实性的视觉效果画面，在普通风景和人像、抓拍等摄影场合使用较多。

（2）长焦距镜头，也称为远摄镜头，通常是指焦距在80～300 mm之间的镜头。长焦距镜头视角小，景深短，具有“望远”功能，适用于拍摄远处景物及其细节部分。

（3）短焦距镜头，也称为广角镜头，通常是指焦距在17～35 mm之间的镜头，短焦距镜头焦距很短，视角较宽，而景深却很深，比较适合拍摄较大场景的照片，如建筑、风景等题材。

图2-10所示为以上三种镜头的成像原理图，图2-11所示为不同焦距镜头照相距离示意图。

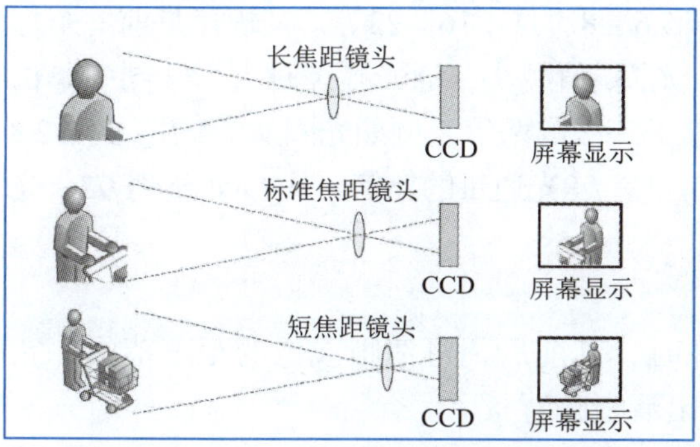

图2-10 三种镜头的成像原理图

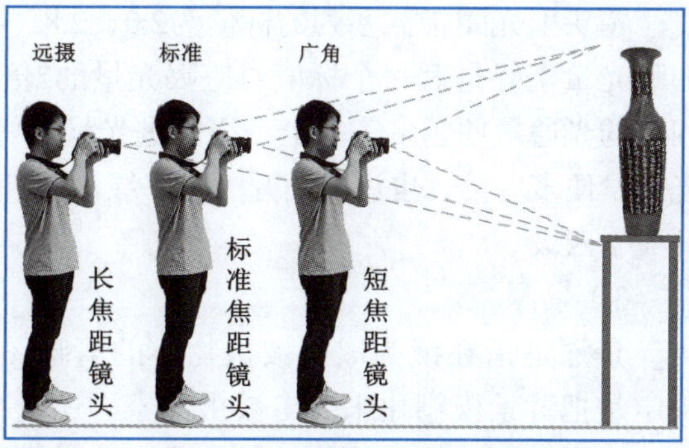

图2-11 不同焦距镜头照相距离示意图

（4）变焦镜头是指在不改变拍摄距离的情况下，通过变动焦距来改变拍摄范围的镜头，其变焦范围内的任何焦距都能用来摄影，一般外出拍摄时多采用这种镜头。

（5）针孔镜头是指利用小孔成像原理来得到影像的镜头。针孔镜头直径一般在几毫米左右，适用于需要隐蔽安装的场合。请按照相关法律规定规范安装和使用针孔镜头。

2. 镜头的主要技术参数

1）焦距

焦距是光学系统中衡量光的聚集或发散的度量方式，指平行光入射时从透镜光心到光聚集之焦点的距离。短焦距的光学系统比长焦距的光学系统具有更佳的聚光能力。

焦距的大小决定着视场角的大小。焦距数值小，视场角大，所观察的范围也大，但距离远的物体分辨不是很清楚；焦距数值大，视场角小，观察范围小，只要焦距选择合适，距离很远的物体也能看得清清楚楚。

焦距和视场角是一一对应的。在选择镜头焦距时，应充分考虑到的是观察细节重要，还是有一个更大的观测范围重要。比如监控室内目标时，由于监控的距离较近，选择的焦距不应太大，一般会选择短焦距镜头，如3.6 mm、4 mm、6 mm、8 mm等；在多车道道路监控中，一般会选择焦距为6～15 mm的镜头，这样监控的视角更广一些；在十字路口等需要拍摄车牌的地方，则要用中长焦距的镜头，如20～70 mm的镜头等。

2）光圈

光圈是用来控制光线透过镜头进入摄像机内部感光面光量大小的装置。对于已经制造好的镜头，不能随意改变镜头的直径，但是可以通过在镜头内部加入面积可变的孔状光栅来控制镜头通光量，这个装置就称光圈。不同种类的光圈如图2-12所示。用F表达光圈大小。

$$F=\text{镜头的焦距}f\,/\,\text{镜头的有效口径的直径}$$

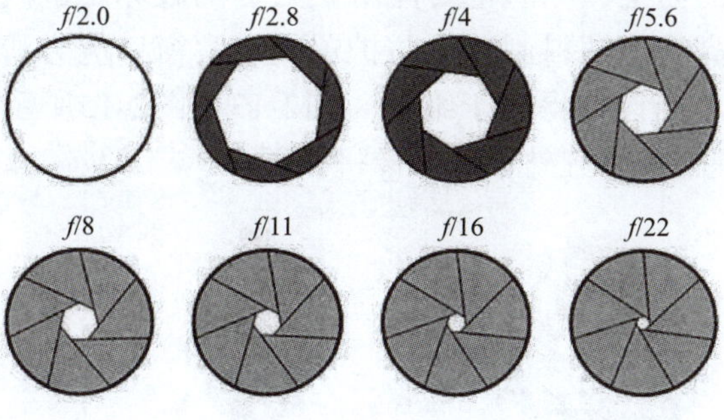

图2-12 不同种类的光圈图

镜头上光圈指数系列的标值为2.0、2.8、4、5.6、8、11、16、22等，其规律是前一个标值的曝光量正好是后一个标值对应曝光量的2倍。光圈F值越小，通光孔径越大，在同一单位时间内的光通量便越多，且上一级的进光量刚好是下一级的两倍。例如光圈从$f/4$调整到$f/2.8$，光通量便多一倍，也说光圈开大了一级。同理，$f/2$是$f/8$光通量的16倍，从$f/8$调整到$f/2$，光圈开大了四级。

3）景深

景深是指在镜头取得被摄物体的清晰图像时，其前后仍可清晰成像的距离范围，它能决定是把背景模糊化来突出被摄对象，还是拍出清晰的背景。

光圈、镜头及拍摄物的距离是影响景深的重要因素：

（1）光圈越大，光圈值F越小，景深越浅；光圈越小，光圈值F越大，景深越深。

（2）镜头焦距越长，景深就越浅，反之景深越深。

（3）主体越近，景深越浅，主体越远，景深越深。

3. 镜头的选择

为了获得预期的摄像效果，在选配镜头时，除了要考虑镜头的CCD或者COMS靶面尺寸、分辨率等参数外，还应考虑到被摄物体的大小、物距、品牌等因素。

选用镜头时应该主要遵循以下原则：

（1）镜头应与摄像机的接口一致。

（2）镜头规格应与摄像机靶面规格一致。

（3）镜头的焦距应根据监视范围的大小、镜头与监视目标的距离确定。

（4）当需要遥控时，可选用具有光对焦、变焦距的遥控镜头装置。

（5）摄像机需要隐蔽安装在天花板或墙壁内时，镜头可采用针孔或棱镜镜头。

总之，要根据不同需求选择合适的镜头，同时根据造价高低选择性价比高的镜头。

2.1.3 防护罩与支架

1. 防护罩

一般视频监控系统中使用的摄像机都安装有防护罩，它主要是保护摄像机和镜头，防止人为破坏，避免雨水、灰尘等周围环境的不良影响。防护罩一般用钢、铝或塑料制成，且防护罩内的空间必须足够大，以容纳摄像机和镜头。此外，还要有能够打开或卸下的盖子，便于摄像机和镜头的拆装。

1）室内防护罩

室内防护罩要求形状美观、与周边环境和谐，且能够保护摄像机和镜头，使其免受灰尘、杂质和腐蚀性气体的污染，同时也要能防止人为的破坏。室内防护罩一般使用涂漆或阳极氧化处理的铝材、高性能塑料制造，防护罩的观察窗口应为清晰透明的安全玻璃或塑料，其出线口的位置，应当设计得便于维护。图2-13～图2-15所示为几种常见的室内防护罩，图2-16所示为西元展柜中的红外半球摄像机护罩。

图2-13 矩形防护罩

图2-14 半球形防护罩

图2-15 全球形防护罩

图2-16 红外半球摄像机防护罩

2）室外防护罩

室外防护罩主要应用于室外露天环境，因此摄像机和镜头必须安装在完全封闭的室外防护罩中，它必须能够保护摄像机，使其免受人为破坏或室外恶劣环境的影响。室外防护罩一般使用铝材、带涂层的钢材、不锈钢或可在室外使用的塑料制造。室外摄像机要适应一年四季各种环境的要求，所以，室外防护罩一般都带有自动加热及吹风装置，有些还配有刮水器等，图2-17～图2-19所示为几种常见的室外防护罩。

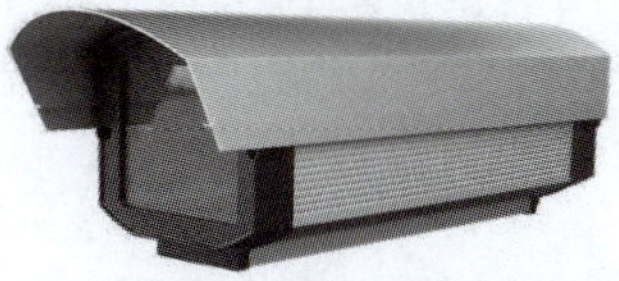

图2-17 普通室外防护罩

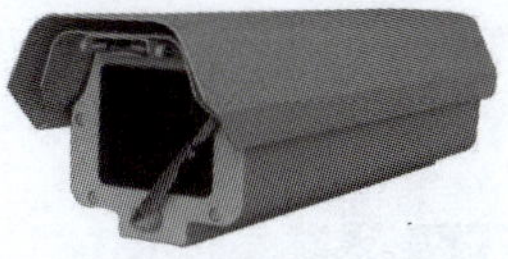

图2-18 带刮水器的室外防护罩

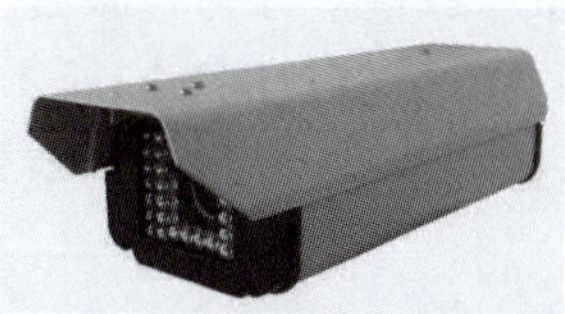

图2-19 红外室外防护罩

2. 支架

支架是用于固定摄像机、防护罩、云台的部件，根据应用环境的不同，支架的形状、尺寸大小也各异。一般利用支架将摄像机、防护罩和云台固定到墙壁、天花板、柱子和建筑物上，以实现对场景的监控。

1）一般摄像机支架

摄像机支架一般有注塑型及金属型两类，它可直接固定摄像机，也可通过防护罩固定摄像机。摄像机支架一般都具有方向调节功能，通过对支架的调整，可以将摄像机的镜头准确地对向被摄区域。图2-20所示为几种常见的摄像机支架。

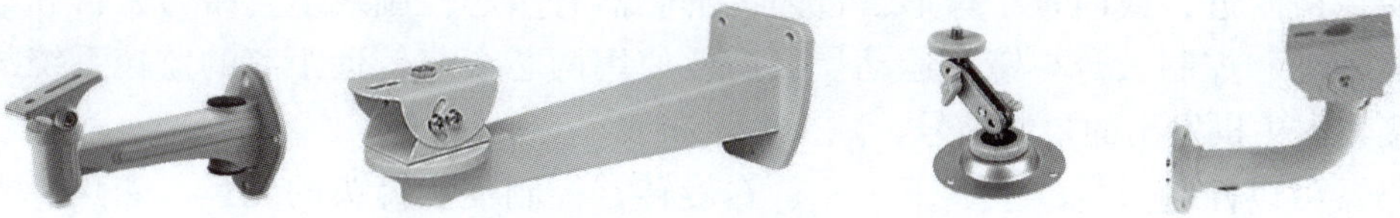

图2-20 常见的摄像机支架

2）云台支架

云台支架一般为金属结构，因为要固定云台、防护罩及摄像机，所以云台支架的承重要求高，这种支架的尺寸比一般摄像机支架大一些，考虑到云台自身已具有方向调节功能，因此，云台支架一般不再有方向调节的功能。图2-21所示为几种常见的云台支架。

图2-21 常见的云台支架

2.1.4 云台

云台是安装和固定摄像机的支撑设备，它分为固定和电动云台两种。固定云台适用于监视范围不大的情况，在固定云台上安装好摄像机后可调整摄像机的水平和俯仰的角度，达到最好的工作姿态后，只要锁定调整机构就可以了。

电动云台适用于大范围扫描监视，它可以扩大摄像机的监视范围，在控制信号的作用下，云台上的摄像机既可自动扫描监视区域，也可在监控中心值班人员的操纵下跟踪监视对象。

云台的主要功能有两点：其一，带动摄像机转动以消除监控死角；其二，根据控制中心的指令控制一体机的焦距来实现监控场景的拉伸。

按照安装环境，一般分为室内云台和室外云台两种。室外云台具有防潮防雨功能。按照承载重量分为轻载云台、中载云台和重载云台。图2-22所示为室内云台，是在工程中常用的302云台，图2-23所示为室外重载云台，是在工程中常用的301云台。西元展柜中S51为室内302型云台，S52为室外301型云台。

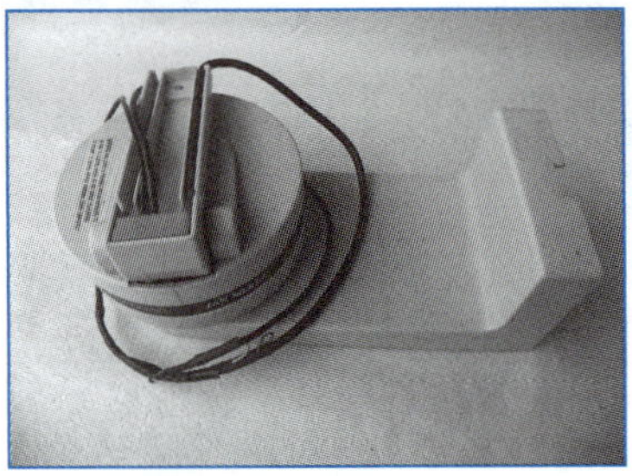

图2-22　室内302型云台

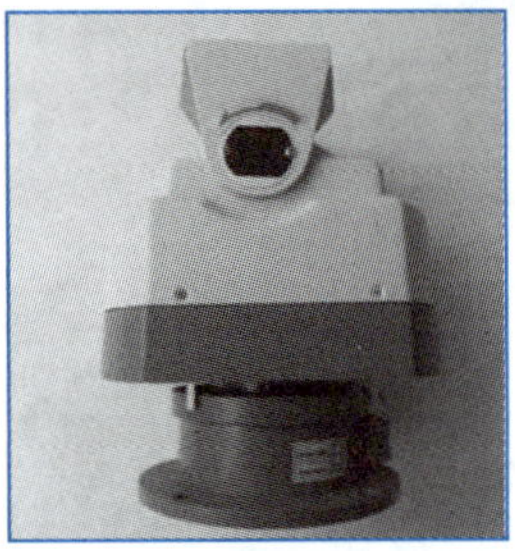

图2-23　室外301型云台

2.1.5　解码器

在视频监控系统中，解码器是一个重要的前端控制设备，一般安装在配有云台及电动镜头的摄像机附近，或内置于球形云台内。解码器有多芯控制线缆直接与云台和电动镜头相连接，驱动和控制云台与镜头运动。只需要使用两芯线与较远距离的监控系统的主机相连接，接收由主机发出的控制信号，减少大量布线。

解码器可以控制云台的上、下、左、右旋转，控制变焦镜头的变焦、聚焦、光圈，以及对防护罩刮水器、摄像机电源、灯光等设备的控制，还可以提供若干辅助功能。解码器的电路是以单片机为核心，由电源电路、通信接口电路、自检及地址输入电路、输出驱动电路、报警输入接口等电路组成。解码器一般不能单独使用，需要与系统主机配合使用。图2-24所示为西元展柜中的室外云台解码器机芯，室外解码器具有防雨和防潮的功能。图2-25所示为球形摄像机内部集成的解码板。

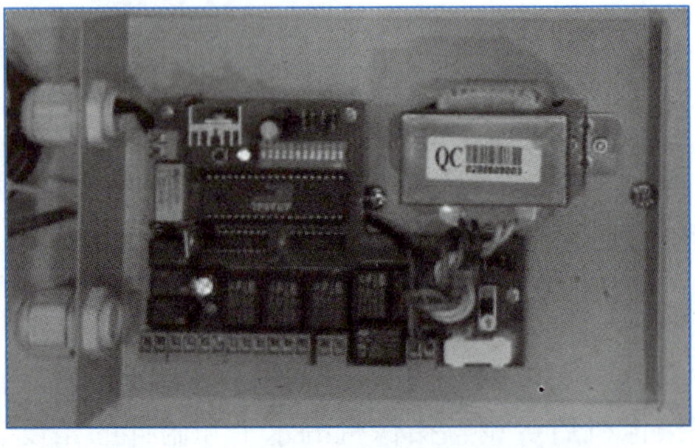

图2-24　西元展柜中的室外云台解码器机芯

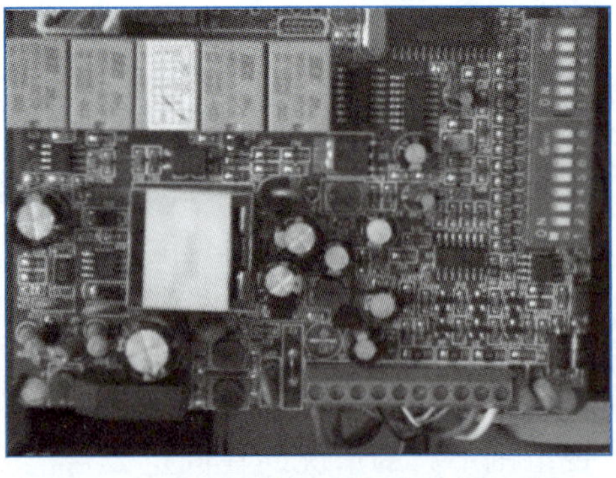

图2-25　球形摄像机内部集成的解码板

选择解码器要注意以下几点：

（1）驱动能力。根据云台、防护罩及辅助设备、摄像机、镜头等前端设备的实际驱动总功率和工作电压等确定，避免解码器输出功率太小或者电压不符，无法驱动设备动作。例如解码器的功率必须大于前端驱动设备的总功率，并且有一定的余量。前端设备工作电压为220 V交流时，解码器必须选择220 V交流输出设备。

（2）控制协议的兼容。解码器必须与控制设备的控制协议兼容。

（3）防护等级。尤其是在室外环境中，应选择解码器相应的防护等级，例如雨、雪、风和低温等恶劣天气的防护等。

（4）辅助输出功能。解码器除了应该具有多个辅助输出为前端设备提供驱动或驱动能力，还应该具有多个辅助电源输出，如DC 12 V、AC 24 V等为不同摄像机供电。

2.2　视频监控系统传输设备

传输设备在视频监控系统中充当着重要的角色，无论是将前端设备采集的信息传送到监控中心，还是由监控中心给前端设备发送控制命令，以及各级设备之间的信息传输，都依赖于传输设备。传输设备及其相关接口的质量直接影响整个系统的运行效果。

2.2.1　信号传输的基本原理

1. 通信的基本模型

通信的基本模型如图2-26所示。

图2-26　通信的基本模型

（1）信源（信息源）把各种信息转换成原始电信号，可分为模拟信源和数字信源，如麦克风属于模拟信源，而计算机信息属于数字信源。

（2）发送设备把原始信号转换为适合信道传输的电信号或光信号。

（3）信道是把来自发送设备的信号传送到接收设备的物理媒介，可分为有线信道和无线信道。无论是有线信道里的电信号、光信号或是无线信道里的无线电波，其实质都是电磁波信号。电信传输的基本过程，就是用电磁波的快速变化来表示我们能够直接识别的各种信息，然后通过有线传输或无线辐射的方式对电磁波进行传输的过程。

（4）接收设备对受到减损的原始信号进行调整补偿，进行与发送设备相反的转换工作，恢复出原始信号。

（5）信宿（受信者）把原始信号还原成相应信息，如扬声器、监视器、显示器等。

2. 模拟信号与数字信号

人们最先使用的电话、电视、广播等通信技术都属于模拟电子技术，其对信息进行原始性采集，并将其转换为连续变化的电磁波信号。现在这些领域基本采用的都是数字电子技术，其对视频信息进行数字化处理，将其转换为二进制数字信号。数字信号可进行无限次的无损复制，能够实现更为智能化的系统分析与控制，其在传输过程中也更为可靠。

1）模拟信号

模拟信号指幅度的取值是连续的，这些幅值可由无限个数值表示，是用一系列连续变化的电磁波来表示，例如传声器（俗称“麦克风”）的输出电压，如图2-27所示。

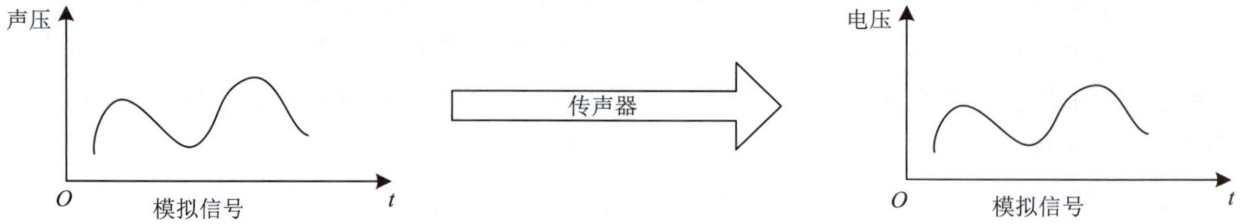

图2-27　传声器输出电压

2）数字信号

数字信号指幅度的取值是离散的，幅值表示被限制在有限个数值之内，是一系列二进制数字信息，例如计算机串行口输出的信号，如图2-28所示。

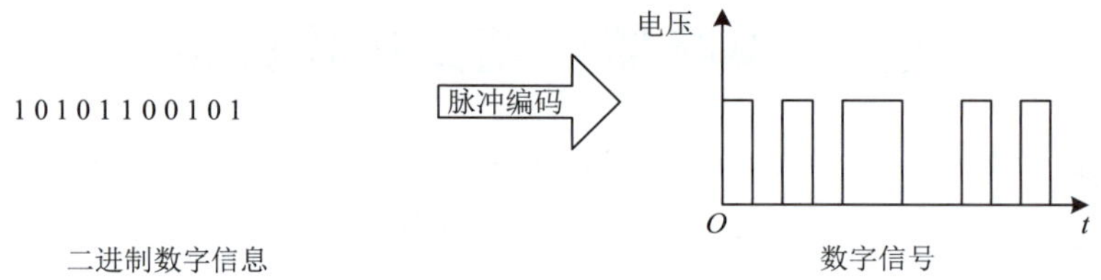

图2-28　计算机串行口输出信号

3. 信号的传输方式

1）基带传输与频带传输

（1）基带传输又叫数字传输，是指把要传输的数据转换为数字信号，使用固定的频率在信道上传输，例如计算机网络中的信号传输就属于基带传输。基带传输是把数字信号以脉冲的形式在信道上直接传输，它要求信道具有较宽的通频带，不需要调制、解调，设备花费少，适于短距离的传输系统。由于在近距离范围内，基带信号的功率衰减不大，信道容量基本不变，因此，在局域网中通常使用基带传输技术。常用的数据编码方法有不归零编码（NRZ）、曼彻斯特编码和差分曼彻斯特编码等。

（2）频带传输又叫模拟传输，是指把要传输的数据转换为模拟信号，以正弦波形式在信道上传输，我们现有的电话、模拟电视信号等，都是属于频带传输。频带传输是采用调制、解调技术，在发送端，采用调制手段，把数字信号变换成具有一定频带范围的模拟信号，在模拟信道上传输。接收端，通过解调手段进行相反变换，把模拟的调制信号复原为数字信号。常用的调制方法有频率调制、振幅调制和相位调制等。

2）通信方式

（1）单工通信方式就是信号只能单方向传输的工作方式。例如：广播和电视就是单工传输方式，收音机和电视机只能分别接收来自电台和电视台的信号，而不能进行相反方向的信息传输。单工通信方式原理图如图2-29所示。

图2-29　单工通信方式原理图

（2）半双工通信方式就是通信双方都能收发信息，但不能同时收发的工作方式。例如：对讲机通信就是典型的半双工通信方式，在一方讲话的时候另一方不能讲话，但通过开关切换可以改变通话方式。半双工通信方式原理图如图2-30所示。

图2-30　半双工通信方式原理图

（3）全双工通信方式就是通信双方可同时进行收发信息的工作方式。例如，普通电话就是典型的全双工通信。全双工通信方式原理图如图2-31所示。

图2-31　全双工通信方式原理图

3）串行通信与并行通信

串行通信是指在一条数据线上将数据一位一位地依次传输，每一位数据占据一个固定的时间长度。串行通信只需要少数几条线就可以在系统间交换信息，特别适用于计算机与计算机、计算机与外设之间的远距离通信。常见的串行接口有USB接口、RS-232接口、RS-485接口等。

并行通信是指数据的各个位以字或字节为单位，并行进行、同时传输。并行通信速度快，但通信线多、成本高，适用于近距离通信，如计算机或PLC各种内部总线就是以并行方式传送数据的。

2.2.2　传输接口

这里的“接口”是指行业统一的连接标准，它规定了接口的机械结构、电气特性、信号功能及所需线缆类型等。

1. 模拟接口

1）音频接口

（1）RCA接头。RCA接头俗称AV端子、莲花插头，采用铜质的芯针和壳体通过同轴电缆进行连接传输。除了音频信号，也广泛应用于视频信号的传输，一般为左右声道的红白两个音频（audio）接口，同时配合一个黄色的复合视频（video）接口，如图2-32所示。

（2）BNC接口。BNC接口俗称Q9头，是一种带有锁扣的同轴电缆接口，配合不同型号的同轴电缆，常用于视频线路的连接，有时也作为音频线路的接口使用，如图2-33所示。

2）视频接口

视频接口的主要作用是将视频信号输出到外围设备，或者将外部采集的视频信号收集起来。

（1）VGA接口。VGA接口也叫D-Sub接口，共有15针，分成3排，每排5个，如图2-34所示。它直接传输摄像机采集的R（红）、G（绿）、B（蓝）模拟信号以及H（行）、V（场）同步信号，是显卡上应用最为广泛的接口类型，绝大多数的显卡都带有此种接口，其接口定义见表2-1。

图2-32　RCA接头与接口

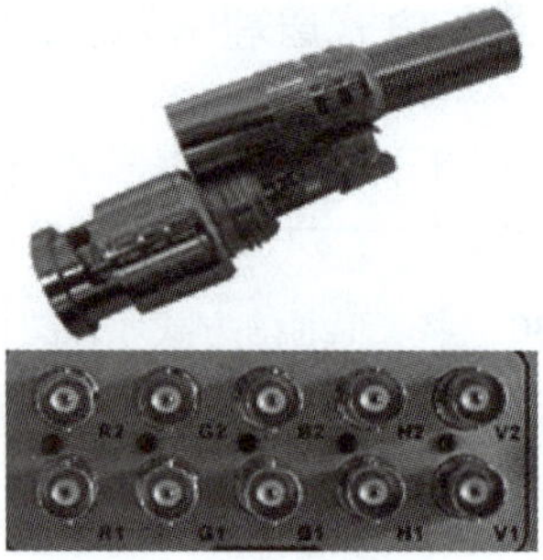

图2-33　BNC接头与接口

图2-34　VGA接口

表2-1　VGA接口定义

引脚	说　明	引脚	说　明	引脚	说　明
1	红基色	6	红色地	11	地址码
2	绿基色	7	绿色地	12	地址码
3	蓝基色	8	蓝色地	13	行同步
4	地址码	9	保留	14	场同步
5	自测试	10	数字地	15	地址码

（2）S-Video接口。S-Video接口全称是separate video，它实际上是一种五芯接口，由两路视频亮度信号、两路视频色度信号和一路公共屏蔽地线共五条芯线组成，如图2-35所示。

图2-35　S-Video接口

它将亮度和色度分离输出，避免了视频设备内信号串扰而产生的图像失真，极大地提高了图像的清晰度。但它仍要将两路色差信号（Cr、Cb）混合为一路色度信号C进行传输，然后再在显示设备内解码为Cr和Cb进行处理，这样会因一定的信号损失而导致失真。

（3）复合视频接口。复合视频接口传输的是一种混合视频信号，它把混合的色度信号C与亮度信号Y作叠加，由同一信道进行传输。常见的标有Video字样的视频接口都是复合视频接口，常与音频接口配合使用。

2. 数字接口

1）RS-232接口

RS-232接口是现在主流的串行通信接口之一，被广泛用于计算机串行接口外设的连接，有DB25接口和DB9接口两种，现在普遍使用的基本上都是DB9接口，如图2-36所示。RS-232接口传输距离最大约为15 m，其电气标准为，电平为逻辑“0”时，+3～+15 V；电平为逻辑“1”时，−15～−3 V。DB9接口定义见表2-2。

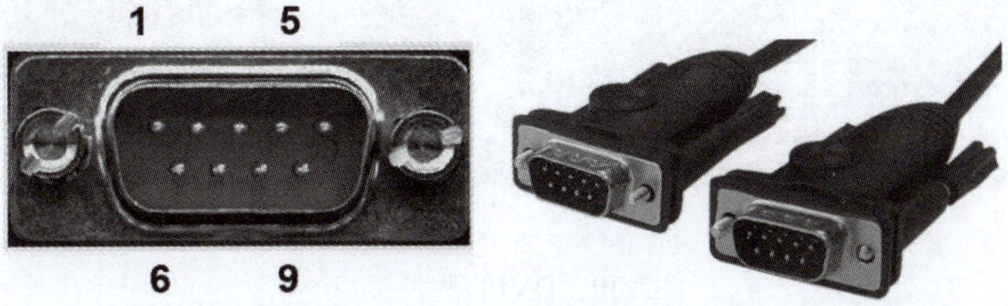

图2-36　DB9接口

表2-2　DB9接口定义

引脚	说　明	引脚	说　明	引脚	说　明
1	载波检测	4	数据终端准备就绪	7	请求发送
2	接收数据	5	信号地	8	允许发送
3	发送数据	6	调制解调器就绪	9	振铃提示

2）RS-485接口

RS-485是为弥补RS-232通信距离短、速率低等缺点而产生的，有两线制和四线制两种接线：两线制是半双工通信方式，四线制是全双工通信方式。RS-485接口为一般的端子型接口，没有规定引脚定义、信号功能，只需保持两根信号线相邻，在同一根双绞线中，引脚A、B不能互换就可以了。其电气标准为，+2～+6 V表示逻辑“0”，−6～−2 V表示逻辑“1”。

在视频监控系统中，有些厂家的设备接口为RS-232，有些为RS-485，经常需要进行RS-232与RS-485接口转换，这就出现了RS-232与RS-485接口转换器。图2-37和图2-38所示分别为西元展柜中展示的无源485码转换器和有源485码转换器。

图2-37　无源485码转换器

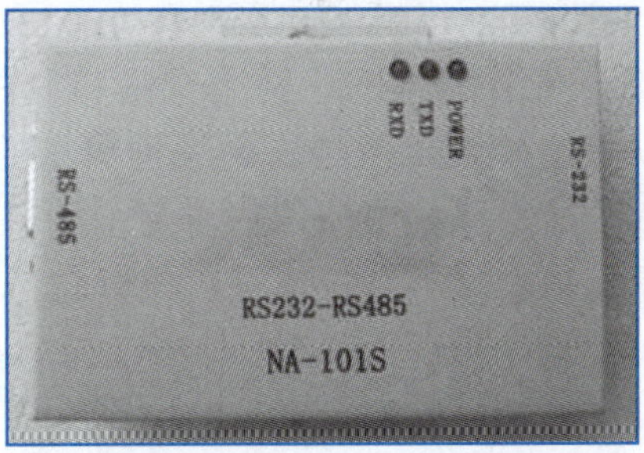

图2-38　有源485码转换器

3）DVI接口

DVI接口即数字视频接口，全称为digital visual interface。目前的DVI接口分为两种：一种是DVI-D接口，只能接收数字信号，接口上只有3排8列共24个针脚，其中右上角的一个针脚为空；另外一种则是DVI-I接口，可同时兼容模拟和数字信号。数字视频接口（DVI）是一种国际开放的接口标准，在PC、DVD、高清晰电视（HDTV）、高清晰投影仪等设备上有广泛的应用。图2-39所示为DVI的两种接口。

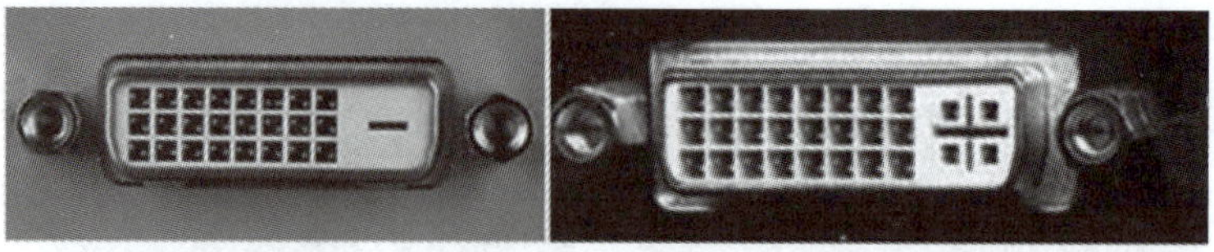

DVI-D接口24+1　　DVI-1接口24+1

图2-39　DVI的两种接口

4）HDMI接口

HDMI接口全称“高清晰度多媒体接口”（high definition multimedia interface），是一种数字化视频/音频接口，如图2-40所示。它是适合影像传输的专用型数字化接口，可同时传送音频和影像信号，最高数据传输速度为4.5 GB/s，同时无须在信号传送前进行数/模或者模/数转换。HDMI接口常用于液晶电视、监控显示设备、数字音箱等设备。

5）USB接口

USB接口即通用串行总线（universal serial bus）接口，是连接计算机系统与外围设备的一种串口总线接口，也是一种输入/输出接口，如图2-41所示。由于其即插即用、支持热插拔、传输速度快等特点，被广泛地应用于个人计算机和移动设备等信息通信产品，并扩展至摄影器材、数字电视机等其他相关领域。

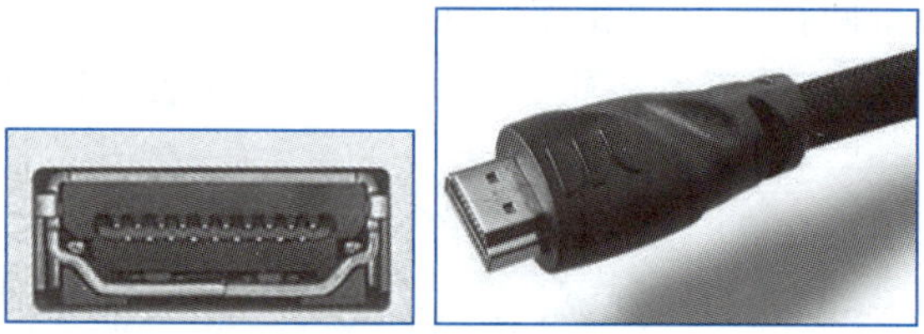

图2-40　HDMI接口

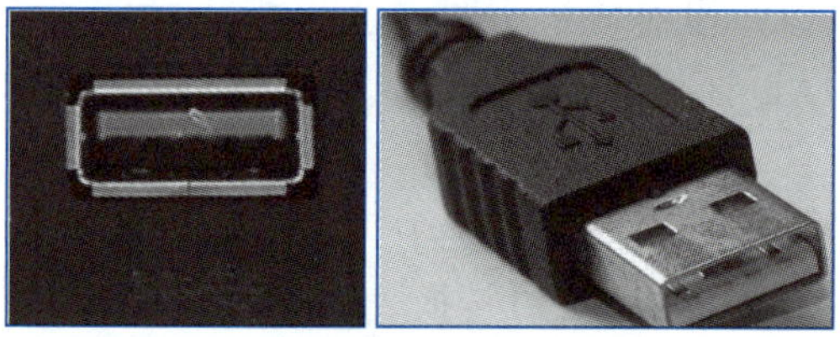

图2-41　USB接口

6）RJ-45网络模块和水晶头

随着网络摄像机、网络交换机、视频服务器等网络设备在视频监控系统中的广泛应用，视频监控系统已经成为一种典型的计算机网络应用系统，各种信息传输接口、控制接口也逐步被网络接口所取代。目前的以太网主要为10 Base-T和100 Base-T标准，使用RJ-45网络模块和水晶头进行连接，通过4对网络双绞线进行信息的传输。图2-42所示为RJ-45网络模块实物照片和结构，图2-43所示为RJ-45网络水晶头实物照片和结构。

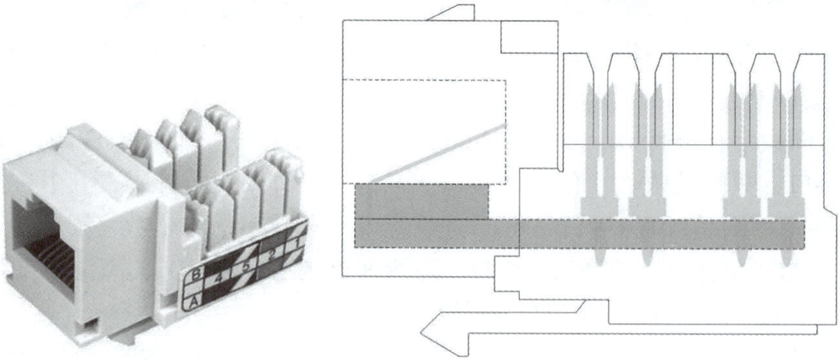

图2-42　RJ-45网络模块实物照片和结构

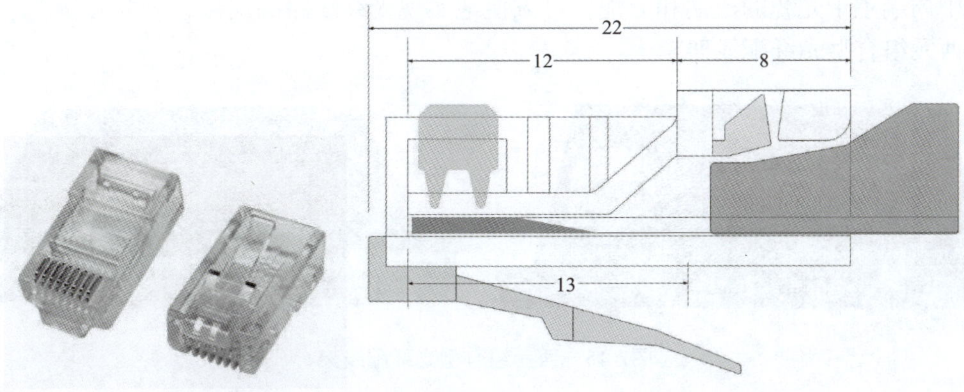

图2-43　RJ-45网络水晶头实物照片和结构（单位：mm）

10/100 Base-T标准仅使用1、2、3、6四芯线进行数据的传输，而1000 Base-T标准中会使用全部的八芯线，其网络接口引脚定义见表2-3。

表2-3　网络接口引脚定义

引脚	10/100 Base-T		1000 Base-T	
	信号定义	线对颜色	信号定义	线对颜色
1	TX+	白橙	BI_DA+	白橙
2	TX-	橙	BI_DA-	橙
3	RX+	白绿	BI_DB+	白绿
4	备用	蓝	BI_DC+	蓝
5	备用	白蓝	BI_DC-	白蓝
6	RX-	绿	BI_DB-	绿
7	备用	白棕	BI_DD+	白棕
8	备用	棕	BI_DD-	棕

符号说明：TX—写；RX—读；BI—双向；DA、DB、DC、DD为四组数据线对。

7）光纤接口

光纤接口也称为光纤耦合器，又称光纤适配器，它是连接光纤和光缆的物理接口，实现光信号分路/合路，或用于延长光纤链路的元件，通常有SC、ST、FC、LC四种类型，如图2-44所示。

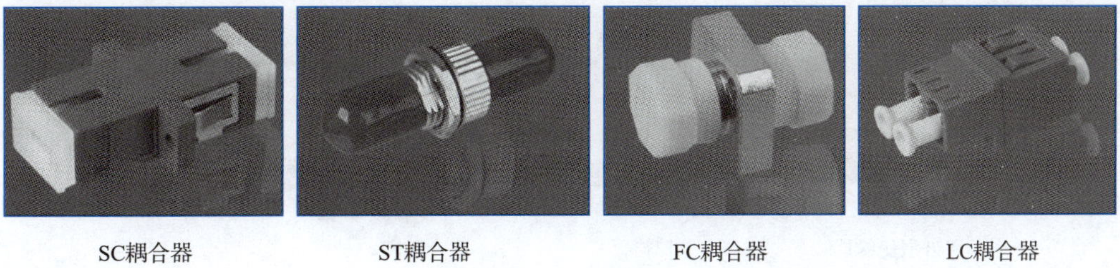

SC耦合器　　ST耦合器　　FC耦合器　　LC耦合器

图2-44　光纤耦合器

8）光纤配线架

光纤配线架是光缆和光通信设备之间或光通信设备之间的配线连接设备，用于光纤通信系统中局端主干光缆的成端和分配，可方便地实现光纤线路的连接、分配和调度。图2-45所示为西元组合型光纤配线架。

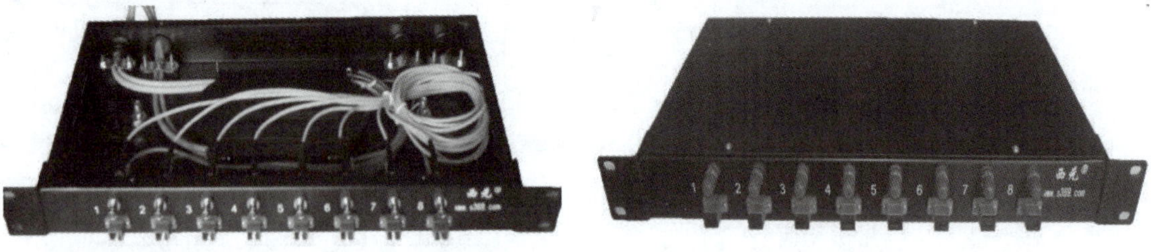

图2-45　西元组合型光纤配线架

9）光电转换器

光电转换器又名光纤收发器，是一种类似于数字调制解调器的设备，不同的是其接入的是光纤专线，传输的是光信号。光电转换器将短距离的双绞线电信号和长距离的光信号进行互相转换，一般应用在以太网电缆无法覆盖、必须使用光纤来延长传输距离的实际网络环境中。图2-46所示为光电转换器及其连接示意图。

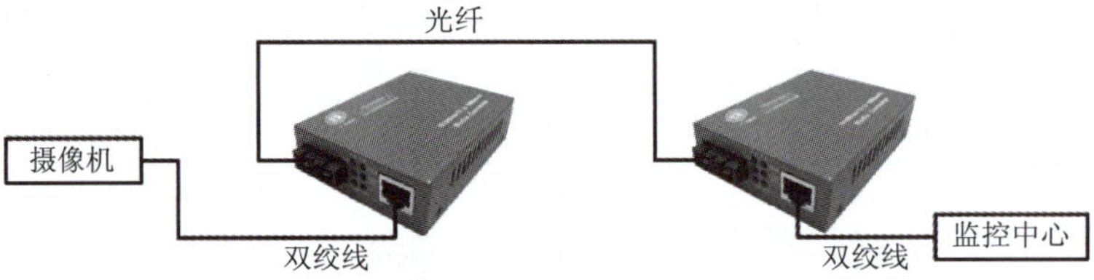

图2-46　光电转换器及其连接示意图

2.2.3　传输线缆

在视频监控系统中使用的线缆主要有同轴电缆、双绞线电缆和光缆。各种线缆在信号传输过程中的有效性和可靠性将直接影响系统的工作性能，因此对这些线缆的充分了解和学习是必不可少的，下面分别介绍这些常用的传输线缆。

1. 同轴电缆

同轴电缆（coaxial cable）是指有两个同心导体，而导体和屏蔽层又共用同一轴心的电缆。最常见的同轴电缆由绝缘材料隔离的铜线导体组成，最里层为铜线导体，其外部为环形的绝缘保护层，保护层的外部是另一层网状环形导体，然后最外层由聚氯乙烯或特氟龙材料的护套包裹，如图2-47所示。

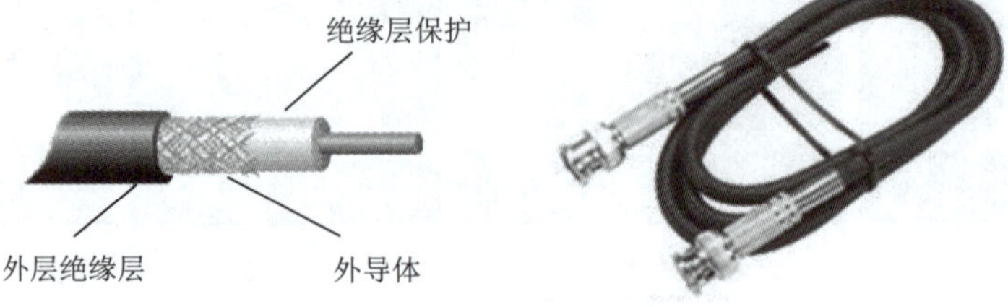

图2-47　同轴电缆

我国同轴电缆型号采用字母和阿拉伯数字标示，格式依次为：分类代号-绝缘材料-护套材料-派生特性-特性阻抗-芯线绝缘外径-结构序号，其中的字母含义见表2-4。

表2-4 同轴电缆字母含义

分类代号		绝缘材料		护套材料		派生特征	
符号	含义	符号	含义	符号	含义	符号	含义
S	同轴射频电缆	Y	聚乙烯	V	聚氯乙烯	P	屏蔽
SE	对称射频电缆	W	稳定聚乙烯	Y	聚乙烯	Z	综合
SJ	强力射频电缆	F	氟塑料	F	氟塑料		
SG	高压射频电缆	X	橡皮	B	玻璃丝编织侵硅有机漆		
ST	特性视频电缆	I	聚乙烯空气绝缘	H	橡皮		
SS	电视电缆	D	稳定聚乙烯空气绝缘	M	棉纱编织		

例如：SYV-75-3-1型电缆表示同轴射频电缆，用聚乙烯绝缘，用聚氯乙烯做护套，特性阻抗75 Ω，芯线绝缘外径为3 mm，结构序号为1。

2. 双绞线电缆

两根具有绝缘保护层的铜导线按一定密度互相绞在一起，即形成一对双绞线。如果把一对或多对双绞线放在一个绝缘套管中便成了双绞线电缆，日常生活中一般把“双绞线电缆”直接称为“双绞线”。

在双绞线电缆内，不同线对具有不同的扭绞长度，两根导线绞绕得越紧密其抗干扰能力越强。同时，不同线对之间也不会产生串模干扰。为了方便安装与管理，每对双绞线的颜色会有所区别，一般规定四对线的颜色分别为：白橙/橙、白绿/绿、白蓝/蓝、白棕/棕。

1）双绞线电缆的分类

双绞线一般分为5类、超5类、6类、7类等，还有屏蔽和非屏蔽等多种型号和规格。

目前，常用的双绞线电缆一般分为两大类：第一大类为非屏蔽双绞线，简称UTP，如图2-48所示；第二大类为屏蔽双绞线，简称为STP，如图2-49所示。屏蔽双绞线电缆的外层由铝箔包裹着，以减小辐射。双绞线电缆分类如图2-50所示。

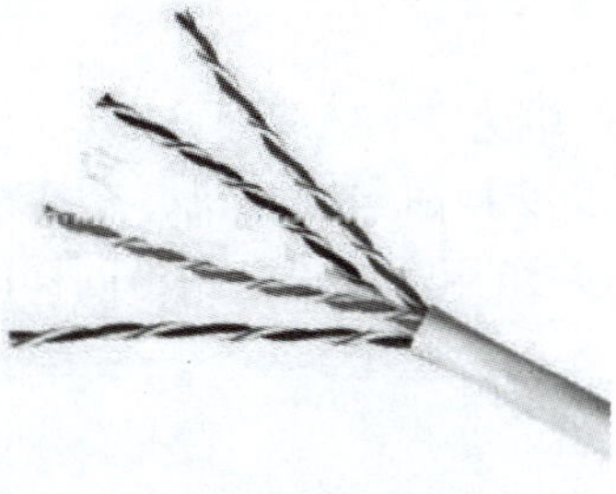

图2-48 非屏蔽双绞线电缆

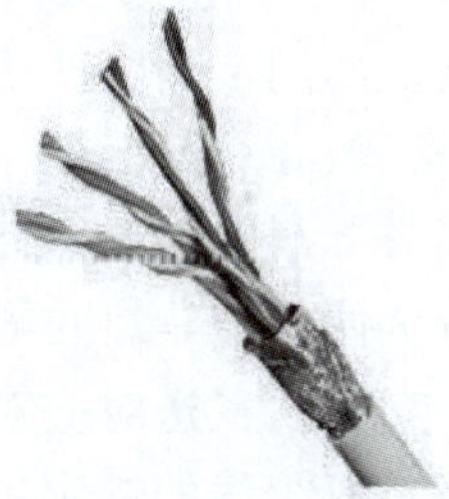

图2-49 屏蔽双绞线电缆

2）双绞线电缆的接头标准

双绞线电缆的接头标准为TIA/EIA 568A和TIA/EIA 568B标准，T568A线序为白绿、绿、白橙、蓝、白蓝、橙、白棕、棕，其接线图如图2-51所示。T568B线序为白橙、橙、白绿、蓝、白蓝、绿、白棕、棕，其接线图如图2-52所示。

请扫描“图 2-51”和“图 2-52”二维码，观看或下载彩色高清图片。

图片
图 2-51

图片
图 2-52

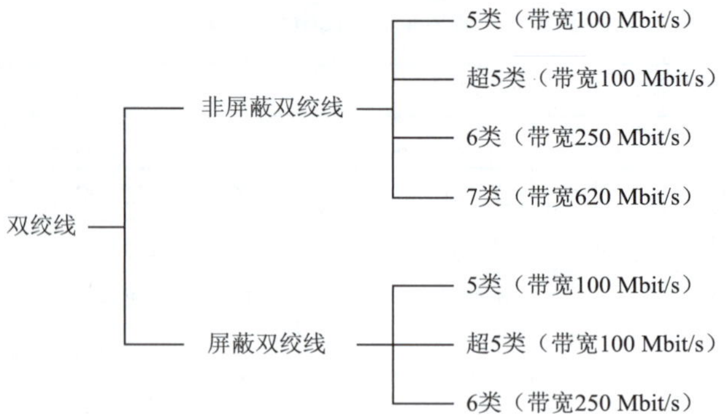

图2-50　双绞线分类

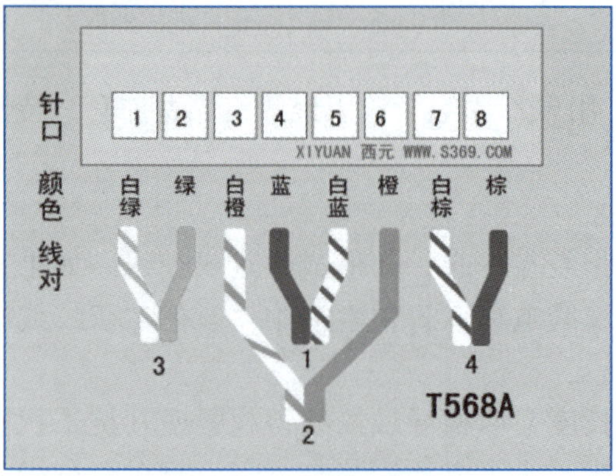

图2-51　T568A接线图

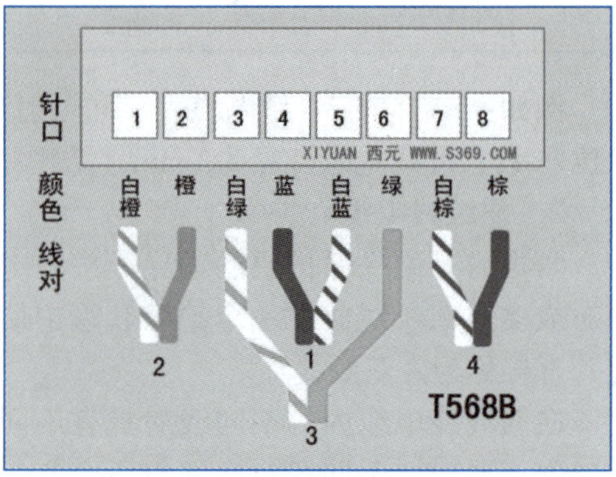

图2-52　T568B接线图

两种接头标准的传输性能相同，唯一区别在于1、2和3、6线对的颜色不同。不同国家和行业选用不同的接头标准。在我国一般使用T568B标准，不使用T568A标准。在同一个工程中只能使用一种标准，禁止混用，如果标准不统一，就会出现牛头对马嘴，布线永久链路不通，更严重的是施工过程中一旦出现标准差错，在成捆的线缆中是很难查找和剔除的。

3）直通线与交叉线

（1）直通线：一根网线，两端的线序相同，即都是T568B标准线序。不同类型设备连接使用直通线，如网卡到交换机、交换机到路由器等。

（2）交叉线：一根网线，一端为T568B线序，另一端为T568A线序，即1-3、2-6对调。相同类型设备连接使用交叉线，如两台计算机的网卡、交换机与交换机、交换机与集线器等。因为线分为两组，1-2和3-6，一组用来发送数据，一组用来接收数据，同样的设备端口都是一样的，交叉后发送对应对方接收。

标准规范对双绞线的规定：

- 10/100/1000 Base-T 直通线：T568B—T568B。
- 10/100 Base-T交叉线：T568B—T568A。
- 1000 Base-T交叉线：T568B—另一端线序见表2-5。

表2-5　1000 Base-T交叉线另一端线序

1	2	3	4	5	6	7	8
白绿	绿	白橙	白棕	棕	橙	蓝	白蓝

3. 光缆

在光缆绝缘层内的通信介质为光纤，光纤是一种由玻璃或者塑料制成的通信纤维，其利用“光的全反射”原理，作为一种光传导工具。光是一种电磁波，可见光部分波长范围是390～760 nm，大于760 nm部分是红外光，小于390 nm部分是紫外光。光纤中应用的是850 nm、1 310 nm、1 550 nm三种。光纤跳线类型有SC、ST 、FC、LC，如图2-53所示。

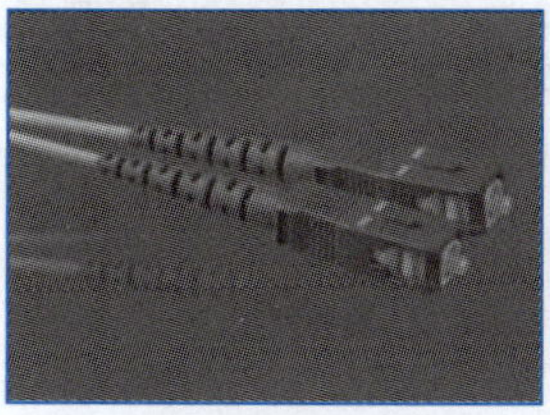
SC光纤跳线

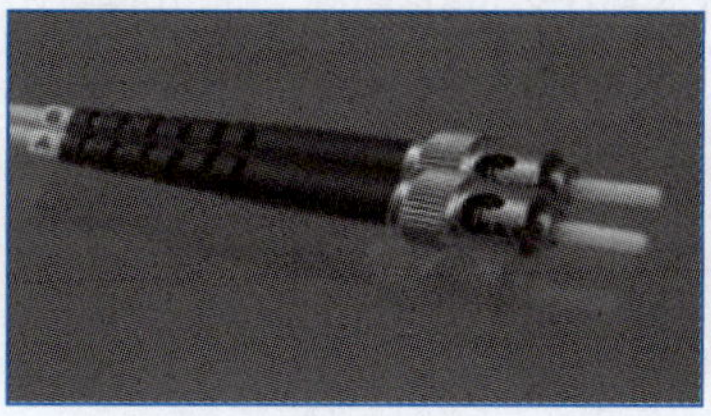
ST光纤跳线

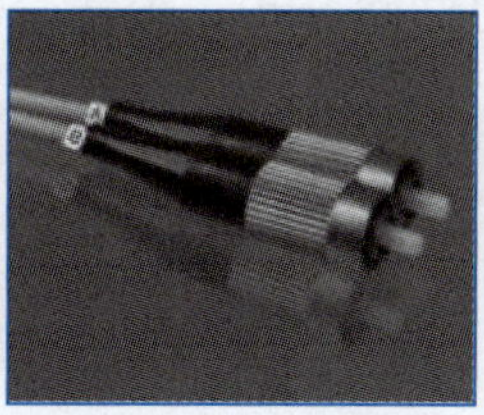
FC光纤跳线

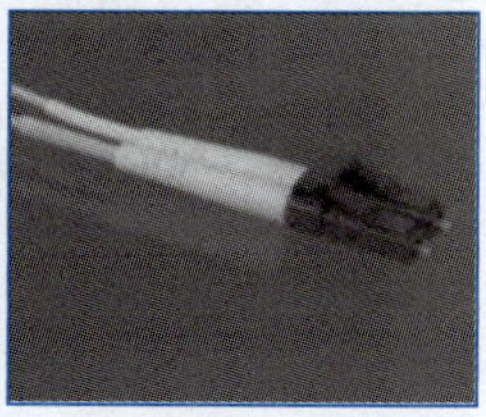
LC光纤跳线

图2-53 光纤跳线

1）光纤分类

（1）单模光纤：主要用来承载具有长波长的激光束，单模只传输一种模式，和多模光纤相比色散要少。由于使用更小的玻璃芯和单模光源，所以其纤芯较细，传输频带宽、容量大，传输距离长，需要高质量的激光源，成本较高。为与多模光纤区别，国际电信联盟规定室内单模光缆的外护套为黄色。

（2）多模光纤：主要使用短波激光，允许同时传输多个模式，覆盖层的反射限制了玻璃芯中的光，使之不会泄漏。多模光纤的纤芯粗，传输速率低、距离短，激光光源成本较低，国际电信联盟规定室内多模光缆的外护套为橙色。

2）光纤通信

光纤通信是以光波作为信息载体，以光纤作为传输媒介的一种通信方式。从原理上看，构成光纤通信的基本物质要素是光纤、光源和光检测器。

光纤通信的原理是：在发送端首先要把传送的信息（如视频信号）变成电信号，然后调制到激光器发出的激光束上，使光的强度随电信号的幅度（频率）变化而变化，并通过光纤发送出去；在接收端，检测器收到光信号后把它变换成电信号，经解调后恢复原信息。

2.2.4 无线（微波）传输

在视频监控系统中，有些工程需要使用无线传输方式，例如在大型工厂、矿山以及无法布线的情况下，经常需要使用无线传输方式，将几十米外摄像机的图像传输到监控中心。无线传输是指利用无线技术进行数据传输的一种方式，可分为模拟微波传输和数字微波传输。

1. 模拟微波传输

模拟微波传输就是把视频信号直接调制在微波的信道上，通过天线发射出去，监控中心通过天线接收微波信号，然后再通过微波接收机解调出原来的视频信号。如果需要控制云台镜头，就在监控中心用相应的指令控制发射机，监控前端配置相应的指令接收机。这种监控方式图像非常清晰，没有延时，没有压缩损耗，造价便宜，施工安装调试简单，适合一般监控点不是很多、需要中继也不多的情况下使用。模拟微波传输的缺点是抗干扰能力较差，易受天气、周围环境的影响，传输距离有限，已逐步被数字微波传输取代。

2. 数字微波传输

数字微波传输就是先把视频编码压缩，然后通过数字微波信道调制，再通过天线发射出去，监控中心通过天线接收信号，微波解扩，视频解压缩，最后还原出原来的视频信号。监控中心也可微波解扩后通过计算机安装相应的解码软件，用计算机软件解压视频，而且计算机还支持录像、回放、管理、云镜控制等功能。这种监控方式，图像可进行分辨率选择，通过解码的存储方式，视频有0.2～0.8 s的延时。它可集中传输多路视频，抗干扰能力比模拟的要好，适合监控点比较多、需要中继也多的情况下使用。

无线传输与传统的有线方式相比，能够避免大量的布线工作，节省施工费用，重定位能力强，灵活性高。但由于无线通信本身的特性所致，也存在网络宽带与频率资源有限、速率带宽稳定性差、传输误码率高等问题。

2.3 视频监控系统中心控制设备

2.3.1 视频矩阵切换器

视频矩阵切换器也称矩阵主机，它是通过阵列切换的方法将X路视频信号任意输出至Y路监视设备上的电子装置，一般情况下矩阵的输入大于输出，即$X>Y$。有一些视频矩阵也带有音频切换功能，能将视频和音频信号进行同步切换，这种矩阵也称视音频矩阵。目前的视频矩阵就其实现方法来说有模拟矩阵和数字矩阵两大类。

一般的视频矩阵切换器兼具云台控制功能。视频矩阵切换器多为19英寸（1英寸=2.54 cm）插卡式箱体结构，内有电源装置，插有一块含微处理器的CPU板、数量不等的视频输入板和视频输出板等，有很多视频BNC接头插座、控制连线插座及操作键盘插座等，如图2-54所示。

图2-54 视频矩阵切换器

在以视频矩阵切换器为核心的系统中，每台摄像机的图像需经过单独的同轴电缆传送到视频矩阵切换器主机，通过主机对视频信号进行分配、放大和切换，使得任意一个监视器能够显示多个摄像机的图像信号；每个摄像机摄取的图像也可同时送到多台监视器上显示。视频矩阵切换器主机还有能够产生时间、地点的字符发生器，可以在每个摄像机摄取的图像上叠加时间、地址、场所、摄像机号等信息。视频矩阵切换器的工作原理如图2-55所示。

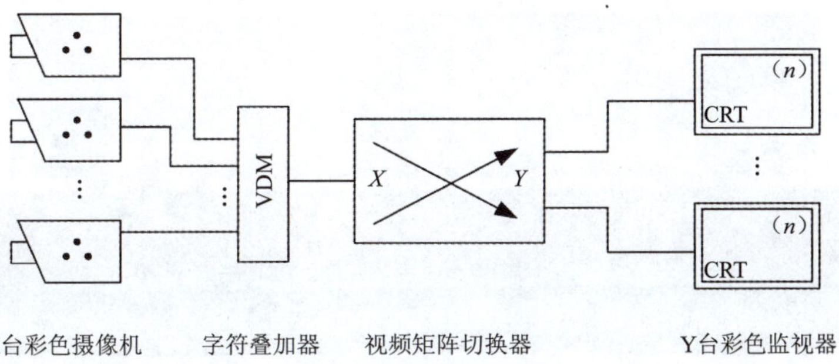

图2-55　视频矩阵切换器的工作原理

2.3.2　多画面图像分割器

随着电子技术、计算机技术的不断发展，尤其视频同步技术的发展，使多画面同时显示在同一监视器上成为了现实。将若干台前端摄像机输出的图像画面显示在一台监视器屏幕上，实现图像分割或画中画功能的装置称之为多画面图像分割器（图2-56）。该设备减少了监视器和记录设备的数量，又能使监视人员一目了然地监视各个部位的情况。通过分割器，可用一台录像机同时录制多路视频信号，回放时还能选择任意一幅画面在监视器上全屏显示。目前常用的有4、9、16 和32 画面图像分割器。图2-57所示为多画面图像分割器的工作原理图。

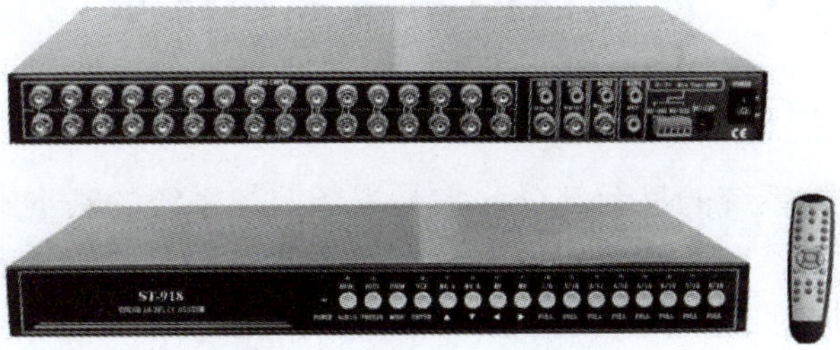

图2-56　多画面图像分割器

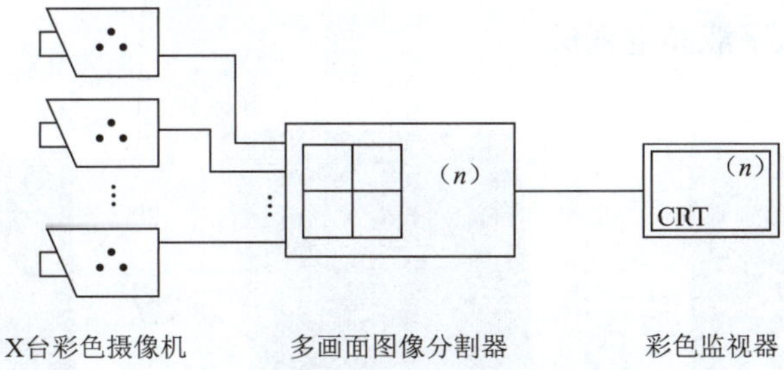

图2-57　多画面图像分割器的工作原理

2.3.3　视频分配器

视频分配器能够将一路视频输入转换为多路视频输出，使之可在无扭曲或无清晰度损失情况下观察视频输出。视频分配器通常有1进2出、1进4出、1进8出等，图2-58所示为视频分配器的外观，图2-59所示为视频分配器的工作原理。

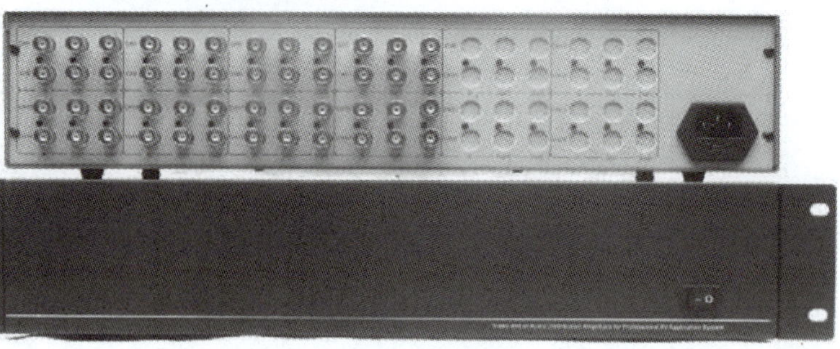

图2-58　视频分配器的外观

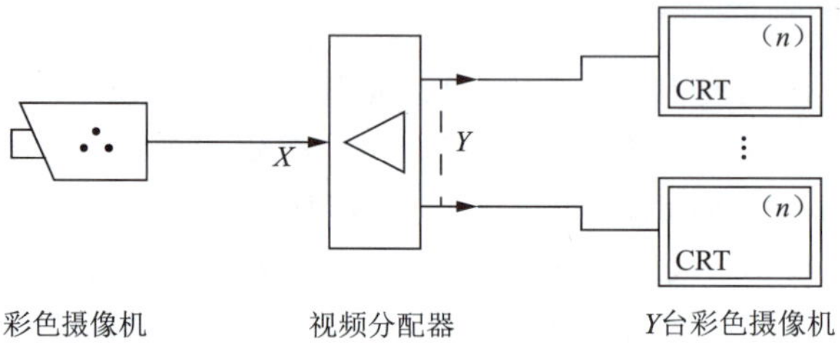

图2-59　视频分配器的工作原理

2.4　视频监控系统显示记录设备

2.4.1　监视器及电视墙

监视器是视频监控系统的显示部分，它是视频监控系统的基本配置。作为视频监控系统不可或缺的终端设备，有了监视器的显示我们才能观看前端送过来的图像，其充当着监控人员的“眼睛”，同时也为事后调查起到关键性作用。

在重要和大型监控系统中一般使用专业监视器和电视墙，在普通民用和便利店等小型监控系统中也普遍使用电视机或者显示器，图2-60所示为CRT监视器，图2-61所示为液晶监视器，图2-62所示为数字液晶电视机。

图2-60　CRT监视器

图2-61　液晶监视器

图2-62　数字液晶电视机

专业监视器与普通电视机和显示器的区别，从性能上主要体现在如下三点：

（1）图像清晰度高。重要和大型监控系统需要监视关键场所和部位，清晰显示图像，真实再现摄像机所拍摄到的影像信息，包括被摄物体的局部特征和细节等信息，这就要求监视器具有较高的图像清晰度。

（2）色彩还原度高。摄像机拍摄的图像信息中，一般都包括很多颜色信息和特征，这些颜色信息和特征往往真实地反映被摄物体的色彩特征，是重要视频监控系统的关键特征和要求，因此要求专业监视器具备更高的色彩还原度。

（3）整机可靠性和稳定性好。在银行、器材仓库等重要和大型监控系统中，经常需要连续几个月甚至几年不间断工作，停机检修就会造成监控中断，因此要求监视器必须非常可靠和稳定，这就需要选用专业的监视器。

图片

图 2-63

电视墙是由多个监视器单元拼接而成的一种超大屏幕显示墙体，它是一种影像、图文显示集成系统，也可看作是一台可以显示来自计算机、监控摄像机等视频信号的巨型显示屏。电视墙的图像可以独立显示，也可进行拼接显示以达到不同的显示效果。

图片

图 2-64

一般重要和大型视频监控系统使用拼接的大尺寸电视墙，通过专门的控制台实现控制与管理，如图2-63所示。一般普通民用和便利店等小型监控系统中经常使用一台电视机或者显示器将多路摄像机信号集中显示在一个屏幕上，图2-64所示为西元电视墙。

请扫描“图 2-63”和“图 2-64”二维码，观看或下载彩色高清图片。

图2-63 监控电视墙和控制台

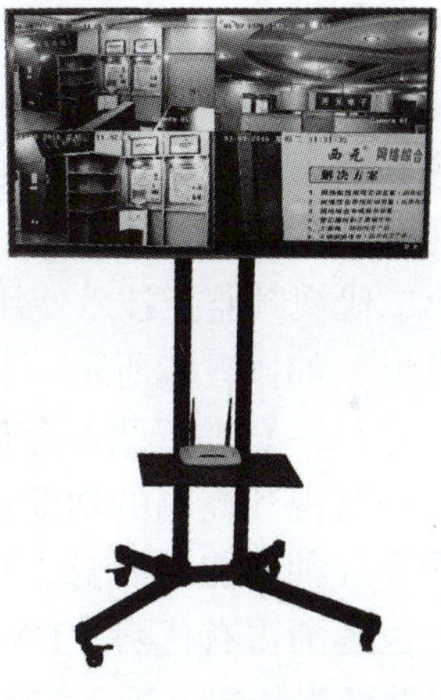

图2-64 西元电视墙

2.4.2 操作控制台

在重要和大型视频监控系统工程中，一般都会选用专门的操作控制台，主要用于安装视频矩阵切换器、多画面视频分割器、视频分配器、控制主机、硬盘录像机、分控键盘、操作手柄等控制设备，同时安装计算机显示器。

操作控制台一般为琴键台式，总高度一般为1.3 m左右，不宜太高，要求操作人员在坐姿情况下能够看见前方的电视墙。操作台面高度一般与普通工作台高度相同，宜为0.75 m。操作控制台斜面上嵌入式安装显示器，背面和下部设计有标准安装机架，安装视频矩阵切换器、多画面视频分割器、视频分配器等控制设备。图2-65所示为视频监控操作控制台。

请扫描“图 2-65”二维码，观看或下载彩色高清图片。

图片

图2-65（左）

图片

图2-65（右）

图2-65　视频监控操作控制台

2.4.3　监控主机

视频监控技术到现在已经发展了三代，随着监控技术的发展，视频监控主机也发生了改变。

第一代视频监控系统使用盒式录像机（video cassette recorder，VCR），如图2-66所示。它是使用空白录像带并加载录像机进行影像的录制及存储的监控系统设备。在2000年左右已经淘汰，不再使用。VCR的缺点有：信号易受外界噪声干扰，每次录像与播放后均会有些质量损失，且磁带不易保存；须随时准备好空白录像带并加载录像机才能进行录像；看回放的影像时无法持续录像；因磁带结构的限制，只能进行循序的搜寻，要寻找某段影像，必须从一开始持续进带到该处，使用不便；使用一段时间后，为数庞大的录像内容管理常让使用者感到困惑。

第二代视频监控技术使用的是数字录像设备（digital video recorder，DVR），即数字视频录像机，如图2-67所示。相对于传统的视频录像机，它采用硬盘录像，故又称为硬盘录像机。它是一套进行图像存储处理的计算机系统，具有对图像和语音进行长时间录像、录音、远程监视和控制的功能。DVR集合了录像、画面分割、云台镜头控制、报警控制、网络传输等五种功能于一身，用一台设备就能取代模拟监控系统一大堆设备的功能，而且在价格上也逐渐占有优势。DVR采用的是数字记录技术，在图像处理、图像存储、检索、备份，以及网络传递、远程控制等方面也远远优于模拟监控设备。

图2-66　盒式录像机

图2-67　硬盘录像机

第三代视频监控系统为全数字化的网络视频监控系统，使用的是网络视频服务器（digital video server，DVS）或PC主机，如图2-68所示。摄像机提供以太网络接口并接入以太网，直接生成MPEG4或JPEG格式的视频或图像文件，DVS利用软件采集这些文件并利用SCSI、RAID 以及磁带备份存储技术永久保护监视图像。可供任何经授权客户机从网络中任何位置访问、监视、记录并打印，还可以远程利用视频监控软件实现对系统的监控和控制功能。

DVS 网络视频服务器　　迷彩PC主机　　卧式PC主机　　立式PC主机

图2-68　网络监控主机

2.5　视频监控系统常用工具

视频监控系统工程涉及计算机网络技术、通信技术、综合布线技术、电工电子技术等多个领域，在实际安装施工和维护中，需要使用大量的专业工具。在当代，“工具就是生产力”，没有专业的工具和正确熟练的使用方法和技巧，就无法保证工程质量和效率。为了提高工作效率和保证工程质量，也为了教学实训方便和快捷，西元公司总结了多年大型复杂视频监控系统工程实战经验，专门设计了视频监控系统工程安装和维护专用工具箱，下面以图2-69所示的西元智能化系统工具箱为例，介绍视频监控系统工程常用的工具规格和使用方法。

请扫描“图 2-69”二维码，观看或下载彩色高清图片。

图 片

图 2-69（左）

图 片

图 2-69（右）

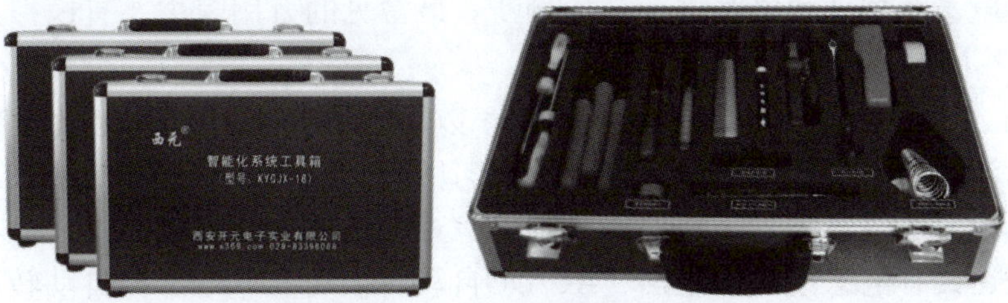

图2-69　西元智能化系统工具箱

西元智能化系统工具箱中的工具中包含了视频监控系统中常用的工具，见表2-6。

表2-6　西元智能化系统工具箱配置表

序号	名　　称	数量	用　　途
1	数字万用表	1台	用于测量电压、电流等
2	电烙铁	1把	用于焊接视频接头等
3	带焊锡的烙铁架	1个	用于存放电烙铁和焊锡
4	焊锡丝	1卷	用于焊接
5	PVC绝缘胶带	1卷	用于电线接头绝缘和绑扎
6	多用剪刀	1把	用于裁剪
7	双用网线钳	1把	用于压接RJ-45网络接头
8	110打线刀	1把	用于压接网络和通信模块

续表

序号	名　　称	数量	用　　途
9	测电笔	1把	用于测量电压等
10	数显测电笔	1把	用于测量电压等
11	镊子	1把	用于夹持小物件
12	电缆剥线器	1把	用于剥除网络线外皮
13	专业级剥线钳	1把	用于剥除电线外皮
14	电工快速冷压钳	3把	用于压接各种电工接线鼻
15	4.5英寸尖嘴钳	1把	用于夹持小物件
16	4.5英寸斜口钳	1把	用于剪断缆线
17	钢丝钳	1把	用于夹持大物件、剪断电线等
18	活扳手	1把	用于固定螺母
19	钢卷尺	1把	用于测量长度
20	十字螺丝刀	1把	用于安装十字头螺钉
21	一字螺丝刀	1把	用于安装一字头螺钉
22	十字微型电动螺丝刀	1把	用于安装微型十字头螺钉
23	一字微型电动螺丝刀	1把	用于安装微型一字头螺钉

2.5.1　万用表

万用表是一种多功能、多量程的便携式仪表，是视频监控系统工程布线和安装维护不可缺少的检测仪表。一般万用表主要用于测量电子元器件或电路内的电压、电阻、电流等数据，方便对电子元器件和电路进行分析诊断。最常见的万用表主要有模拟万用表和数字万用表，如图2-70和图2-71所示。

现在人们大多数使用的都是数字万用表，数字万用表不仅可以测量直流电压、交流电压、直流电流、交流电流、电阻、二极管正向压降、晶体管发射极电流放大系数，还能测电容量、电导、温度、频率，并增加了用以检查线路通断的蜂鸣器挡、低功率法测电阻挡。有的仪表还具有电感挡、信号挡、AC/DC自动转换功能、电容挡自动转换量程功能。新型数字万用表大多还增加了一些新颖实用的测试功能，如读数保持、逻辑测试、真有效值、相对值测量、自动关机等，如图2-72所示。

图2-70　模拟万用表

图2-71　数字万用表

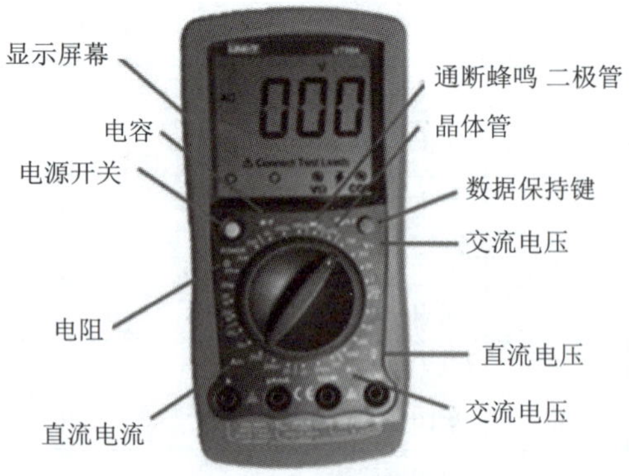

图2-72　万用表功能

在使用万用表时，根据测量对象不同，合理地选择对应的表笔插孔，如图2-73所示。数字万用表的简要使用方法如下：

（1）交直流电压的测量：根据需要将量程开关拨至DCV（直流）或ACV（交流）的合适量程，红表笔插入VΩ孔，黑表笔插入COM孔，并将表笔与被测线路并联，读数即显示，如图2-74所示。

图2-73　选择对应的表笔插孔

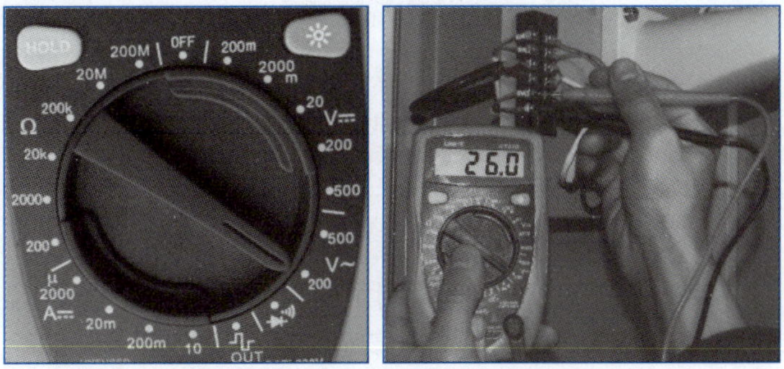

图2-74　选择挡位、测量电压

（2）交直流电流的测量：将量程开关拨至DCA（直流）或ACA（交流）的合适量程，红表笔插入mA孔（<200 mA时）或10 A孔（>200 mA时），黑表笔插入COM孔，并将万用表串联在被测电路中即可。测量直流电流时，数字万用表能自动显示极性。

（3）电阻的测量：将量程开关拨至合适量程，红表笔插入VΩ孔，黑表笔插入COM孔。如果被测电阻值超出所选择量程的最大值，万用表将显示“1”，这时应选择更高的量程。测量电阻时，红表笔为正极，黑表笔为负极，这与模拟万用表正好相反。因此，测量晶体管、电解电容器等有极性的元器件时，必须注意表笔的极性。

2.5.2　电烙铁、烙铁架和焊锡丝

电烙铁用于焊接导线和电子元件，因为其工作时温度较高，容易烧坏所接触到的物体，所以一般使用时应放置在烙铁架上，而焊锡丝是电子焊接作业中的主要消耗材料。电烙铁、烙铁架和焊锡丝如图2-75所示。电子焊接的原理就是用电烙铁融化焊锡使其与电子元件或导线充分结合以达到稳定的电气连接的目的。

电烙铁在使用时一定要严格遵守使用方法。首先将烙铁放置在烙铁架上，接通电源，等待10～20 min使烙铁充分加热。烙铁头温度足够时，取一节焊锡接触烙铁头，使烙铁头表面均匀地镀一层焊锡。一般使用的是有松香芯的焊锡丝，这种焊锡丝熔点较低，而且内含松香助焊剂，可不用助焊剂直接进行焊接。焊接时应固定元件或导线，右手持电烙铁，左手持焊锡丝，将烙铁头紧贴在焊点处，电烙铁与水平面大约成60°，用焊锡丝接触焊点并适当使其熔化一些，烙铁头在焊点处停留2～3 s，抬开烙铁头，并保证元件或导线不动，如图2-76所示。

注意：电烙铁在通电使用时烙铁头的温度可达300 ℃，应小心使用，以免人员烫伤或烧毁其他物品，焊接完成应将烙铁放置于烙铁架上，不能随便乱放。每次使用时应检查烙铁头是否氧化，若氧化严重，可用小锉或砂纸打磨烙铁头使其露出金属光泽后重新镀锡。电烙铁使用完毕后应及时拔掉电源，待其充分冷却后放回工具箱，不可在电烙铁还处于高温时将其放回。

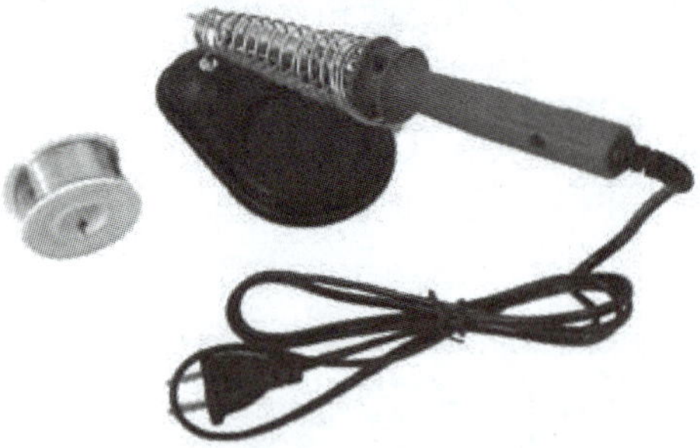

图2-75　电烙铁、烙铁架和焊锡丝

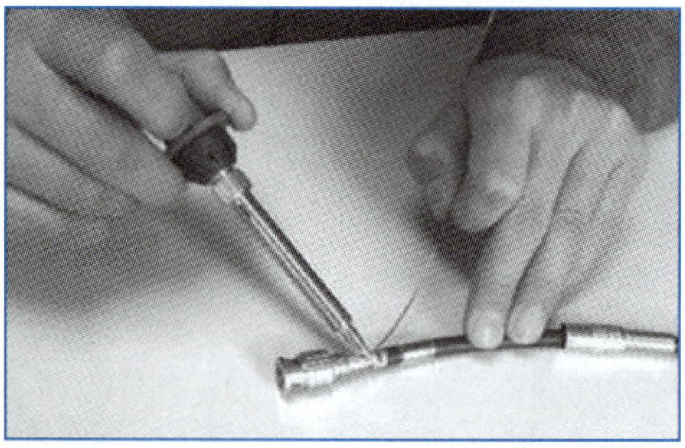

图2-76　使用电烙铁焊接导线插头

2.5.3　双用网线钳、110打线刀

1. 双用网线钳

双用网线钳主要用于压制水晶头，可压制RJ-45和RJ-11两种水晶头。利用压线钳的机械压力使RJ-45头中的刀片首先压破线芯绝缘护套，然后再压入铜线芯中，实现刀片与铜线芯的长期电气连接。使用时，将插好线的水晶头插入压接孔，用力压接即可，如图2-77所示。另外，双用网线钳还可以用来剪线剥线。

2. 110打线刀

110打线刀主要用于网络线缆或电话线缆模块的端接打线。其用机械力量将线芯压入两个刀片中，在压入过程中刀片将绝缘护套划破，与铜线芯紧密接触，同时金属刀片的弹性将铜线芯长期夹紧，从而实现长期稳定的电气连接，如图2-78所示。

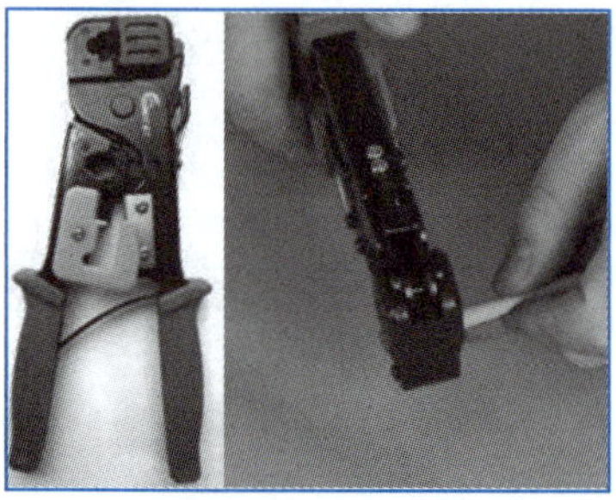

图2-77　双用网线钳

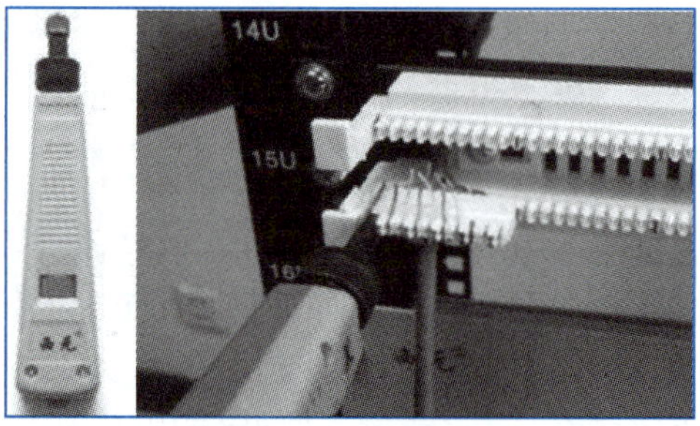

图2-78　110打线刀

2.5.4　电缆剥线器

电缆剥线器用于剥取网线外皮。电缆剥线器安装有可调节线槽，可根据线缆粗细调整压线槽，以方便切割，使用时将工具顺时针旋转剥线，如图2-79所示。

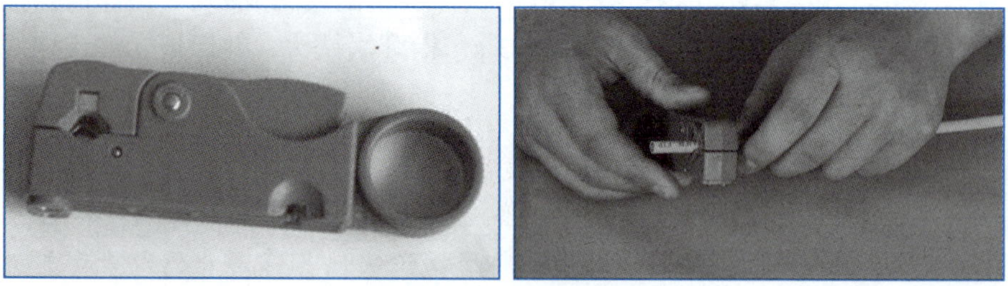

图2-79　电缆剥线器

2.5.5 尖嘴钳

尖嘴钳又称修口钳、尖头钳，电工中使用的尖嘴钳一般为加强绝缘尖嘴钳。耐电压1 000 V，尖嘴钳头部尖细，适用于狭小工作空间夹持小零件，主要用于仪表、电信器材等电器的安装及维修等，如图2-80所示。

特别注意，在带电使用时应禁止用手触碰金属部分，正确握法如图2-81所示。

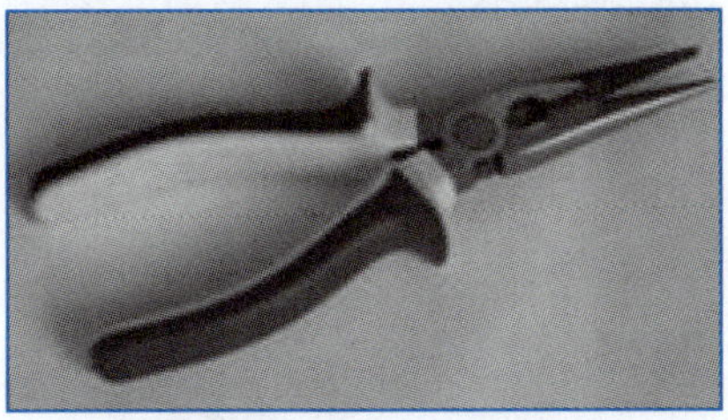

图2-80 尖嘴钳

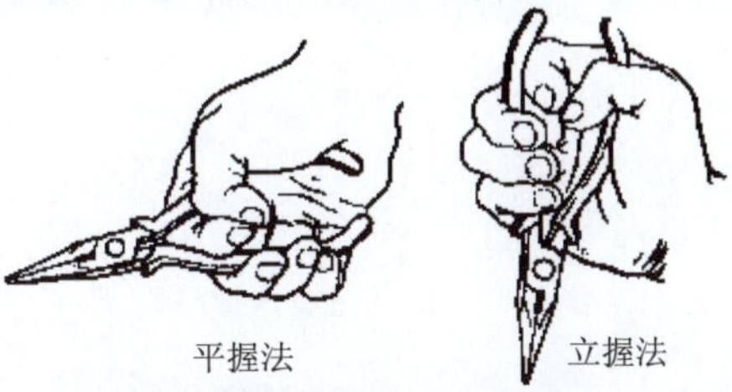

图2-81 尖嘴钳的握法

2.5.6 斜口钳

斜口钳，如图2-82所示，主要用于剪切导线、元器件多余的引线，也可让使用者在特定环境下获得舒适的抓握剪切角度，还常用来代替一般剪刀剪切绝缘套管、尼龙扎线卡等。斜口钳广泛用于电子行业制造、模型制作等。

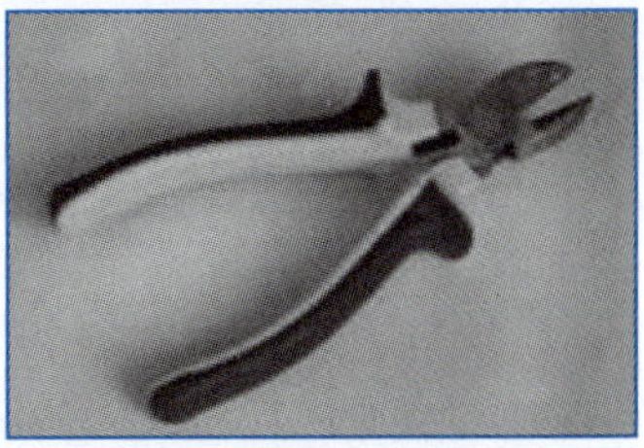

图2-82 斜口钳

2.5.7 螺丝刀

螺丝刀是紧固或拆卸螺钉的工具，是电工必备的工具之一，如图2-83所示。螺丝刀的种类和规格有很多，按头部形状的不同主要可分为一字、十字两种。

在电工应用中应当注意手不能碰触螺丝刀的金属部位，以免发生触电事故。电工应用时，应当选择与螺钉尾槽的尺寸和形状匹配的螺丝刀。

GB/T 3883.202—2019《手持式、可移式电动工具和园林工具的安全 第202部分：手持式螺丝刀和冲击扳手的专用要求》中规定，对Ⅰ类螺丝刀使用时泄漏电流不得超过5 mA，Ⅱ类不超过2 mA。

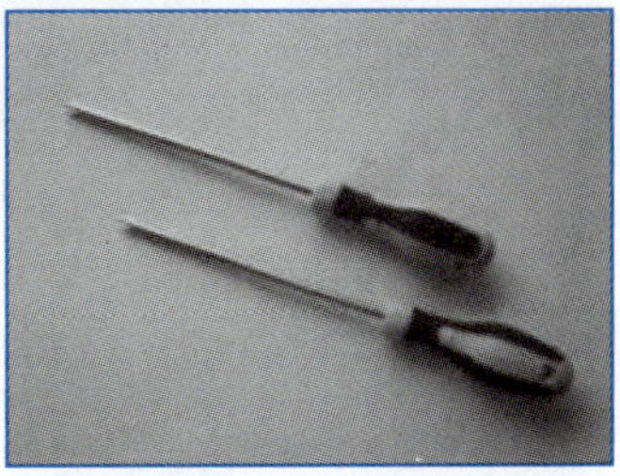

图2-83 螺丝刀

2.5.8 试电笔

试电笔也叫测电笔，简称“电笔”，是电工的必需品，用于测量物体是否带电。笔体中有一氖泡，测试时如果氖泡发光，说明导线有电，或者为通路的相线。试电笔中笔尖、笔尾为金属材料制成，笔杆为绝缘材料制成。使用电笔时，一定要用手触及试电笔尾端的金属部分，否则，因带电体、试电笔、人体与大地没有形成回路，试电笔中的氖泡不会发光，造成误判，认为带电体不带电。

1. 试电笔的种类

（1）螺丝刀式试电笔：形状同一字螺丝刀，可以兼作试电笔和一字螺丝刀用，如图2-84所示。

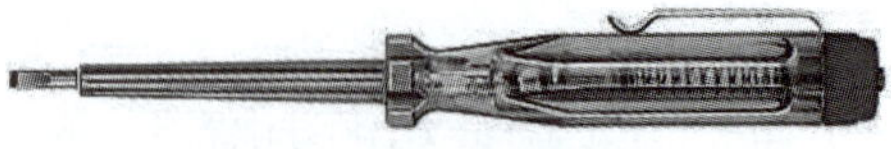

图2-84　螺丝刀式试电笔

（2）感应式试电笔：采用感应式测试，无须物理接触，可检查控制线、导体和插座上的电压或沿导线检查断路位置。因此极大地保障了维护人员的人身安全，如图2-85所示。

（3）数显式试电笔：笔体带有LED显示屏，可以直观读取测试电压数值，如图2-86所示。

图2-85　感应式试电笔

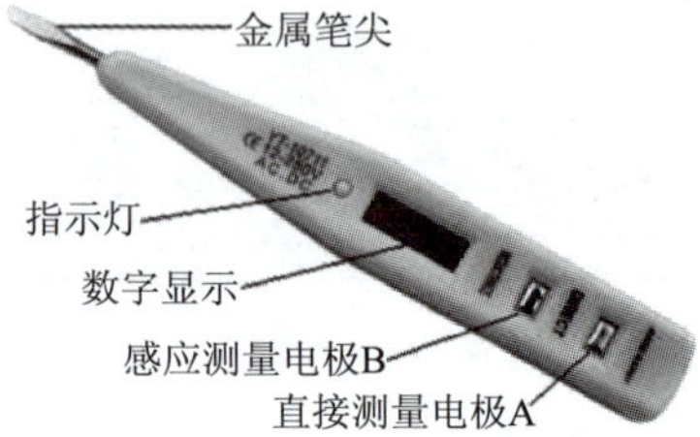

图2-86　数显式试电笔

2. 试电笔的操作

这里主要讲解常用的数显式试电笔的使用方法。

（1）按钮说明：A键（DIRECT），直接测量按键，就是直接去接触线路时，请按此键；B键（INDUCTANCE），感应测量按键，就是感应接触线路时，请按此键。

（2）电压检测：常用试电笔一般适用于直接检测12～250 V的交/直流电电压和间接检测交流电的中性线、相线和断点。还可测量不带电导体的通断。轻触A键，试电笔金属前端接触被检测物，试电笔分12 V、36 V、55 V、110 V和220 V五段电压值，液晶显示屏显示的最后数值为所测电压值。无接地的直流电测量时，手应触摸另一电极。

（3）感应检测：轻触B键，试电笔金属前端靠近被检测物，若显示屏出现“高压符号”表示物体带交流电。测量断开的电线时，轻触B键，试电笔金属前端靠近该电线的绝缘外层，有断线现象，在断点处“高压符号”消失。利用此功能可方便地分辨中性线、相线泄漏情况等。

试电笔的握法如图2-87所示。

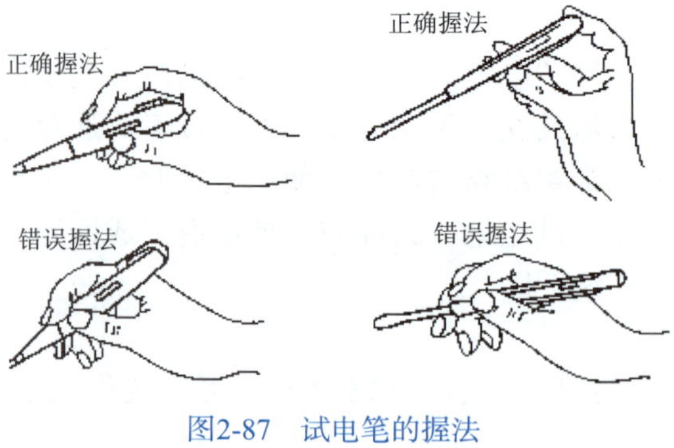

图2-87　试电笔的握法

课程思政2 宝剑锋从磨砺出——记陕西省劳动模范纪刚

纪刚技师为西安开元电子实业有限公司新产品试制组组长，2022年荣获“陕西省劳动模范”称号，他持续刻苦学习，获得西安交通大学学士学位，他钻研技术，成为公司技术创新的骨干。

学习是成长的必需品

纪刚从学徒成长为技师，从技师成长为雁塔工匠、劳模、研发团队骨干。纪刚说，自己技校毕业后就参加工作，想要取得成绩，就只能努力学习，靠自己持续奋斗来实现。技校毕业后，纪刚进入西安开元电子实业有限公司当学徒。在师傅的指导下，纪刚白天在岗位学习技能，晚上学习技术。每天下班后自觉加班，周末会去书店查阅最新技术资料，经常在书店一待就是一天。

一次，公司派纪刚去参加业务培训，培训老师是大学研究生导师，第一次见面，老师觉得与纪刚在技术上交流困难，就否定了纪刚。那时的纪刚只是个技工，他并没有气馁，不断努力，反复练习，超额完成培训任务，慢慢地，培训老师开始指导纪刚，纪刚也因此而快速成长。

2012年，纪刚参与专业图书《计算机应用电工技术》的编写，为了跟上大家的步伐，他对很多理论又进行梳理，对很多新的技术，他不断向年轻人请教。

纪刚在工作的同时，还继续提高着自己的学历，在37岁时获得西安交通大学学士学位，他说有机会还想学习研究生课程。同事谈起纪刚这样说：“别看纪工平时很少说话，谈起他新学的知识，可是滔滔不绝。”

公司技术的创新骨干

宝剑锋从磨砺出，梅花香自苦寒来。近20年的勤奋努力和执着追求,纪刚在技术上已成为公司的“领头羊”。提起他的名字，公司里人人交口称赞。西安开元电子实业有限公司主要从事高教和职教行业教学实训装备的创新研发和生产，主要产品的研发和创新，纪刚都参与其中。他参与技术创新和试制的产品营业收入占公司营业收入的60%。

2012年以来，纪刚利用公司成为第42届世界技能大赛官方赞助商和设备提供商的机会，努力学习和钻研世界技能大赛的先进技能，带领团队改进了10项操作方法和生产工艺，生产效率提高了两倍，降低生产成本超百万元。

工作研发中，纪刚先后获得16项国家专利。其中在研发光纤配线端接实验仪时，他自费购买了专业的资料，利用节假日勤奋钻研。一年的时间，四次修改电路板，五次改变设计图纸和操作工艺，最终获得国家发明专利，产品使用寿命超过5 000次。

2022年以来，纪刚主动请缨，带领劳模和技工团队成功研发了消防电气安装技能训练装置等新产品，为公司技术创新再添专利产品，成为公司技术创新的骨干。

（本文根据纪刚劳模先进事迹材料摘编。更多纪刚劳模先进事迹可通过网络搜索“西安开元电子实业有限公司纪刚劳模”。）

练 习 题

文档

单元2练习题

请扫描“单元2练习题”二维码，下载电子版，按时完成。

1. 填空题（10题，每题2分，合计20分）

（1）摄像机是一种把________的光学影像转变为________的装置。（参考2.1.1知识点）

（2）根据外形，摄像机一般划分为________、半球摄像机和________。（参考2.1.1知识点）

（3）根据镜头光圈的不同，镜头分为________和________。（参考2.1.2知识点）

（4）摄像机的护罩按使用环境一般分为________和________。（参考2.1.3知识点）

（5）通信系统一般包括信源、________、信道、________和信宿。（参考2.2.1知识点）

（6）在视频监控系统中使用的线缆主要有________、________和光缆。（参考2.2.3知识点）

（7）T568B线序为________、________、________、________、________、________、________、________。（参考2.2.3知识点）

（8）光纤分为________和多模光纤两种，对应的线缆颜色分别为________和橙色。（参考2.2.3知识点）

（9）无线传输是指利用无线技术进行数据传输的一种方式，可分为________微波传输和________微波传输。（参考2.2.4知识点）

（10）视频监控技术三个阶段对应的监控主机分别是盒式磁带录像机、________和________或PC主机。（参考2.4.3知识点）

2. 选择题（10题，每题3分，合计30分）

（1）下图中（　　）为半球摄像机。（参考2.1.1知识点）

A　　B　　C　　D

（2）（　　）常用于城市道路、高速公路等24h全天候监控的场所，（　　）比较适合办公场所以及装修档次高的场所使用。（参考2.1.1知识点）

A. 半球摄像机　　B. 枪式摄像机
C. 全方位云台摄像机　　D. 单反照相机

（3）（　　）镜头适用于拍摄远处景物及其细节部分，（　　）镜头比较适合拍摄较大场景的照片。（参考2.1.2知识点）

A. 长焦距　　B. 标准头　　C. 针孔　　D. 短焦距

（4）（　　）设备把各种信息转换成原始电信号，（　　）把原始信号转换为适合信道传输的电信号或光信号。（参考2.2.1知识点）

A. 信宿　　B. 信源　　C. 信道　　D. 发送设备

（5）广播和电视属于单工通信，（　　）为半双工通信，普通电话通信、（　　）为全双工通信。（参考2.2.1知识点）

A. 普通电话通信　　　　　　　　　B. 对讲机通信

C. 广播和电视　　　　　　　　　　D. 计算机间的通信

（6）BNC头为（　　），VGA头为（　　），水晶头为（　　），HDMI头为（　　）。（参考2.2.2知识点）

A　　　　B　　　　C　　　　D

（7）（　　）、VGA接口属于模拟接口，USB接口、（　　）属于数字接口。（参考2.2.2知识点）

A. BNC接头　　B. USB接口　　C. VGA接口　　D. RJ-45接口

（8）网络双绞线为（　　），同轴电缆跳线为（　　）。（参考2.2.3知识点）

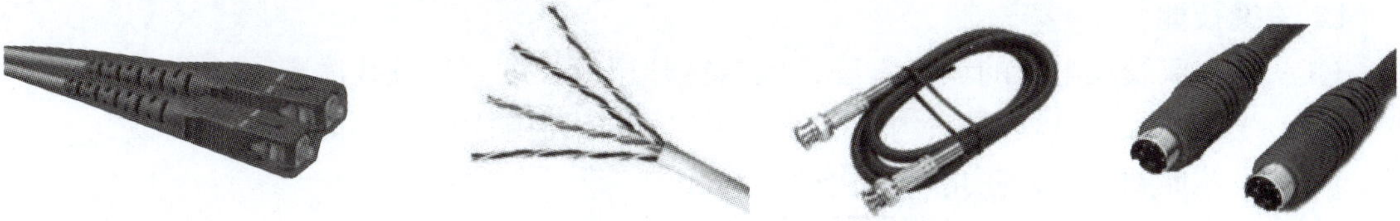

A　　　　B　　　　C　　　　D

（9）下列（　　）属于有线传输的介质。（参考2.2.3知识点）

A. 双绞线　　B. 同轴电缆　　C. 光缆　　D. 微波

（10）（　　）可将X路视频信号任意输出至Y路监看设备上，（　　）可将一路视频输入转换为多路视频输出。（参考2.3知识点）

A. 视频矩阵切换器　　　　　　　B. 多画面图像分割器

C. 视频分配器　　　　　　　　　D. 硬盘录像机

3. 简答题（5题，每题10分，合计50分）

（1）根据外形，摄像机一般划分为哪几种？一般都应用在什么场合？（参考2.1.1知识点）

（2）镜头的选择应遵循哪些原则？（参考2.1.2知识点）

（3）画出通信的基本模型，并简要说明各组成部分。（参考2.2.1知识点）

（4）视频监控系统中使用的线缆主要有哪些？简述双绞线电缆的特点及其接头标准。（参考2.2.1知识点）

（5）视频监控系统常用的工具有哪些？并说明其使用时的注意事项（至少列出5个）。（参考2.5知识点）

请扫描“互动练习 3”和“互动练习 4”二维码，下载 Word 版，按时完成，掌握本单元主要内容。

文档　　　　文档

互动练习 3　　　　互动练习 4

实训3 网络跳线制作训练

1. 实训任务来源

连接终端设备和信息插座的跳线制作。满足网络摄像机、监控主机、交换机等视频监控系统设备的网络连接和信息传输需求。

2. 实训任务

每人独立完成4根5e类网络跳线制作。要求T568B线序，长度300 mm/根，长度误差为±5 mm。

3. 技术知识点

（1）熟悉双绞线电缆的基本概念和分类。

（2）熟悉T568A/T568B线序知识。

- T568A线序：白绿、绿、白橙、蓝、白蓝、橙、白棕、棕。
- T568B线序：白橙、橙、白绿、蓝、白蓝、绿、白棕、棕。

4. 关键技能

（1）掌握双绞线电缆的剥线方法，包括拆开扭绞长度、整理线序。

（2）线芯插入RJ-45水晶头内长度不大于13 mm，前端10 mm不能有缠绕。

（3）线芯插到前端，三角块压住护套2 mm。

（4）掌握网络压线钳的正确使用方法。

视 频

西元铜缆跳线制作

5. 实训课时

（1）该实训共计2课时完成，其中技术讲解10 min，视频演示30 min，学员实际操作30 min，跳线测试与评判10 min，实训总结、整理清洁现场10 min。

（2）课后作业2课时，独立完成实训报告，提交合格实训报告。

6. 实训指导视频

（1）A117-西元铜缆跳线制作（16 min 56 s）。

（2）VSCS23-实训3-网络跳线制作训练（7 min 01 s）。

视 频

网络跳线制作训练

7. 实训设备

西元视频监控系统实训装置，产品型号：KYZNH-01-2。

本实训装置专门为满足视频监控系统的工程设计、安装调试等技能培训需求开发，配置有网络线制作与测量实验装置，仿真典型工作任务，能够通过指示灯闪烁直观和持续显示链路通断等故障，包括跨接、反接、短路、开路等各种常见故障。

8. 实训材料

名称	规格说明	数量	材料照片
西元XY786电缆端接材料包	（1）5e类网线7根； （2）RJ-45水晶头8个； （3）RJ-45模块6个； （4）使用说明书1份	1盒/人	

9. 实训工具

序号	名称	规格说明	数量	工具照片
1	电缆剥线器	旋转式双刀同轴剥线器，用于剥除外护套	1个	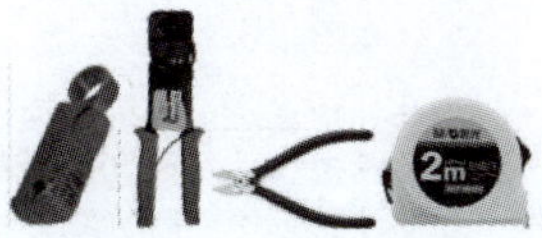
2	网线钳	支持RJ-45与RJ-11水晶头压接	1把	
3	水口钳	6英寸水口钳，用于剪齐线端	1把	
4	钢卷尺	2 m钢卷尺，用于测量跳线长度	1个	

10. 实训步骤

（1）预习和播放视频。课前应预习，初学者提前预习。反复观看实操视频，熟悉主要关键技能和评判标准，熟悉线序。

（2）器材工具准备。建议在播放视频期间，教师准备和分发器材工具。

① 发放西元电缆链路速度竞赛XY786材料包，每位学员1包，本实训只使用RJ-45水晶头与5e类网线。

② 学员检查材料包规格、数量。

③ 发放工具。

④ 每位学员将工具、材料摆放整齐，开始端接训练。

⑤ 本实训要求学员独立完成，优先保证质量，掌握方法。

（3）水晶头的端接步骤和方法：

第一步：调整剥线器。调整剥线器刀片进深高度，保证划破护套的60%～90%，避免损伤线芯，并且试剥2次，使用水口钳剪掉撕拉线。

第二步：剥除护套。初学者剥除网线外护套长度宜为20 mm，并且沿轴线方向取下护套，不要严重折叠网线。

第三步：拆开线对。分开蓝、橙、绿、棕四对线，绿线朝向自己，蓝线朝外，橙线朝左，棕线朝右。

第四步：捋直线芯。按照T568B线序排好捋直，剪掉线端，保留13 mm，线端至少10 mm没有缠绕。

第五步：插入水晶头。左手拿好水晶头，刀片朝向自己，将捋直的线对插入水晶头。再次仔细检查线序，保证线序正确，并且插到底。

提高材料利用率建议：初学者按照上述第一步至第五步，反复练习至少5次，牢记线序，熟练掌握基本操作方法后，再压接水晶头。

第六步：压接水晶头。将水晶头放入网线钳，并且将网线向前推，然后用力压紧即可。

第七步：质量检查。检查刀片是否压入线芯、线序是否正确，注意水晶头三角压块翻转后必须压紧护套。测量跳线长度是否正确。

（4）水晶头端接关键步骤与技能（见图2-88）

①剥除外护套，剪掉撕拉线　②拆开4个线对，按T568B线序排好捋直　③剪齐线端，留13 mm　④将刀口向上，网线插到底　⑤放入压线钳，用力压紧　⑥保证线序正确，检查压住护套

图2-88　水晶头端接关键步骤与技能

11. 评判标准

（1）每根跳线100分，4根跳线400分。测试线序不合格，直接给0分，操作工艺不再评价。

（2）操作工艺评价详见表2-7。

表2-7　RJ-45水晶头跳线操作工艺评价表

姓名或跳线编号	跳线测试合格100分不合格0分	操作工艺评价（每处扣5分）					评判结果得分	排名
		未剪掉撕拉线	拆开线对>13 mm	没有压紧护套	线芯没有插到顶端	跳线长度不正确		

12. 跳线通断测试

将跳线两端RJ-45水晶头分别插入测试仪上下对应的端口中，观察测试仪指示灯闪烁顺序，如图2-89所示。

（1）当跳线线序压接正确时，上下对应的指示灯会按照1-1、2-2、3-3、4-4、5-5、6-6、7-7、8-8顺序轮流重复闪烁。

（2）如果有一芯或者多芯没有压接到位，对应的指示灯不亮。

（3）如果有一芯或者多芯线序错误时，对应的指示灯将显示错误的线序。

文档

实训 3

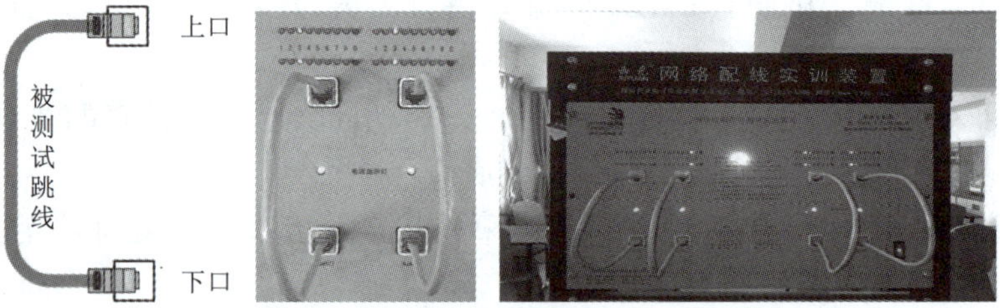

图2-89　两端RJ-45网络跳线测试示意图与照片

文档

实训报告

13. 实训报告

（1）请扫描“实训 3”二维码，下载电子版。

（2）按照单元 1 表 1-3 所示的实训报告模板，独立完成实训报告，2 课时。请扫描“实训报告”二维码，下载电子版。

实训4　网络模块端接训练

1. 实训任务来源

信息插座安装基本技能，满足RJ-45网络模块安装和运维需求。

2. 实训任务

每人独立完成3根5e类网络跳线制作，共计端接5e类网络模块6个。要求T568B线序，长度300 mm/根，长度误差 ± 5 mm。

3. 技术知识点

（1）掌握RJ-45网络模块的基本概念。

（2）掌握RJ-45网络模块的机械结构。

（3）掌握RJ-45网络模块的色谱标识。

（4）掌握RJ-45网络模块的压接方法。

4. 关键技能

（1）掌握双绞线电缆的剥线方法，包括拆开扭绞长度、整理线序。

（2）RJ-45网络模块，应按照模块色谱标识进行端接。

（3）剪断线端，小于1 mm。

（4）掌握免打网络模块的端接方法。

5. 实训课时

（1）该实训共计2课时完成，其中技术讲解20 min，视频演示15 min，学员实际操作35 min，跳线测试与评判10 min，实训总结、整理清洁现场10 min。

（2）课后作业2课时，独立完成实训报告，提交合格实训报告。

6. 实训指导视频

VSCS24-实训4-网络模块端接训练（6 min 02 s）。

视 频

网络模块端接训练

7. 实训设备

西元视频监控系统实训装置，产品型号：KYZNH-01-2。

本实训装置专门为满足视频监控系统的工程设计、安装调试等技能培训需求开发，配置有网络线制作与测量实验装置、仿真典型工作任务，能够通过指示灯闪烁直观和持续显示链路通断等故障，包括跨接、反接、短路、开路等各种常见故障。

8. 实训材料

名称	规格说明	数量	材料照片
西元XY786电缆端接材料包	（1）5e类网线7根； （2）RJ-45水晶头8个； （3）RJ-45模块6个； （4）使用说明书1份	1盒/人	

9. 实训工具

序号	名称	规格说明	数量	工具照片
1	电缆剥线器	旋转式双刀同轴剥线器，用于剥除外护套	1个	
2	水口钳	6英寸水口钳，用于剪齐线端	1把	
3	钢卷尺	2 m钢卷尺，用于测量跳线长度	1个	

10. 实训步骤

（1）预习和播放视频。课前应预习，初学者提前预习。请反复观看实操视频，熟悉主要关键技能和评判标准，熟悉线序。

（2）器材工具准备。建议在播放视频期间，教师准备和分发器材工具。

① 发放西元电缆链路速度竞赛XY786材料包，每位学员1包，本实训只使用RJ-45网络模块与5e类网线。

② 学员检查材料包规格、数量。

③ 发放工具。

④ 每位学员将工具、材料摆放整齐，开始端接训练。

⑤ 本实训要求学员独立完成，优先保证质量，掌握方法。

（3）网络模块的端接步骤和方法：

第一步：调整剥线器。调整剥线器刀片进深高度，保证划破护套的60%～90%，避免损伤线芯，并且试剥2次，使用水口钳剪掉撕拉线。

第二步：剥除护套。初学者剥除网线外护套长度宜为30 mm，并且沿轴线方向取下护套，不要严重折叠网线。

第三步：分开线对。分开蓝橙绿棕四对线，按照网络模块色谱标识排列线对。

第四步：压接线芯。按照网络模块色谱标识T568B线序拆开线对，将线芯用手或者110打线钳压入对应线柱内。

提高材料利用率建议：初学者按照上述第一步至第四步，反复练习至少5次，熟练掌握基本操作方法后，再压接网络模块。

第五步：压接防尘盖。将防尘盖扣在网络模块上，缺口向内，使用双手用力将防尘盖压到底。

第六步：剪掉线头。使用水口钳，剪掉多余线端，线端长度应小于1 mm。

第七步：质量检查。检查压盖是否压到底、压盖方向是否正确、线序端接是否正确、测量跳线长度是否正确。

（4）网络模块端接关键步骤与技能如图2-90所示。

①剥除外护套，剪掉撕拉线　②按T568B位置，排列线对　③线对按照色谱压入刀口　④将压盖对准，用力压到底　⑤剪掉线端，小于1 mm　⑥线序正确，压盖牢固

图2-90　网络模块端接关键步骤与技能

11. 评判标准

（1）每根跳线100分，4根跳线400分。测试线序不合格，直接给0分，操作工艺不再评价。

（2）操作工艺评价详见表2-8。

表2-8 RJ-45模块端接实训评分表

姓名或跳线编号	跳线测试合格100分不合格0分	操作工艺评价（每处扣5分）					评判结果得分	排名
		未剪掉撕拉线	压盖方向不正确	压盖没有压到底	线端>1 mm	跳线长度不正确		

12. 跳线通断测试

1）RJ-45模块-RJ-45模块跳线的通断测试

在RJ-45模块-RJ-45模块跳线的两端分别插入2根合格RJ-45水晶头跳线，接入测试仪上下对应的端口中，观察测试仪指示灯闪烁顺序，如图2-91所示，逐一完成3根跳线测试。

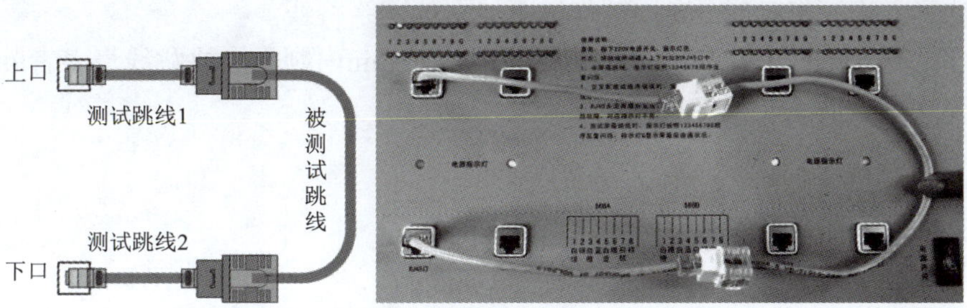

图2-91 RJ-45模块-RJ-45模块跳线测试示意图和照片

（1）如果全部线序压接正确时，上下对应的指示灯会按照1-1、2-2、3-3、4-4、5-5、6-6、7-7、8-8顺序轮流重复闪烁。

（2）如果有1芯或者多芯没有压接到位，对应的指示灯不亮。

（3）如果有1芯或者多芯线序错误时，对应的指示灯将显示错误的线序。

2）链路测试

将实训3所做的4根跳线（RJ-45水晶头-RJ-45水晶头）和本实训所做的3根跳线（RJ-45模块-RJ-45模块）头尾相连插在一起，形成一个经过14次端接的电缆链路，进行通断测试，如图2-92所示。

文档

实训 4

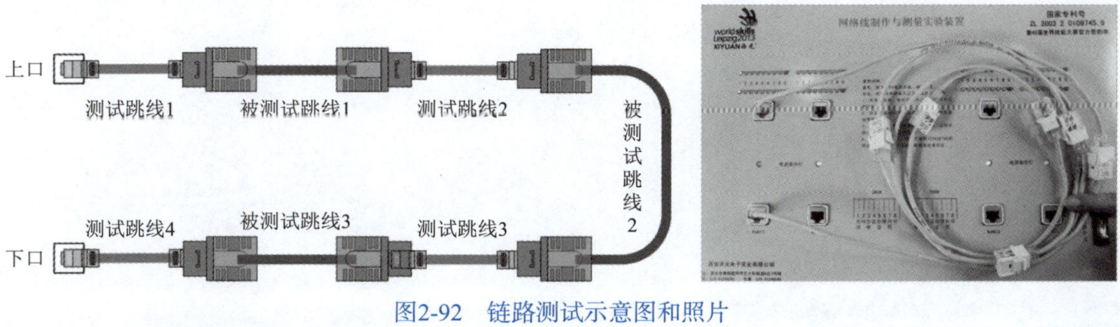

图2-92 链路测试示意图和照片

13. 实训报告

（1）请扫描“实训 4”二维码，下载电子版。

（2）按照单元 1 表 1-3 所示的实训报告模板，独立完成实训报告，2 课时。请扫描“实训报告”二维码，下载电子版。

文档

实训报告

岗位技能竞赛

为了给学生创造“学技能、练技能、比技能”的良好学习氛围，老师可组织学生进行岗位技能竞赛活动。通过岗位技能竞赛，提高学生学习的积极性和趣味性，更好地掌握该实训技能。

预赛：老师可根据学生人数进行分组，首先进行组内竞赛，建议每组4～5人。

（1）竞赛方式：组内每人制作5根长度500 mm的网络跳线，胜出者作为本组决赛代表。

（2）评比方式：以跳线合格数为主、制作速度为辅的原则进行评比，跳线测试合格数量多且制作时间短者胜出。

决赛：每组的胜出者作为决赛代表，进行组间竞赛，最终优胜者为冠军。

（1）竞赛方式：限时30 min，制作尽可能多的网络跳线。

（2）评比方式：只统计跳线测试合格数量，30 min内制作合格跳线最多者胜出。

单元3 视频监控系统工程常用标准简介

图纸是工程师的语言，标准是工程图纸的语法，本单元重点学习和掌握有关视频监控系统工程的常用国家标准与行业标准等。

学习目标：

- 熟悉GB 50314—2015《智能建筑设计标准》、GB 50606—2010《智能建筑工程施工规范》、GB 50339—2013《智能建筑工程质量验收规范》三个标准中有关视频监控系统工程的内容。
- 掌握GB 50395—2007《视频安防监控系统工程设计规范》和GA/T 367—2001《视频安防监控系统技术要求》两个标准的主要内容。
- 熟悉GB 50348—2018《安全防范工程技术标准》和GA/T 74—2017《安全防范系统通用图形符号》两个标准有关视频监控系统工程的内容。

3.1 标准的重要性和类别

3.1.1 标准的重要性

GB/T 20000.1—2014《标准化工作指南 第1部分：标准化和相关活动的通用术语》国家标准中定义："通过标准化活动，按照规定的程序经协商一致制定，为各种活动或其结果提供规则、指南或特性，供共同使用和重复使用的文件。"

视频监控系统是智能建筑重要的安全技术防范设施，前端摄像机一般设计在边界围墙、出入口、电梯等主要部位，监控中心的硬盘录像机等设备用于记录和保存图像。在实际工程中，必须依据相关标准，结合用户要求和现场实际情况进行个性化设计。"图纸是工程师的语言，标准是工程图纸的语法"，离开标准无法设计和施工。

3.1.2 标准术语和用词说明

一般国家标准第2章为术语，对该标准常用的术语都会做出明确的规定或者定义，在标准的最后一般有用词说明，方便在执行标准的规范条文时区别对待，GB 50314—2015《智能建筑设计标准》对要求严格程度不同的用词说明如下：

（1）表示很严格，非这样做不可的：正面词采用"必须"，反面词采用"严禁"。

（2）表示严格，在正常情况下均应这样做的：正面词采用“应”，反面词采用“不应”或“不得”。

（3）表示允许稍有选择，在条件许可时首先应这样做的：正面词采用“宜”，反面词采用“不宜”。

（4）表示有选择，在一定条件下可以这样做的，采用“可”。

（5）标准条文中指明应按其他有关标准执行的写法为“应符合……的规定”或“应按……执行”。

3.1.3 标准的分类

《中华人民共和国标准化法》将标准划分为国家标准、行业标准、地方标准、企业标准四类，本单元选择在实际工程中经常使用的国家标准和行业标准进行介绍，相关地方标准和企业标准不再介绍。

目前我国非常重视标准的编写和发布，在视频监控行业已经建立了比较完善的标准体系，主要国家标准和行业标准如下：

（1）GB 50314—2015《智能建筑设计标准》。

（2）GB 50606—2010《智能建筑工程施工规范》。

（3）GB 50339—2013《智能建筑工程质量验收规范》。

（4）GB 50348—2018《安全防范工程技术标准》。

（5）GB 50395—2007《视频安防监控系统工程设计规范》。

（6）GA/T 74—2017《安全防范系统通用图形符号》。

（7）GA/T 367—2001《视频安防监控系统技术要求》。

3.2 GB 50314—2015《智能建筑设计标准》系统配置简介

3.2.1 标准适用范围

GB 50314—2015《智能建筑设计标准》由住房和城乡建设部在2015年3月8日公告，公告号为778号，从2015年11月1日起开始实施。该标准是为了规范智能建筑工程设计、提高和保证设计质量专门制定，适用于新建、扩建和改建的民用建筑及通用工业建筑等的智能化系统工程设计，民用建筑包括住宅、办公、教育、医疗等。标准要求智能建筑工程的设计应以建设绿色建筑为目标，做到功能实用、技术适时、安全高效、运营规范和经济合理，在设计中应增强建筑物的科技功能和提升智能化系统的技术功效，具有适用性、开放性、可维护性和可扩展性。

3.2.2 视频安防监控系统工程的设计规定

该标准共分18章，主要规范了建筑物中的智能化系统的设计要求，第1～4章主要为智能建筑设计的总则、术语、工程架构、设计要素。第5～18章为住宅建筑、办公建筑、旅馆建筑、文化建筑、博物馆建筑、观演建筑、会展建筑、教育建筑、金融建筑、交通建筑、医疗建筑、体育建筑、商店建筑、通用工业建筑等。

随着信息网络技术的发展，视频监控技术也得到不断改善，并进入智能建筑领域当中，现已成为其不可或缺的一部分。在不同类型的智能建筑设计中，无一例外地都会涉及有关视频监控系统的设计。

第4章设计要素中，“4.6 公共安全系统”中明确规定，安全技术防范系统中宜包括安全防范综合管理平台和入侵报警、视频安防监控、出入口控制等系统。

第5～18章的各种智能建筑设计中，明确要求视频安防监控系统的设计应按GB 50348—2018《安全防范工程设计标准》和GB 50395—2007《视频安防监控系统工程设计规范》等现行国家标准的规定执行，同时针对各种智能建筑的不同用途，特别给出了具体设计配置规定和要求，下面重点介绍常见智能建筑设计中与视频安防监控系统有关的内容。

在第5章住宅建筑设计中，安全防范配置应按表3-1的规定。非超高层住宅建筑、超高层住宅建筑中，安全技术防范系统的配置不宜低于现行GB 50348—2018《安全防范工程技术标准》的有关规定。

表3-1 住宅建筑安全防范配置表

安全技术防范系统	住宅建筑	非超高层住宅建筑	超高层住宅建筑
	智能化系统		
	视频安防监控系统	按照GB 50348—2018《安全防范工程技术标准》和GB 50395—2007《视频安防监控系统工程设计规范》等现行规定	
	停车场管理系统	宜配	宜配
机房工程	安防监控中心	应配	应配
	智能化设备间	应配	应配

说明：根据GB 50314—2015《智能建筑设计标准》表5.0.2整理。

在第6章办公建筑设计中，安全防范配置应按表3-2的规定。通用办公建筑、行政办公建筑中，安全技术防范系统应符合现行GB 50348—2018《安全防范工程技术标准》的有关规定。

表3-2 办公建筑安全防范配置表

安全技术防范系统	办公建筑	通用办公建筑		行政办公建筑		
	智能化系统	普通办公建筑	商务办公建筑	其他	地市级	省部级及以上
	视频安防监控系统	应配	应配	应配	应配	应配
	停车场管理系统	宜配	应配	宜配	应配	应配
机房工程	安防监控中心	应配	应配	应配	应配	应配
	智能化设备间	应配	应配	应配	应配	应配
安全防范综合管理平台系统		宜配	应配	宜配	应配	应配

说明：根据GB 50314—2015《智能建筑设计标准》表6.2.1和表6.3.1等规定整理。

在第8章文化建筑设计中，安全防范配置应按表3-3的规定。图书馆按照阅览、藏书、办公等划分不同防护区域，并应确定不同技术防范等级。档案馆应根据级别，采取相应的人防、技防配套措施。文化馆应采取合理的人防、技防配套措施，并宜设置防暴安全检查系统。

表3-3 文化建筑安全防范配置表

安全技术防范系统	文化建筑	图书馆				档案馆			文化馆		
	智能化系统	专门	科研	高校	公共	乙级	甲级	特级	小型	中型	大型
	视频安防监控系统	应配	应配	应配	应配	应配	应配	应配	应配	应配	应配
	停车场管理系统	宜配	宜配	应配	应配	宜配	应配	应配	可配	宜配	应配
机房工程	安防监控中心	应配	应配	应配	应配	应配	应配	应配	应配	应配	应配
	智能化设备间	应配	应配	应配	应配	应配	应配	应配	应配	应配	应配
安全防范综合管理平台系统		可配	宜配	应配	应配	可配	宜配	应配	可配	宜配	应配

说明：根据GB 50314—2015《智能建筑设计标准》表8.2.1、表8.3.1、表8.4.1等相关规定整理。

在第10章观演建筑设计中，安全防范配置应按表3-4的规定。剧场、电影院中，视频安防监控系统应在剧场内（观看厅）、放映室、候场区和售票处等场所设置摄像机。广播电视业务建筑中，视频安防监控系统应在演播室、开放式演播室、播出中心机房、导控室、主控机房、传输机房、候播区和资料库等处设置摄像机。

表3-4 观演建筑安全防范配置表

安全技术防范系统	观演建筑	剧场/电影院				广播电视业务建筑		
	智能化系统	小型	中型	大型	特大型	区、县级	地、市级	省部级及以上
	视频安防监控系统	按照GB 50348—2018《安全防范工程技术标准》和GB 50395—2007《视频安防监控系统工程设计规范》等现行规定						
	停车场管理系统	可配	宜配	应配	应配	可配	宜配	应配
机房工程	安防监控中心	应配	应配	应配	应配	应配	应配	应配
	智能化设备间	应配	应配	应配	应配	应配	应配	应配
安全防范综合管理平台系统		可配	宜配	应配	应配	可配	宜配	应配

说明：根据GB 50314—2015《智能建筑设计标准》表10.2.1、表10.3.1、表10.4.1整理。

在第12章教育建筑设计中，安全防范配置应按表3-5的规定。高等学校、高级中学、初级中学和小学，应根据学校建筑的不同规模和管理模式配置，安全技术防范系统应符合现行GB 50348—2018《安全防范工程技术标准》的有关规定。

表3-5 教育建筑安全防范配置表

安全技术防范系统	教育建筑	高等学校		高级中学		初级中学和小学	
	智能化系统	高等专科学校	综合性大学	职业学校	普通高级中学	小学	初级中学
	视频安防监控系统	按GB 50348—2018《安全防范工程技术标准》和GB 50395—2007《视频安防监控系统工程设计规范》等现行规定					
	停车场管理系统	宜配	应配	可配	可配	可配	可配
机房工程	安防监控中心	应配	应配	应配	应配	应配	应配
	智能化设备间	应配	应配	应配	应配	应配	应配
安全防范综合管理平台系统		可配	应配	宜配	应配	可配	可配

说明：根据GB 50314—2015《智能建筑设计标准》表12.2.1、表12.3.1、表12.4.1整理。

在第14章交通建筑设计中，安全防范配置应按表3-6的规定。民用机场航站楼，视频安防监控系统规模较大时宜采用专用网络系统，安全技术防范系统应符合机场航站楼的运行及管理需求。铁路客运站、安全技术防范系统应结合铁路旅客车站管理的特点，采取各种有效的技术防范手段，满足铁路作业、旅客运转的安全机制的要求。

表3-6　交通建筑安全防范配置表

安全技术防范系统	交通建筑	民用机场航站楼		铁路客运站			城市轨道交通站		汽车客运站			
	智能化系统	支线	国际	三等	一等 二等	特等	一般	枢纽	四级	三级	二级	一级
	视频安防监控系统	按照GB 50348—2018《安全防范工程技术标准》和GB 50395—2007《视频安防监控系统工程设计规范》等现行规定										
	停车场管理系统	宜配	应配	宜配	应配	应配	宜配	应配	宜配	宜配	应配	应配
机房工程	安防监控中心	应配	应配	应配	应配	应配	应配	应配	应配	应配	应配	应配
	智能化设备间	应配	应配	应配	应配	应配	应配	应配	应配	应配	应配	应配
安全防范综合管理平台系统		应配	应配	宜配	应配	应配	应配	应配	可配	宜配	应配	应配

说明：根据GB 50314—2015《智能建筑设计标准》表14.2.1、表14.3.1、表14.4.1、表14.5.1整理。

3.3 GB 50606—2010《智能建筑工程施工规范》施工要求简介

3.3.1 标准适用范围

GB 50606—2010《智能建筑工程施工规范》由住房和城乡建设部在2010年7月15日公告，公告号为668号，从2011年2月1日起开始实施。该标准是为了加强智能建筑工程施工过程的管理，提高和保证施工质量专门制定，适用于新建、改建和扩建工程中的智能建筑工程施工。标准要求智能建筑工程的施工，要做到技术先进、工艺可靠、经济合理、管理高效。

3.3.2 视频安防监控系统工程的施工规定

该标准共分17章，主要规范了建筑物的智能化施工要求，第1～4章主要为智能建筑施工的总则、术语、基本规定、综合管线。第5～15章为智能建筑各子系统的施工要求，包括综合布线系统、信息网络系统、卫星接收及有线电视系统、会议系统、广播系统、信息设施系统、信息化应用系统、建筑设备监控系统、火灾自动报警系统、安全防范系统、智能化集成系统。第16～17章为防雷与接地、机房工程。

在第14章“安全防范系统”中对视频安防监控系统的施工要求如下：

1. 施工准备

（1）视频安防监控系统的设备应有强制性产品认证证书和“CCC”标志，或进网许可证、合格证、检测报告等文件资料。产品名称、型号、规格应与检验报告一致。这些设备包括矩阵切换控制器、数字矩阵、网络交换机、摄像机、控制器、报警探头、存储设备等。图3-1所示为3C中国强制性产品认证标志，图3-2所示为进网许可证，图3-3所示为产品合格证。

图3-1　3C认证标志

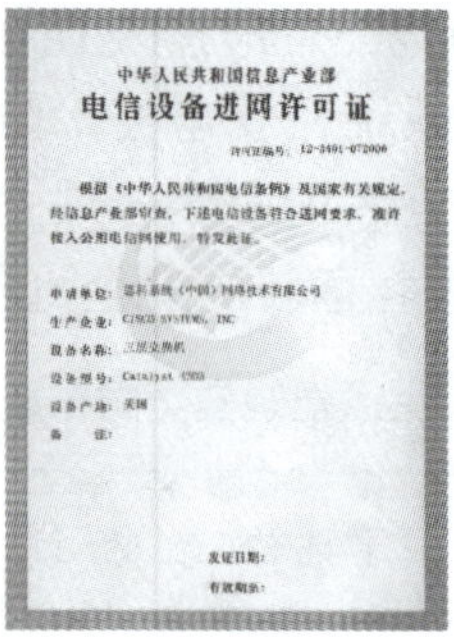

图3-2　进网许可证

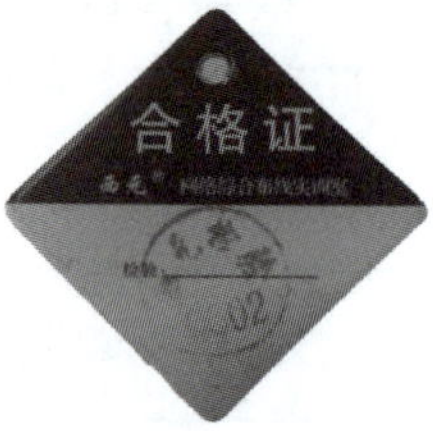

图3-3　产品合格证

（2）进口设备应有国家商检部门的有关检验证明。一切随机的原始资料、自制设备的设计计算资料、图纸、测试记录、验收鉴定结论等应全部清点、整理归档。

2. 设备安装

（1）监控中心内设备安装和线缆敷设应按国家现行有关标准执行。

（2）监控中心的强电、弱电电缆的敷设间距应符合现行国家标准规定，并应有明显的永久性标志。图3-4所示为强电室与弱电室标志。

图3-4　强电室与弱电室标志

（3）摄像机、云台和解码器的安装中，除应符合相关标准规定外，尚应符合下列规定：

① 摄像机及镜头安装前应通电检测，工作应正常，避免安装后再次拆卸维修。

② 确定摄像机的安装位置时应考虑设备自身安全，其视场不应被遮挡。

③ 架空线进入云台时，滴水弯不应小于电缆或者光缆规定的最小弯曲半径。

④ 安装室外摄像机、解码器应采取防雨、防腐、防雷措施。例如，给摄像机配置室外专用的防雨、防腐护罩，配置摄像机电源避雷器等。

（4）光端机、编码器和设备箱的安装应符合下列规定：

① 光端机或编码器应安装在摄像机附近的设备箱内，设备箱应具有防尘、防水、防盗功能。

② 视频编码器安装前应与前端摄像机连接测试，图像传输与数据通信正常后方可安装。

③ 设备箱内设备排列应整齐，走线应有标识和线路图。

3. 质量控制

（1）系统设备应安装牢固，接线规范、正确，并应采取有效的抗干扰措施。

（2）应检查系统的互联互通，各个子系统之间的联动应符合设计要求。

（3）各设备、器件的端接应规范，视频图像应无干扰纹。

（4）监控中心系统记录的图像质量和保存时间应符合设计要求。

（5）监控中心接地应做等电位连接，接地电阻应符合设计要求。

4. 系统调试

视频安防监控系统调试除应执行相关现行国家标准规定外，尚应符合下列规定：

（1）检查摄像机与镜头的配合、控制和功能部件，应保证工作正常，且不应有明显逆光现象。

（2）图像显示画面上应叠加摄像机位置、时间、日期等字符，字符应清晰、明显。图3-5所示为楼道摄像机监控画面，右下角显示“1号宿舍3层东”位置信息。

（3）电梯轿厢内摄像机图像画面应叠加楼层等标识，电梯乘员图像应清晰。如图3-6所示，右下角为电梯编号。

图3-5 楼道摄像机监控画面

图3-6 电梯监控画面

（4）当本系统与其他系统进行集成时，应检查与集成系统的联网接口及该系统的集中管理和集成控制能力。

（5）应检查视频信号丢失报警功能。

（6）数字视频监控系统图像还原性及延时等应符合设计要求。

（7）安全防范综合管理系统的文字处理、动态报警信息处理、图表和图像处理、系统操作应在同一套计算机系统上完成。

5. 自检自验

视频安防监控系统检验除应执行相关现行国家标准规定外，尚应符合下列规定：

（1）应检测系统实时图像质量、存储回放图像质量和时延、时延抖动、丢包率等参数，并应符合设计要求。

（2）应检验视频安防监控系统与其他系统的联动控制功能，并应符合设计要求。

6. 质量记录

视频监控系统的质量记录，应执行现行相关标准的规定。

在第16章“防雷与接地”中，规定安全防范系统的防雷与接地除应执行现行国家标准规定外，尚应符合下列规定：

（1）室外设备应有防雷保护接地，并应设置线路浪涌保护器。

（2）室外的交流供电线路、控制信号线路应有金属屏蔽层并穿钢管埋地敷设，钢管两端应可靠接地。

（3）室外摄像机应置于避雷针或其他接闪导体有效保护范围之内。

（4）摄像机立杆接地及防雷接地电阻应小于10 Ω。

（5）设备的金属外壳、机柜、控制台，外露的金属管、槽、屏蔽线缆外层及浪涌保护器接地端等均应最短距离与等电位接地端子连接。

3.4 GB 50339—2013《智能建筑工程质量验收规范》检验要求简介

3.4.1 标准适用范围

GB 50339—2013《智能建筑工程质量验收规范》由住房和城乡建设部在2013年6月26日公告，公告号为83号，从2014年2月1日起开始实施。该标准是为了加强智能建筑工程质量管理、规范智能建筑工程质量验收、保证工程质量专门制定，适用于新建、改建和扩建工程中的智能建筑工程的质量验收。标准要求智能建筑工程的质量验收要坚持“验评分离、强化验收、完善手段、过程控制”的指导思想。

3.4.2 视频安防监控系统工程的验收规定

该标准共分22章，主要规范了智能建筑工程质量的验收方法、程序和质量指标。第1～3章主要为智能建筑工程质量验收的总则、术语和符号、基本规定。第4～20章为智能建筑各子系统的质量验收要求，包括智能化集成系统、信息接入系统、用户电话交换系统、信息网络系统、综合布线系统、移动通信室内信号覆盖系统、卫星通信系统、有线电视及卫星电视接收系统、公共广播系统、会议系统、信息导引及发布系统、时钟系统、信息化应用系统、建筑设备监控系统、火灾自动报警系统、安全防范系统、应急响应系统。第21～22章为机房工程、防雷与接地。

在第19章“安全技术防范系统”中，要求安全技术防范系统包括安全防范综合管理系统、入侵报警系统、视频安防监控系统、出入口控制系统、电子巡查系统和停车场管理系统等子系统，其中对视频安防监控系统的检验要求整理如下：

（1）视频安防监控系统功能应按设计要求逐项检验。

（2）摄像机等相关监控设备抽检的数量不应低于20%，且不应少于3台，数量少于3台时应全部检测。

（3）应检测系统功能，包括控制功能、监视功能、显示功能、记录功能、回放功能、报警联动功能和图像丢失报警功能等，并应按GB 50348—2018《安全防范工程技术标准》现行国家标准中有关视频安防监控系统检验项目、检验要求及测试方法的规定执行。

（4）对于数字视频安防监控系统，还应检测下列内容：

① 具有前端存储功能的网络摄像机及编码设备进行图像信息的存储。

② 视频智能分析功能。

③ 音视频存储、回放和检索功能。

音视频存储功能检测包括H.264和MPEG-4等存储格式，集中存储、分布存储等存储方式、高清、标清等存储质量，以及存储容量和存储帧率等。对存储设备进行回放试验，检查其试运行中存储的图像最大容量、记录速度、掉帧情况等。通过操作试验，对检测记录进行检索、回放等，检测其功能。

④ 报警预录和音视频同步功能。

⑤ 图像质量的稳定性和显示延迟。

3.5　GB 50348—2018《安全防范工程技术标准》简介

3.5.1　标准适用范围

本标准是安全技术防范工程建设的基础性通用标准，是保证安全技术防范工程建设质量，维护国家、集体和个人财产与生命安全的重要技术措施，其属性为强制性国家标准。

本标准的主要内容包括12章：总则、术语、基本规定、规划、工程建设程序、工程设计、工程施工、工程监理、工程检验、工程验收、系统运行与维护、咨询服务。本节会围绕有关视频监控系统的相关内容作基本介绍。

3.5.2　视频监控系统相关规定

1. 规划

视频监控工程建设应针对需要防范的风险，按照纵深防护和均衡防护的原则，统筹考虑人力防范能力，协调配置实体防护和（或）电子防护设备、设施，对保护对象从单位、部位和（或）区域、目标三个层面进行防护，且应符合下列规定：

（1）应根据现场环境和安全防范管理要求，合理选择实体防护和（或）视频监控和（或）入侵探测等防护措施。

（2）应考虑不同的实体防护措施对不同风险的防御能力。

（3）应考虑视频监控设备对设防区域的监控效果：

① 对周界环境的监控，至少应能看清周界环境中人员的活动情况。

② 对出入口的监控，通常应能清晰辨别出出入人员的面部特征和出入车辆的号牌。

③ 对通道和公共区域的监控，应能看清监控区域内人员、物品、车辆的通行状况；重要点位宜清晰辨别人员的面部特征和车辆的号牌。

④ 对监控中心、财务室、水电气热设备机房等主要区域、部位及保护目标的监控，应确保其持续处于监控范围内，应考虑监控效果，当防护区域涉密或有隐私保护需求时，应满足相关规定。

当保护对象被确定为防范恐怖袭击重点目标时，应根据防范恐怖袭击的具体需求强化防护措施。人员密集的公共区域防护应考虑视频监控的全覆盖、视频图像智能分析技术的应用和信息存储时间的特殊要求等。

2. 系统设计

视频监控系统应对监控区域和目标进行实时、有效的视频采集和监视，对视频采集设备及其信息进行控制，对视频信息进行记录与回放，监控效果应满足实际应用需求。

视频监控系统的设计内容应包括视频/音频采集、传输、切换调度、远程控制、视频显示和声音展示、存储/回放/检索、视频/音频分析、多摄像机协调、协调管理、独立运行、集成与联网等，并应符合下列规定：

（1）视频采集设备的监控范围应有效覆盖被保护部位、区域或目标，监视效果应满足场景和目标特征识别的不同需求。视频采集设备的灵敏度和动态范围应满足现场图像采集的要求。

（2）系统的传输装置应从传输信道的衰耗、带宽、信噪比、误码率、时延、时延抖动等方面，确保视频图像信息和其他相关信息在前端采集设备到显示设备、存储设备等各设备之间的安全有效及时传递。视频传输应支持对同一视频资源的信号分配或数据分发的能力。

（3）系统应具备按照授权实时切换调度指定视频信号到指定终端的能力。

（4）系统应具备按照授权对选定的前端视频采集设备进行实时控制和（或）工作参数调整的能力。

（5）系统应能实时显示系统内的所有视频图像，系统图像质量应满足安全管理要求。声音的展示应满足辨识需要。显示的图像和展示的声音应具有原始完整性。

（6）存储设备应能完整记录指定的视频图像信息，存储容量及质量应满足安全管理要求；应具有足够的能力支持相关信息的实时检索和数据导出；视频图像信息宜与相关音频信息同步记录和回放。

（7）防范恐怖袭击重点目标的视频图像信息保存期限不应少于90天，其他目标的视频图像信息保存期限不应少于30天。

（8）系统可具有场景分析、目标识别、行为识别等视频智能分析功能。系统可具有对异常声音分析报警的功能。

（9）系统可设置多台摄像机协同工作。

（10）系统应具有用户权限管理、操作与运行日志管理、设备管理和自我诊断等功能。

（11）安全防范系统的其他子系统和安全防范管理平台的故障均应不影响视频监控系统的运行；视频监控系统的故障应不影响安全防范系统其他子系统的运行。

（12）系统应具有与其他子系统集成和进行多级联网的能力。

3. 系统施工

视频监控设备安装应符合下列规定：

（1）摄像机、拾音器的安装具体地点、安装高度应满足监视目标视场范围要求，注意防破坏。

（2）在强电磁干扰环境下，摄像机安装应与地绝缘隔离。

（3）电梯厢内摄像机的安装位置及方向应能满足对乘员有效监视的要求。

（4）信号线和电源线应分别引入，外露部分应用软管保护，并不影响云台转动。

（5）摄像机辅助光源等的安装不应影响行人、车辆正常通行。

（6）云台转动角度范围应满足监视范围的要求。

（7）云台应运转灵活、运行平稳。云台转动时监视画面应无明显抖动。

4. 系统调试

视频监控系统调试应至少包括下列内容：

（1）摄像机的监控覆盖范围，以及焦距、聚焦及设备参数等。

（2）摄像机的角度或云台、镜头遥控等，排除遥控延迟和机械冲击等不良现象。

（3）拾音器的探测范围及覆盖效果。

（4）监视、录像、打印、传输、信号分配/分发、控制管理等功能。

（5）视音频的切换/控制/调度、显示/展示、存储/回放/检索，字符叠加、时钟同步、智能分析、预案策略、系统管理等。

（6）当系统具有报警联动功能时，应检查与调试自动开启摄像机电源、自动切换音视频到指定监视器、自动实时录像等；系统应叠加摄像时间、摄像机位置的标识符，并显示稳定；当系统需要灯光联动时，应检查灯光打开后图像质量是否达到设计要求。

（7）监视图像与回放图像的质量满足目标有效识别的要求。在正常工作照明环境条件下，图像质量不应低于现行国家标准《民用闭路监视电视系统工程技术规范》（GB 50198—2011）五级损伤评分制所规定的四分要求。

（8）视音频信号的存储策略和计划，存储时间满足设计文件和国家相关规范要求。

（9）视频监控系统的其他功能。

5. 系统检验

（1）工程检验应对系统设备按产品类型及型号进行抽样检验。

（2）视频监控系统检验，应包括系统架构检验，实体防护检验，电子防护检验，安全性、电磁兼容性、防雷与接地检验，供电与信号传输检验，监控中心与设备安装检验等内容。

（3）工程检验中有不合格项时，允许改正后进行复检。复检时抽样数量应加倍，复检仍不合格则判该项不合格。

（4）系统交付使用后，可进行系统运行检验。

6. 系统验收

视频监控系统应重点检查下列内容：

（1）应检查系统的采集、监视、远程控制、记录与回放功能。

（2）应检查系统的图像质量、信息存储时间等。

（3）当系统具有视频/音频智能分析功能时，应检查智能分析功能的实际效果。

（4）应检查用户权限管理、操作与运行日志管理、设备管理等管理功能。

3.6　GB 50395—2007《视频安防监控系统工程设计规范》简介

本规范是GB 50348—2018《安全防范工程技术标准》的配套标准，也是安全防范系统工程建设的基础性标准之一，是保证安全防范工程建设质量、保护公民人身安全和财产安全的重要技术保障。

本规范共10章，主要内容包括总则、术语、基本规定、系统构成、系统功能、性能设计、设备选型与设置、传输方式、线缆选型与布线、供电、防雷与接地、系统安全性、可靠性、电磁兼容性、环境适应性、监控中心等。本节将对此标准作比较详细的介绍。

3.6.1　总则

（1）为了规范安全防范工程的设计，提高视频安防监控系统工程的质量，保护公民人身安全和国家、集体、个人财产安全，制定本规范。

（2）本规范适用于以安全防范为目的的新建、改建、扩建的各类建筑物（构筑物）及其群体的视频安防监控系统工程的设计。

（3）视频安防监控系统工程的建设，应与建筑及其强弱电系统的设计统一规划，根据实际情况，可一次建成，也可分步实施。

（4）视频安防监控系统应具有安全性、可靠性、开放性、可扩充性和使用灵活性，做到技术先进、经济合理、实用可靠。

（5）视频安防监控系统工程的设计，除应执行本规范外，尚应符合国家现行有关技术标准、规范的规定。

3.6.2 常用术语

（1）视频安防监控系统（video surveillance & control system，VSCS）：利用视频探测技术监视设防区域并实时显示、记录现场图像的电子系统或网络。

（2）模拟视频信号（video signal）：基于目前的模拟电视模式，所需的大约为6 MHz或更高带宽的基带图像信号。

（3）数字视频（digital video）：利用数字化技术将模拟视频信号经过处理，或从光学图像直接经数字转换获得的具有严格时间顺序的数字信号，表示为特定数据结构的能够表征原始图像信息的数据。

（4）视频监控（video monitoring）：利用视频手段对目标进行监视和信息记录。

（5）视频传输（video transport）：利用有线或无线传输介质，直接或通过调制解调等手段，将视频图像信号从一处传到另一处，从一台设备传到另一台设备的过程。

（6）前端设备（front-end device）：在本规范中，指摄像机以及与之配套的相关设备（如镜头、云台、解码驱动器、防护罩等）。

（7）视频主机（video controller/switcher）：通常指视频控制主机，它是视频系统操作控制的核心设备，通常可以完成对图像的切换、云台和镜头的控制等。

（8）数字录像设备（digital video recorder，DVR）：利用标准接口的数字存储介质，采用数字压缩算法，实现视（音）频信息的数字记录、监视与回放的视频设备。数字录像设备俗称数字录像机，又因记录介质以硬盘为主，故又称硬盘录像机。

（9）模拟视频监控系统（analog video surveillance system）：除显示设备外的视频设备之间以端对端模拟视频信号传输方式的监控系统。

（10）数字视频监控系统（digital video surveillance system）：除显示设备外的视频设备之间以数字视频方式进行传输的监控系统。由于使用数字网络传输，所以又称网络视频监控系统。

（11）图像质量（picture quality）：是指图像信息的完整性，包括图像帧内对原始信息记录的完整性和图像帧连续关联的完整性。它通常按照如下的指标进行描述：像素构成、分辨率、信噪比、原始完整性等。

（12）实时性（real time）：一般指图像记录或显示的连续性（通常指帧率不低于25 fps的图像为实时图像）；在视频传输中，指终端图像显示与现场发生的同时性或者及时性，它通常由延迟时间表征。

3.6.3 基本设计要求

视频安防监控系统工程的设计应满足以下要求：

（1）不同防范对象、防范区域对防范需求的确认，包括风险等级和管理要求等。

（2）风险等级、安全防护级别对视频探测设备数量和视频显示/记录设备数量要求；对图像显示及记录和回放的图像质量要求。

（3）监视目标的环境条件和建筑格局分布对视频探测设备选型及其设置位置的要求。

（4）对控制终端设置的要求。

（5）对系统构成和视频切换、控制功能的要求。

（6）与其他安防子系统集成的要求。

（7）视频（音频）和控制信号传输的条件以及对传输方式的要求。

3.6.4　主要功能、性能要求

系统的主要功能和性能要求有：

（1）视频安防监控系统应对需要进行监控的建筑物内（外）的主要公共活动场所、通道、电梯（厅）、重要部位和区域等进行有效地视频探测与监视、图像显示、记录与回放。

（2）前端设备的最大视频（音频）探测范围应满足现场监视覆盖范围的要求，摄像机灵敏度应与环境照度相适应，监视和记录图像效果应满足有效识别目标的要求，安装效果宜与环境相协调。

（3）系统的信号传输应保证图像质量、数据的安全性和控制信号的准确性。

（4）系统控制功能应能满足：手动或自动控制和画面切换，具有与其他系统联动的接口，信息存储功能，满足安全管理要求的实时性等。

（5）监视图像和声音信息应具有原始完整性。

（6）系统应保证对现场发生的图像、声音信息的及时响应，并满足管理要求。

（7）系统监视或回放的图像应清晰、稳定，显示方式应满足安全管理要求；显示画面上应有图像编号/地址、时间、日期等；文字显示应采用简体中文；电梯轿厢内的图像显示宜包含电梯轿厢所在楼层信息和运行状态的信息。

3.6.5　设备选型与设置的主要规定

（1）摄像机的选型与设置：

① 为确保系统总体功能和总体技术指标，摄像机选型要充分满足监视目标的环境照度、安装条件、传输、控制和安全管理需求等因素的要求。例如，在逆光环境下，必须选择具有逆光补偿的摄像机，在黑暗环境下，选用带红外灯的一体化摄像机。图3-7所示为红外摄像机及其日、夜监控画面。

图3-7　红外摄像机及其日、夜监控画面

② 监视目标的最低环境照明亮度应高于摄像机靶面最低照度的50倍。例如，摄像机的靶面最低照度为0.1 lx时，最低环境照明亮度应高于5lx。

③ 在监视目标的环境中可见光照明不足或摄像机隐蔽安装监视时，宜选用红外灯作光源。

④ 摄像机镜头安装宜顺光源方向对准监视目标，并宜避免逆光安装；当必须逆光安装时，宜降低监视区域的光照对比度或选用具有帘栅作用等具有逆光补偿的摄像机。

⑤ 摄像机的工作温度、湿度应适应现场气候条件的变化，必要时可采用适应环境条件的防护罩。例如，在寒冷地区室外安装的摄像机护罩应具有自动加热功能，为摄像机提供

合适的环境温度。

⑥ 摄像机应设置在监视目标区域附近不易受外界损伤的位置，安装位置不要影响现场设备运行和人员正常活动，同时保证摄像机的视野范围满足监视的要求。摄像机的安装高度，室内距地面不宜低于2.5 m，室外距地面不宜低于3.5 m。

⑦ 电梯轿厢内的摄像机应设置在电梯轿厢门侧顶部左或右上角，并能有效监视乘员的体貌特征。

在电梯运行中，乘员进入电梯后首先转身面朝电梯门，然后按楼层键和等待，安装在电梯轿厢门侧顶部左上角或右上角的摄像机能够有效监视乘员体貌特征和全景。如果把摄像机安装在电梯轿厢里侧顶部时，当乘员进入电梯时，由于电梯门外亮度常常高于电梯内，形成逆光环境，不能清晰监视乘员体貌特征，乘员进入电梯后都会转身面朝电梯门，摄像机只能看到全体乘员的背影。

（2）镜头的选型与设置：

① 镜头像面尺寸应与摄像机靶面尺寸相适应，镜头的接口与摄像机的接口配套。

② 用于固定目标监视的摄像机，可选用固定焦距镜头，监视目标离摄像机距离较大时可选用长焦镜头；在需要改变监视目标的观察视角或视场范围较大时应选用变焦距镜头；监视目标离摄像机距离近且视角较大时可选用广角镜头。

③ 镜头焦距的选择根据视场大小和镜头到监视目标的距离等来确定，可参照如下公式计算：

$$f = a \times L / h$$

式中 f——焦距，mm；

a——像场高/宽，mm；

L——镜头到监视目标的距离，mm；

h——视场高/宽，mm。

④ 摄像机需要隐蔽安装时应采取隐蔽措施，镜头宜采用小孔镜头或棱镜镜头。

（3）云台/支架、防护罩的选型与设置：

① 所选云台的负荷能力应大于实际负荷的1.2 倍。例如，当摄像机的重量为1 kg时，所选云台的负荷能力应大于1.2 kg。单元2中提到的301室外云台的负载能力为水平25 kg，垂直12 kg。

② 云台转动停止时应具有良好的自锁性能，水平和垂直转角回差不应大于1°。

③ 云台的转动角运行速度和转动的角度范围，应与跟踪的移动目标和搜索范围相适应。例如，302云台的转动角运行速度为水平4°/s，垂直2°/s。

④ 室内型电动云台在承受最大负载时，机械噪声声强级不应大于50 dB。

⑤ 防护罩尺寸规格应与摄像机、镜头等相配套。如果护罩尺寸规格比较小时，摄像机和镜头安装困难，而且无法调整角度。

（4）传输设备的选型与设置除应符合GB 50348—2018《安全防范工程技术标准》的相关规定外，还要符合下列规定：

① 传输设备应确保传输带宽、信噪比和传输时延满足系统整体指标的要求，接口应适应前后端设备的连接要求。

② 传输设备应有自身的安全防护措施，并宜具有防拆报警功能；对于需要保密传输的

信号，设备应支持加/解密功能。

③ 传输设备应设置于易于检修和保护的区域，并宜靠近前/后端的视频设备。

（5）视频切换控制设备的选型：

① 视频切换控制设备的功能配置应满足使用和冗余要求。

② 视频切换控制设备应能手动或自动控制系统各种功能。

③ 视频切换控制设备应具有配置信息存储功能，在开机或电源恢复供电后，系统应自动恢复正常工作。

④ 视频切换控制设备应具有与外部其他系统联动的接口。

⑤ 具有系统操作密码权限设置和中文菜单显示。

（6）记录与回放设备的选型与设置：

① 宜选用数字录像设备，并宜具备防篡改功能；其存储容量和回放的图像和声音质量应满足相关标准和管理使用要求。

② 在录像的同时需要记录声音时，记录设备应能同步记录图像和声音，并可同步回放。

③ 图像记录与查询检索设备宜设置在易于操作的位置。

（7）数字视频音频设备的选型与设置：

① 宜具有联网和远程操作、调用的能力。

② 数字视频音频处理设备，其分析处理的结果应与原有视频音频信号对应特征保持一致。其误判率应在可接受的范围内。

（8）显示设备的选型与设置：

① 显示设备的清晰度不应低于摄像机的清晰度，宜高出100电视行（TVL）。

② 操作者与显示设备屏幕之间的距离宜为屏幕对角线的4～6倍，显示设备的屏幕尺寸宜为230～635 mm。根据使用要求可选用大屏幕显示设备等。例如，25英寸显示器的对角线为635 mm，操作人员与显示器的距离应该为2 540～3 810 mm。

③ 显示设备的设置位置应使屏幕不受外界强光直射。当有不可避免的强光入射时，应采取相应避光措施。例如，在监控中心一般把监控显示屏幕安装在北墙，或者增加遮光帘避免逆光。

④ 显示设备的设置应与监控中心的设计统一考虑，合理布局，方便操作，易于维修。

（9）控制台的选型与设置：

控制台的设计应满足人机工程学要求；控制台的布局、尺寸、台面及座椅的高度应符合GB/T 7269—2008《电子设备控制台的布局、型式和基本尺寸》的规定。

3.6.6 传输方式、线缆选型与布线

（1）传输方式应符合GB 50348—2018《安全防范工程技术标准》的相关规定：

① 传输方式的选择取决于系统规模、系统功能、现场环境和管理工作的要求。一般采用有线传输为主、无线传输为辅的传输方式。

② 选用的传输方式应保证信号传输的稳定、准确、安全、可靠，且便于布线、施工、检测和维修。

③ 可靠性要求高或布线便利的系统，应优先选用有线传输方式。布线困难的地方可考虑采用无线传输方式，但要选择抗干扰能力强的设备。

（2）线缆选择除应符合GB 50348—2018《安全防范工程技术标准》的相关规定外，还应符合下列规定：

① 模拟视频信号宜采用同轴电缆，根据视频信号的传输距离、端接设备的信号适应范围和电缆本身的衰耗指标等确定同轴电缆的型号、规格；信号经差分处理，也可采用五类及以上的双绞线传输。

② 数字视频信号的传输按照数字系统的要求选择线缆。

③ 根据线缆的敷设方式和途经环境的条件确定线缆型号、规格。

（3）布线设计应符合下列规定：

① 综合布线系统的设计应符合GB 50311—2016《综合布线系统工程设计规范》的相关规定。

② 非综合布线系统的路由设计，应符合下列规定：

- 同轴电缆宜采取穿管暗敷的方式，当线路附近有强电磁场干扰时，电缆应在金属管内穿过，并埋地下，当必须架空敷设时，应采取防干扰设施。
- 路由应短捷、安全可靠，施工维护方便。
- 应避开恶劣环境条件或易使管道损伤的地段。
- 与其他管道等障碍物不宜交叉跨越。

3.6.7 供电、防雷与接地

（1）系统供电除应符合GB 50348—2018《安全防范工程技术标准》的相关规定外，还应符合以下规定：

① 摄像机供电宜由监控中心统一供电或由监控中心控制的电源供电。采取统一集中供电，能够保证监控区域局部断电时摄像机的正常工作。

② 异地供电时，摄像机和视频切换控制设备的供电宜为同相电源，或采取措施以保证图像同步。

③ 电源供电方式应采用TN-S 制式，如图3-8所示为TN-S系统图。

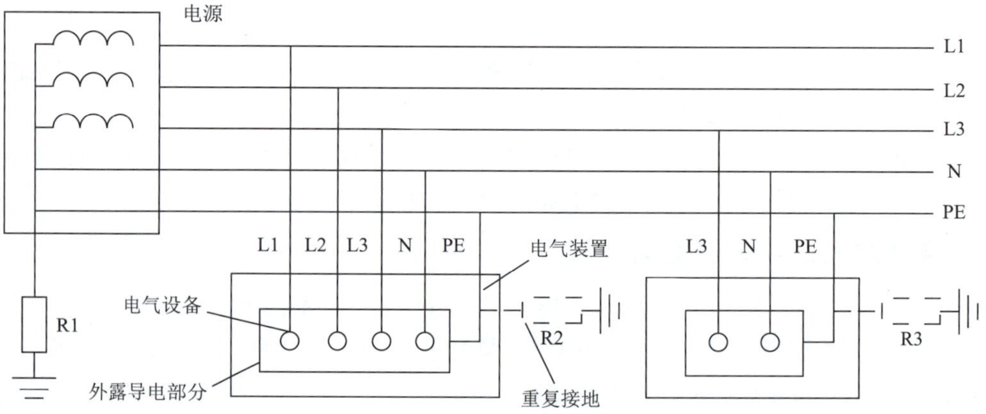

图3-8 TN-S系统图

（2）系统防雷与接地除应符合GB 50348—2018《安全防范工程技术标准》的相关规定外，还应符合下列规定：

① 采取相应隔离措施，防止接地电位不等引起图像干扰。

② 室外安装的摄像机连接电缆宜采取防雷措施。

3.6.8 系统安全性、可靠性、电磁兼容性、环境适应性

（1）系统安全性除应符合GB 50348—2018《安全防范工程技术标准》的相关规定外，还应符合以下规定：

① 具有视频丢失检测示警能力。

② 系统选用的设备不应引入安全隐患和对防护对象造成损害。

（2）系统可靠性应符合GB 50348—2018《安全防范工程技术标准》的相关规定，根据系统规模的大小和用户对系统可靠性的要求，将整个系统的可靠性合理分配到系统的各个组成部分。

（3）系统电磁兼容性应符合GB 50348—2018《安全防范工程技术标准》的相关规定，选用的控制、显示、记录、传输等主要设备的电磁兼容性应符合电磁兼容试验和测量技术系列标准的规定，其严酷等级应满足现场电磁环境的要求。

（4）系统环境适应性应符合GB 50348—2018《安全防范工程技术标准》的相关规定，各种监控设备应符合其使用环境，如室内外温度、湿度、大气压等的要求。

3.6.9 监控中心

（1）监控中心的设置应符合GB 50348—2018《安全防范工程技术标准》的相关规定。

（2）对监控中心的门窗应采取防护措施。

（3）监控中心宜设置独立设备间，保证监控中心的散热、降噪。

（4）监控中心宜设置视频监控装置和出入口控制装置。

3.7 GA/T 74—2017《安全防范系统通用图形符号》简介

本标准规定了安全防范系统技术文件中使用的图形符号，适用于安全防范工程设计、施工文件中的图形符号的绘制和标注。本节将主要选取介绍有关视频监控系统的相关图形符号，见表3-7。

表3-7 视频监控系统相关图形符号

序号	名称	英文	图形符号	说明
1	防护周界	protective perimeter		
2	监控区边界	monitored zone	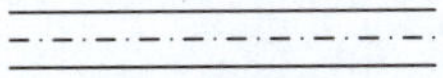	
3	防护区边界	protective zone		
4	禁区边界	forbidden zone	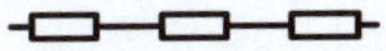	
5	室内防护罩	indoor housing		
6	室外防护罩	outdoor housing	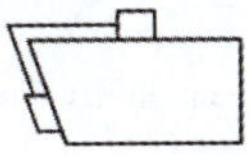	

续表

序号	名称	英文	图形符号	说明
7	云台	pan/tilt	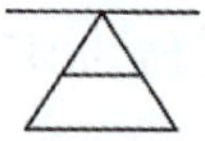	
8	黑白摄像机	camera	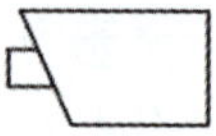	
9	网络（数字）摄像机	network（digital）camera		见GB/T 50786—2012中的表4.1.3-5
10	彩色摄像机	color camera	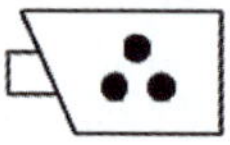	见GB/T 28424—2012中的表4102
11	彩色转黑白摄像机	color to black and white camera	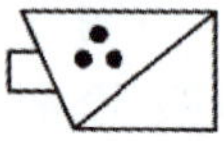	
12	半球黑白摄像机	hemispherical camera		
13	半球彩色摄像机	hemispherical color camera		
14	云台黑白摄像机	PTZ camera	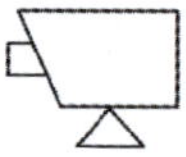	见GB/T 28424—2012中的表4103
15	云台彩色摄像机	PTZ color camera	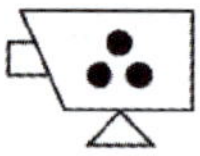	见GB/T 28424—2012中的表4104
16	一体化球形黑白摄像机	integrated dome camera	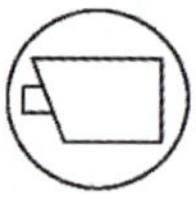	见GB/T 28424—2012中的表4106
17	一体化球形彩色摄像机	integrated color dome camera		见GB/T 28424—2012中的表4107
18	视频切换矩阵	video switching matrix	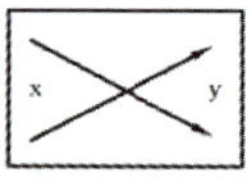	x代表视频输入路数 y代表视频输出路数
19	视频分配放大器	video amplifier distributor	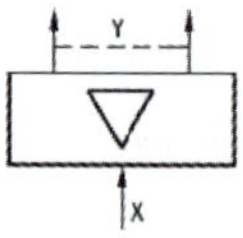	见GB/T 28424—2012中的表4202
20	字符叠加器	VDM		见GB/T 28424—2012中的表4203
21	画面分割器	screen division fixture	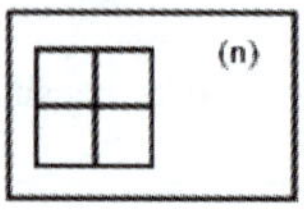	见GB/T 28424—2012中的表4204 n代表画面数

续表

序号	名称	英文	图形符号	说明
22	视频操作键盘	video operation keyboard	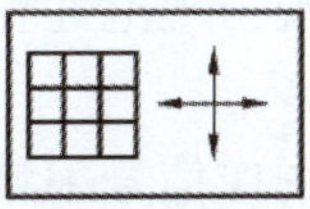	见GB/T 28424—2012中的表4205
23	视频控制计算机	video control computer	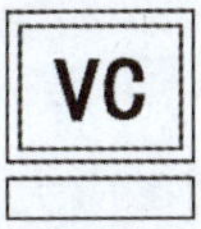	见GB/T 28424—2012中的表4206
24	CRT监视器	cathode ray tube TV display	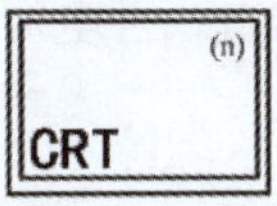	n代表监视器规格
25	液晶显示器	liquid crystal display	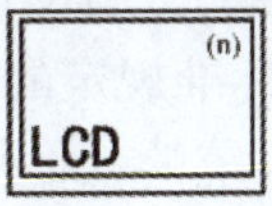	n代表显示器规格
26	LED显示器	LED monitor	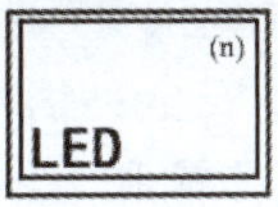	n代表显示器规格
27	拼接显示屏	splicing display screen	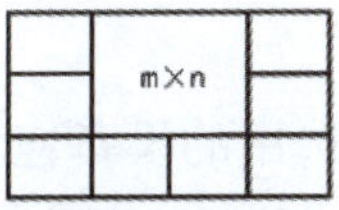	m代表拼接显示屏行数 n代表拼接显示屏列数
28	数字硬盘录像机	digital hard disk video recorder		见GB/T 28424—2012中的表4401
29	网络硬盘录像机	network hard disk video recorder		

3.8 GA/T 367—2001《视频安防监控系统技术要求》简介

GA/T 367—2001《视频安防监控系统技术要求》是与GB 50395—2007《视频安防监控系统工程设计规范》相一致的行业标准，是安全防范系统工程建设的基础性标准。共分为11章，主要内容包括范围、规范性引用文件、术语和定义、技术要求、安全性要求、防雷接地要求、环境适应性要求、系统可靠性要求、电磁兼容性要求、标志、文件提供。

本标准规定了建筑物内部及周边地区安全技术防范视频监控系统的技术要求，是设计、验收安全技术防范视频监控系统的基本依据。本标准适用于以安防监控为目的的新建、扩建和改建工程中的视频监控系统的设计，其他领域的视频监控系统可参照使用。

3.8.1 主要技术要求

（1）系统各部分设备选型，应满足现场环境要求和功能使用要求，同时应符合现行国家标准和行业标准有关技术要求。

（2）各种配套设备的性能及技术要求应协调一致，保证系统的图像质量损失在可接受的范围内。

（3）系统设计应实现：规范性和实用性，先进性和互换性，准确性，完整性，联动兼容性。

（4）系统应具有对图像信号采集、传输、切换控制、显示、分配、记录和重放的基本功能。

（5）视频安防监控系统专有设备所需电源装置，应有稳压电源和备用电源。稳压电源应具有净化功能，其标称功率应大于系统使用总功率的1.5倍；备用电源容量应至少能保证系统正常工作时间不小于1 h，且电源应具有防雷和防漏电措施，具有安全接地。

3.8.2 安全性要求

（1）视频安防监控系统所用设备应符合GB 16796—2022《安全防范报警设备安全要求和试验方法》和相关产品标准规定的安全要求。

（2）视频安防监控系统的任何部分的机械结构应有足够的强度，能满足使用环境的要求，并能防止由于机械不稳定、移动、突出物和锐边造成对人员的危害。

（3）传输过程的信息安全：信号传输应有防泄密措施，有线专线传输应有防信号泄漏和/或加密措施，有线公网传输和无线传输应有加密措施。

3.8.3 防雷接地要求

（1）设计系统时，选用的设备应符合电子设备的雷电防护要求。

（2）系统应有防雷击措施。应设置电源避雷装置，宜设置信号避雷或隔离装置。

（3）系统应等电位接地。接地装置应满足系统抗干扰和电气安全的双重要求，并不得与强电的电网零线短接或混接。系统单独接地时，接地电阻不大于4 Ω，接地导线截面积应大于25 mm^2。

（4）室外装置和线路的防雷和接地设计应结合建筑物防雷要求统一考虑，并符合有关国家标准、行业标准的要求。

3.8.4 环境适应性要求

（1）系统使用的设备其环境适应性应符合GB/T 15211—2013《安全防范报警设备环境适应性要求和试验方法》的要求。

（2）在具有易燃易爆等危险环境下运行的系统设备应有防爆措施，并符合相应国家标准、行业标准的要求。

（3）在过高、过低温度和/或过高、过低气压环境下和（或）在腐蚀性强、湿度大的环境下运行的系统设备，应有相应的防护措施。

3.8.5 系统可靠性及兼容性要求

（1）系统所使用设备的平均无故障间隔时间（MTBF）应不小于5 000 h。

（2）系统验收后的首次故障时间应大于3个月。

（3）系统需具有抗电磁干扰和电磁辐射防护功能。

3.8.6　标志

（1）系统设备应有标牌，标牌的内容至少应包括：设备名称、生产厂家、生产日期或批次、供电额定值等。

（2）系统各联机端子和引线应以颜色、规格、标示、编号等方法加以标记，以便安装时查找和长期维护。

（3）标记、标牌必须耐久和易读。标牌不应该被容易取下且不卷曲。

3.8.7　文件提供

（1）系统所用主要设备应提供安装使用说明书。说明书的内容包括:外观图、各部位名称、功能、规格、各项重要技术指标、操作方法、安装方法、接线方法、注意事项及环保要求等。

（2）系统设计施工单位应按照GA/T 75—1994《安全防范工程程序与要求》的要求提供全部的技术文件；文件应规范，图形符号应符合GA/T 74—2017《安全防范系统通用图形符号》的要求。

练　习　题

文档

单元3练习

请扫描“单元3练习题”二维码，下载电子版，按时完成。

1. 填空题（10题，每题2分，合计20分）

（1）“________是工程师的语言，________是工程图纸的语法”，离开标准无法设计和施工。（参考3.1.1知识点）

（2）标准规定：图书馆按照阅览、藏书、办公等划分不同________，并应确定不同________。（参考3.2.2知识点）

（3）标准规定：档案馆应根据级别，采取相应的________、________配套措施。（参考3.2.2知识点）

（4）标准规定：文化馆应采取合理的________、________配套措施，并宜设置________。（参考3.2.2知识点）

（5）标准规定：视频安防监控系统的设备应有强制性产品认证证书和________，或进网许可证、________、检测报告等文件资料。（参考3.3.2知识点）

（6）标准规定：进口设备应有国家商检部门的有关________。（参考3.3.2知识点）

（7）标准规定：监控中心的________、________的敷设间距应符合现行国家标准规定，并应有明显的________。（参考3.3.2知识点）

（8）标准规定：摄像机等相关监控设备抽检的数量不应低于________，且不应少于________台，数量少于3台时应________。（参考3.4.2知识点）

（9）标准规定：视频监控系统的信号传输应保证________、________和________。（参考3.6.4知识点）

（10）标准规定：摄像机镜头安装宜________对准监视目标，并宜避免________安装。（参考3.6.5知识点）

2. 选择题（10题，每题3分，合计30分）

（1）《中华人民共和国标准化法》将标准划分为（　　）。（参考3.1.2知识点）

A. 国家标准　B. 行业标准　C. 地方标准　D. 企业标准

（2）《视频安防监控系统工程设计规范》的标准号为（　　）。（参考3.1.3知识点）

A. GB 50339　B. GB 50348　C. GB 50395　D. GB 50314

（3）GB 50348是（　　）标准的标准号。（参考3.1.3知识点）

A. 《智能建筑设计标准》

B. 《安全防范工程技术规范》

C. 《智能建筑工程质量验收规范》

D. 《视频安防监控系统工程设计规范》

（4）标准规定：安全技术防范系统中宜包括安全防范综合管理平台和（　　）等系统。（参考3.2.2知识点）

A. 入侵报警　B. 视频安防监控　C. 出入口控制　D. 门禁系统

（5）标准规定：摄像机立杆接地及防雷接地电阻应小于（　　）Ω。（参考3.3.2知识点）

A. 5　B. 8　C. 10　D. 15

（6）标准规定：防范恐怖袭击重点目标的视频图像信息保存期限不应少于（　　），其他目标的视频图像信息保存期限不应少于（　　）天。（参考3.5.2知识点）

A. 90　B. 60　C. 30　D. 15

（7）标准规定：监视目标的最低环境照明亮度应高于摄像机靶面最低照度的（　　）倍。（参考3.6.5知识点）

A. 20　B. 30　C. 50　D. 80

（8）标准规定：摄像机的安装高度，室内距地面不宜低于（　　），室外距地面不宜低于（　　）m。（参考3.6.5知识点）

A. 1.8　B. 2.5　C. 3.0　D. 3.5

（9）标准规定：室内型电动云台在承受最大负载时，机械噪声声强级不应大于（　　）dB。（参考3.6.5知识点）

A. 20　B. 30　C. 50　D. 80

（10）标准规定：传输方式的选择取决于系统规模、系统功能、现场环境和管理工作的要求。一般采用（　　）的传输方式。（参考3.6.6知识点）

A. 有线传输　B. 有线传输为主、无线传输为辅

C. 无线传输　D. 无线传输为主、有线传输为辅

3. 简答题（5题，每题10分，合计50分）

（1）GB 50314—2015《智能建筑设计标准》规定：在交通建筑设计中，安全防范配置的基本要求是什么？（参考3.2.2知识点）

（2）GB 50606—2010《智能建筑工程施工规范》规定：在质量控制阶段的施工要求是

什么？（参考3.3.2知识点）

（3）GB 50339—2013《智能建筑工程质量验收规范》规定：“安全防范系统”中对数字视频安防监控系统除了基本的检验要求外，还应检验哪些内容？（参考3.4.2知识点）

（4）GB 50348—2018《安全防范工程技术标准》规定：在系统验收阶段，视频监控系统应重点检查哪些内容？（参考3.5.2知识点）

（5）GB 50395—2017《视频安防监控系统工程设计规范》规定：视频安防监控系统工程的设计应满足哪些要求？（参考3.6.3知识点）

请扫描“互动练习 5”和“互动练习 6”二维码，下载 Word 版，按时完成，掌握本单元主要内容。

文档

互动练习 5

文档

互动练习 6

笔记栏

实训5 同轴电缆接头制作与测试

1. 实训任务来源

音频或视频电缆都是同轴电缆结构，制作接头时需要焊接。音频广播系统和视频监控系统大部分故障都发生在接头处。同轴电缆是模拟视频监控系统常用的传输线缆，同轴电缆接头的制作不规范、焊接不牢固等，将直接导致视频监控系统信号不能传输或者传输质量较低，将造成系统运行不稳定，故障多，也会给系统日常维护带来很多麻烦。

2. 实训任务

每人独立完成一根同轴电缆接头的制作，要求规范使用工具，焊接时，确保焊点处良好接触、焊接牢固美观测试通过。

3. 技术知识点

（1）掌握同轴电缆的基本概念和结构。

（2）掌握同轴电缆接头的制作步骤和焊接技术。

4. 关键技能

（1）剥线时切勿损伤电缆线芯。

（2）切勿剪掉屏蔽网。

（3）线芯和屏蔽网均需进行焊接。

5. 实训课时

视 频

同轴电缆接头的制作与测试

（1）该实训共计2课时完成，其中技术讲解20 min，视频演示5 min，学员实际操作45 min，跳线测试与评判10 min，实训总结、整理清洁现场10 min。

（2）课后作业2课时，独立完成实训报告，提交合格实训报告。

6. 实训指导视频

VSCS25-实训5-同轴电缆接头的制作与测试（1 min 49 s）。

7. 实训设备

西元视频监控系统实训装置，产品型号：KYZNH-01-2。

本实训装置按照典型工作任务和关键技能实训专门研发，配置有音视频线制作与测试实训装置，仿真典型工作任务，能够通过指示灯闪烁直观和持续显示链路通断情况。

8. 实训材料

序号	名称	规格说明	数量	器材
1	同轴电缆	SYV-75-5	1卷	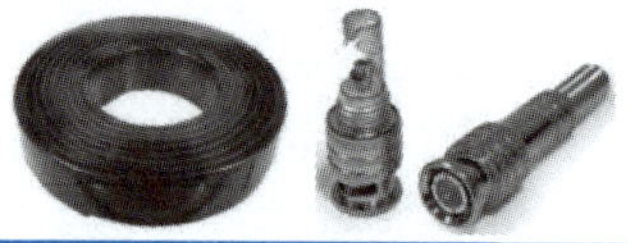
2	BNC头	国标	2个	

9. 实训工具

序号	名称	规格说明	数量	工具
1	电缆剥线器	旋转式双刀同轴剥线器，用于剥除外护套	1个	
2	水口钳	6寸水口钳，用于剪齐线端	1把	
3	电烙铁	电烙铁、烙铁架和焊锡丝，用于焊接	1套	

10. 实训步骤

（1）预习和播放视频。课前应预习，初学者提前预习，可多次认真观看实操视频，熟悉主要关键技能和评判标准，熟悉线序。

（2）器材工具准备。建议在播放视频期间，教师准备和分发器材工具。

① 发放材料。

② 学员检查材料规格数量合格。

③ 发放工具。

④ 每个学员将工具、材料摆放整齐。

⑤ 本实训要求学员独立完成，优先保证质量，掌握方法。

（3）实训内容。RCA接头和BNC接头的制作方法相同，以BNC同轴电缆接头的制作为例进行介绍。BNC同轴电缆接头的制作步骤如下：

第一步：将接头尾套、弹簧和绝缘套穿入线缆中，如图3-9所示。

第二步：用电缆剥线器剥去同轴电缆的外套，保留屏蔽网，如图3-10所示。

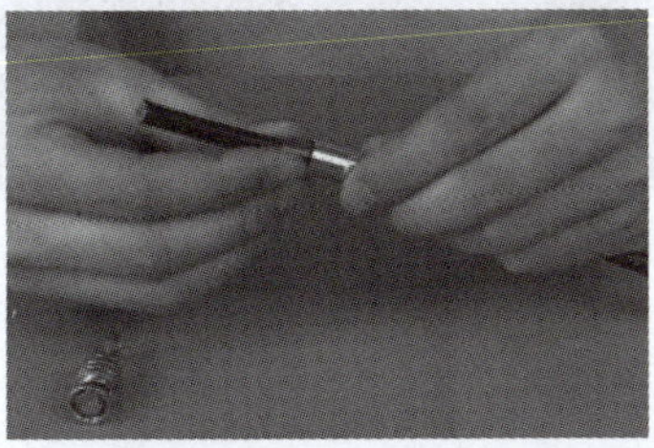

图3-9 将接头尾套、弹簧和绝缘套穿入线缆

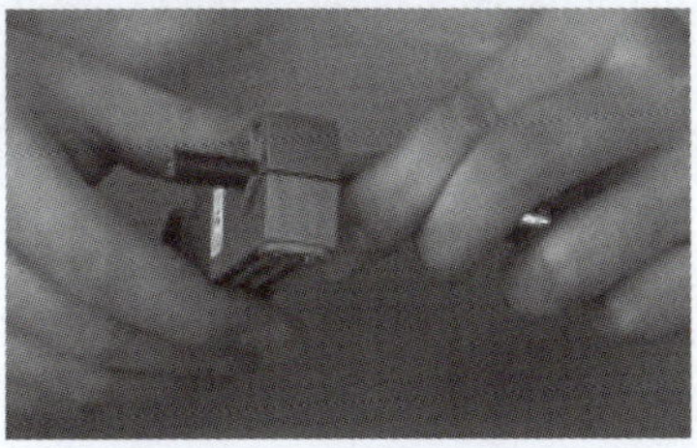

图3-10 剥去线缆外套

第三步：将屏蔽网整理到一侧，同时拧成一股，如图3-11所示。

第四步：用剥线钳剥去绝缘皮，露出线芯长度合适，如图3-12所示。

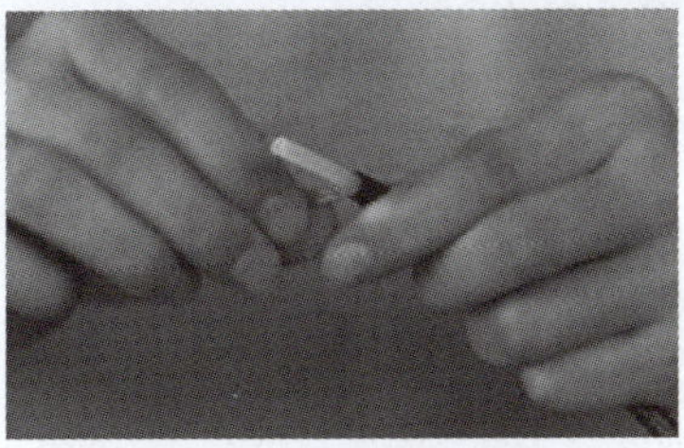

图3-11 整理屏蔽网

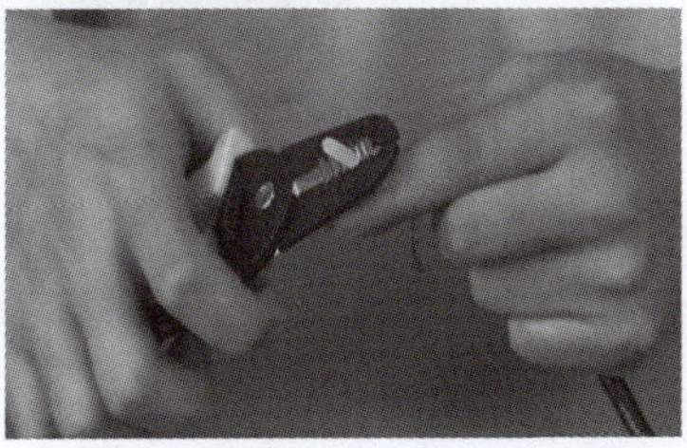

图3-12 剥去绝缘皮

第五步：将屏蔽网穿入线夹孔，线芯插入探针孔中。

第六步：依次焊接线芯与探针孔，焊接屏蔽网与线夹孔，如图3-13和图3-14所示。

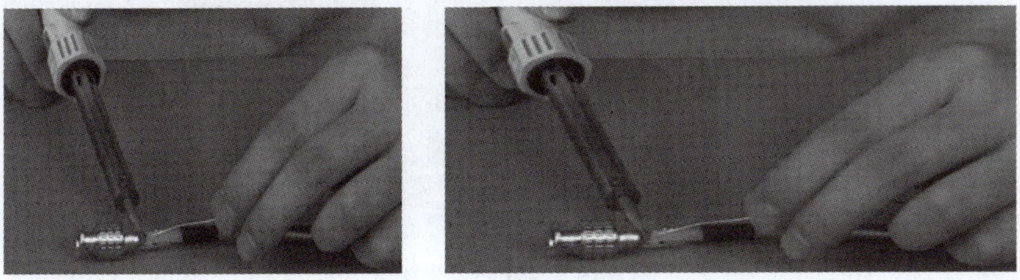

图3-13 焊接线芯

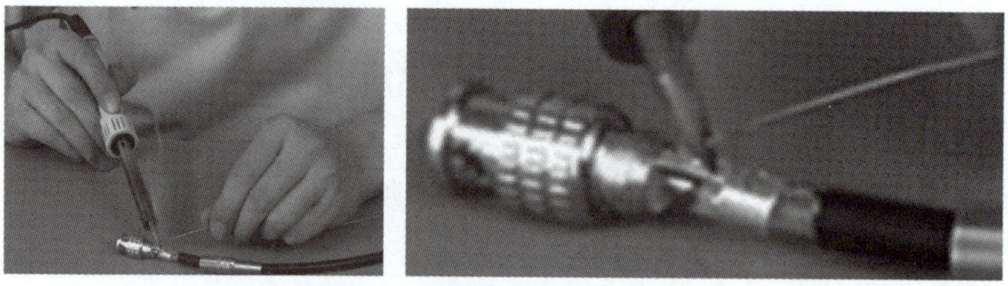

图3-14　焊接屏蔽网

第七步：用尖嘴钳把线夹和绝缘皮夹紧，如图3-15所示。

第八步：将绝缘套移到焊接位置，然后拧紧尾套，如图3-16所示。

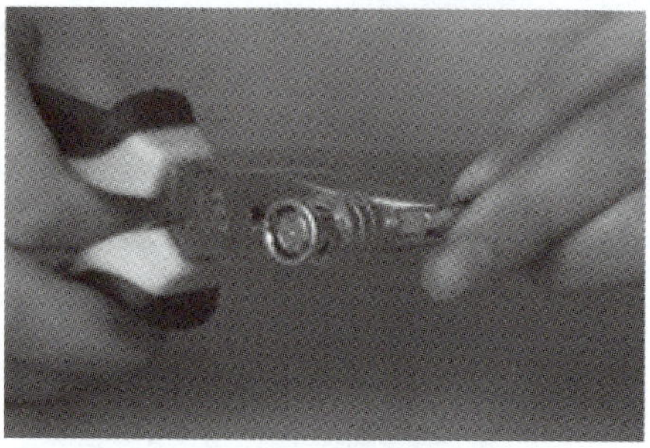

图3-15　夹紧线夹和绝缘皮

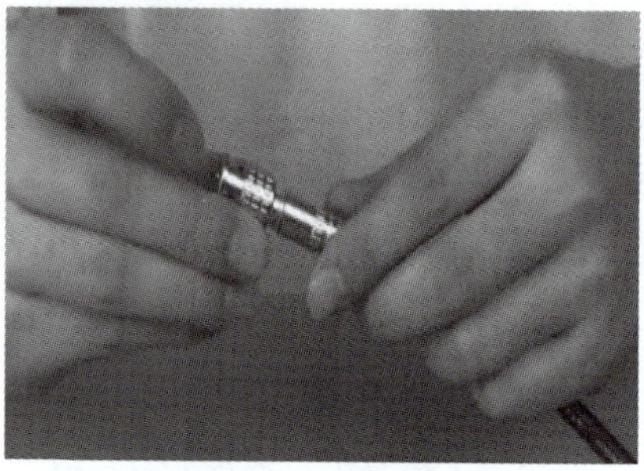

图3-16　拧紧尾套

图3-17所示为焊接完成的两个焊点。

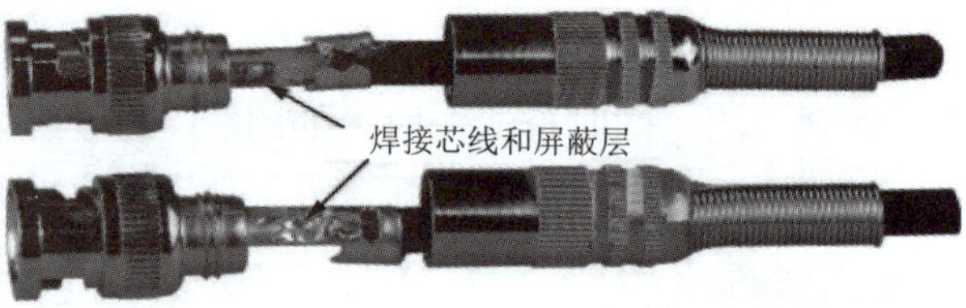

图3-17　焊接完成的两个焊点

同轴电缆接头的测试：

第一步：将做好接头的同轴电缆跳线安装在上下对应的接口插座上。

第二步：观察对应指示灯闪烁情况，如图3-18所示。

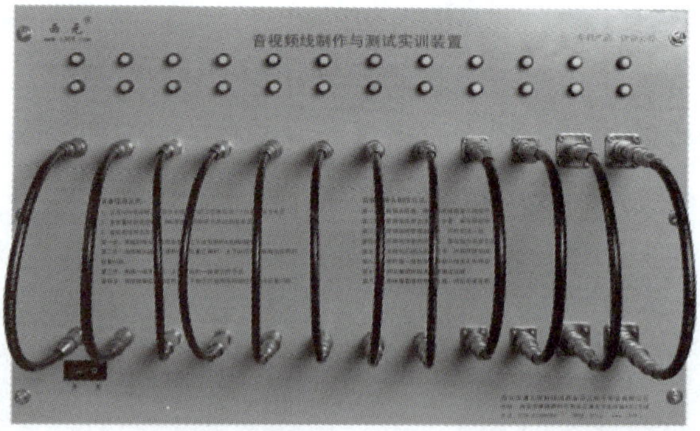

图3-18　音视频线测试

接头端安装可靠和插接位置正确时，上下对应的一组指示灯同时反复闪烁。

接头一端开路时，上下对应的一组指示灯不亮。

接头插接位置错误时，上下指示灯按照实际错位的顺序反复闪烁。

11. 评判标准

（1）每根100分，测试不合格，直接给0分，操作工艺不再评价。

（2）操作工艺评价详见表3-8。

表3-8　音视频线制作与测试评分表

姓名或跳线编号	跳线测试合格100分不合格0分	操作工艺评价（每处扣5分）					评判结果得分	排名
		线芯划伤	剪掉屏蔽网	焊点不牢靠	焊点有毛刺	未焊接线芯/屏蔽网		

12. 实训报告

（1）请扫描“实训 5”二维码，下载电子版。

（2）按照单元 1 表 1-3 所示的实训报告模板，独立完成实训报告，2 课时。请扫描“实训报告”二维码，下载电子版。

文档

实训 5

文档

实训报告

岗位技能竞赛

为了给学生创造“学技能、练技能、比技能”的良好学习氛围，老师可组织学生进行岗位技能竞赛活动。通过岗位技能竞赛，提高学生学习的积极性和趣味性，更好地掌握该实训技能。

预赛：老师可根据学生人数进行分组，首先进行组内竞赛，建议每组4～5人。

（1）竞赛方式：组内每人制作3根合适长度的音视频线电缆，胜出者作为本组决赛代表。

（2）评比方式：以音视频线合格数为主、制作速度为辅的原则进行评比，测试合格数量多且制作时间短者胜出。

决赛：每组的胜出者作为决赛代表，进行组间竞赛，选出最终优胜者，作为冠军。

（1）竞赛方式：限时30 min，制作尽可能多的音视频线电缆。

（2）评比方式：统计音视频线测试合格数量，30 min内制作合格音视频线最多者胜出。

（3）合格标准：除要求测试合格外，还应重点关注焊接点的牢固性、美观性等。

单元4 视频监控系统工程设计

本单元重点介绍了视频监控系统工程的设计原则、设计任务、设计方法，最后给出了典型工程设计案例。

学习目标：

- 熟悉视频监控系统工程的相关设计原则、具体设计任务和设计要求。
- 掌握视频监控系统工程的主要设计方法和内容，包括编制点数统计表、系统图、防区编号表、施工图、材料表、施工进度表等设计文件。

4.1 视频监控系统工程设计原则、流程和相关标准

4.1.1 视频监控系统工程设计原则

视频监控系统工程的设计应遵循以下原则：

（1）确定系统的规模、模式及应采取的防护措施。一般根据防护对象的风险等级和防护级别、环境条件、功能要求、安全管理要求和建设投资等因素确定。例如博物馆等文物保护单位，属于高风险防护对象，需要采取视频监控一级防护，达到视频监控无盲区。

（2）进行防区的划分，确定摄像机、传输线缆、监控中心设备的选型和安装位置。一般根据建设单位提供的设计任务书、建筑平面图和现场勘察报告等文件确定。例如在博物馆等文物保护单位，防区可划分为文物展览区、文物交接区、文物通道区、文物库房等多个防区，根据各防区的结构特点和监控区域等确定适合的视频监控设备。

（3）确定控制设备的配置和管理软件的功能。一般根据防区的数量和分布、信号传输方式、集成管理要求和系统扩充要求等确定。

（4）保证设备的互换性。一般采取规范化、结构化、模块化、集成化的方式实现。

4.1.2 视频监控系统工程设计流程

GB 50395—2007《视频安防监控系统工程设计规范》中规定，视频安防监控系统工程的设计应按照图4-1所示的流程进行。

对于新建建筑的视频安防监控系统工程，建设单位应向视频安防监控系统设计单位提供有关建筑概况、电气和管槽路由等设计资料。

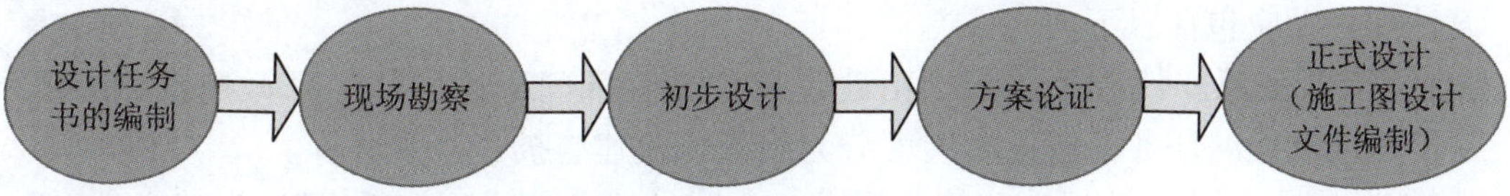

图4-1 视频安防监控系统工程设计流程图

4.1.3 视频监控系统工程设计相关标准

在单元3中，我们已经专门介绍了视频监控系统工程相关标准，在本单元我们再简单回顾与工程设计有关的下列标准：

（1）GB 50314—2015《智能建筑设计标准》。该标准规定了各类智能建筑应具有的智能化功能、设计标准等级和所需配置的智能化系统。规定了建筑智能化系统工程设计应注重以智能化的科技功能与智能化系统工程的综合技术功效互为对应，从而规避功能模糊、方案雷同或盲目照搬和简单化倾向，要求在智能化系统工程建设完成后交付的使用期内，满足建筑生命周期内不断提升和完善智能化综合技术功能，持续发挥有效作用。

（2）GB 50348—2018《安全防范工程技术标准》。该标准是为了规范安全防范工程的设计、施工、检验和验收，提高安全防范工程的质量而专门制定的标准，适用于新建、改建、扩建的安全防范工程。该标准也是安全防范工程建设的通用标准，是保证安全防范工程建设质量，维护公民人身安全和国家、集体、个人财产安全的重要技术保障。

安全防范是人防、物防、技防的有机结合，该标准主要对技术防范系统的设计、施工、检验、验收做出了基本要求和规定，涉及物防、人防的要求由相关的标准或法规做出规定。

（3）GB 50395—2007《视频安防监控系统工程设计规范》。该规范是GB 50348—2018《安全防范工程技术标准》的配套标准，是安全防范系统工程建设的基础性标准之一。该规范对视频安防监控系统的相关概念进行了详细阐述，包括视频安防监控系统的相关术语、系统结构等，并对视频安防监控系统工程的设计做了详细规定，包括系统设计、设备选型与设置、传输方式、线缆选型与布线、供电、防雷与接地、系统安全性、可靠性、电磁兼容性、环境适应性、监控中心等。

4.2 视频监控系统工程的主要设计任务和要求

视频监控系统工程的主要设计任务如下：

（1）设计任务书的编制。

（2）现场勘察。

（3）初步设计。

（4）方案论证。

（5）正式设计。包括施工图设计和相关技术文件的编制。

下面按照《视频安防监控工程设计规范》和《安全防范工程技术标准》等标准规定，结合实际工程设计经验，介绍视频安防监控系统工程的主要设计任务和具体要求。

4.2.1 设计任务书的编制

视频安防监控系统工程设计前，建设单位应根据安全防范需求，提出设计任务书。

设计任务书应包括以下内容：

（1）任务来源。任务来源包括由建设单位主管部门下达的任务、政府部门要求的任务、建设单位自提的任务，任务类型可分为新建、改建、扩建、升级等。

（2）政府部门的有关规定和管理要求，含防护对象的风险等级和防护级别。应遵循国家和行业的相关现行标准，被防护对象的风险等级应与相关标准规定相一致，系统的防护级别应与被防护对象的风险等级相适应。例如银行、博物馆等单位属于高风险等级防护对象，其防护级别应为一级防护。

（3）建设单位的安全管理现状与要求。根据建设单位的周边环境、规模布局、业务性质和防范目的要求等实际情况确定。例如照明情况，重点评估夜间、不良气候等低照度条件下对视频图像质量的影响或形成的监控盲区等，也包括监控区域的物防情况、人防情况和其他技防手段等情况。

（4）工程项目的内容和要求，包括功能需求、性能指标、监控中心要求、培训和维修服务等。不仅可以提出总的防范功能、性能要求，而且可以提出监控中心、各防护区域或部位、电源、传输部分等的功能、性能技术指标。例如监控中心不仅要有建筑要求、设施设备要求、防护要求，还应明确预定位置、操作与值班人员配置等。

（5）建设工期。视频监控系统工程的建设包括设计任务书的编制、现场勘察、初步设计、设计方案论证、正式设计和施工图设计文件的编制、施工安装、检验、试运行、验收竣工和培训、移交等各个阶段，建设工期也就需要相应的规划和确定。如果仅要求承建单位的工期，可自承建单位合同签字日起直至完成移交作为工期要求，并制订出阶段性进度计划。

（6）工程投资控制数额及资金来源。视频监控系统工程建设费用通常包括设计费用、器材设备费用、安装施工费用、检测验收费用等，建设经费数额要进行控制、核算，建设方要求各相关单位提供计算费用清单和相应说明，同时，建设单位需对资金来源做出必要说明。

4.2.2 现场勘查

（1）视频安防监控系统工程设计前，设计单位和建设单位应进行现场勘察，并编制现场勘察报告，现场勘察报告应包括下列内容：

① 进行现场勘察时，对相关勘察内容所做的勘察记录。

② 根据现场勘察记录和设计任务书的要求，对系统的初步设计方案提出的建议。

③ 现场勘察报告经参与勘察的各方授权人签字后作为设计资料正式存档。

（2）现场勘察应符合GB 50348—2018《安全防范工程技术标准》的相关规定：

① 全面调查和了解被防护对象本身的基本情况。

② 被防护对象的风险等级与所要求的防护等级。

③ 被防护对象的物防设施能力与人防组织管理概况。

④ 被防护对象所涉及的各建筑物的基本概况，包括建筑平面图、功能分配图、通道、管道、墙体及周边情况等。

⑤ 调查和了解被防护对象所在地及周边的环境情况，包括地理与人文环境、气候环境与雷电灾害情况、电磁环境等。

（3）讨论和草拟布防方案，拟定边界、监视区、防护区、禁区的位置，并对布防方案所确定的防区进行现场勘察，包括边界区勘察、边界内勘察、施工现场勘察等。

4.2.3　初步设计

（1）初步设计依据如下：

① 相关法律法规和国家现行标准。

② 工程建设单位或其主管部门的有关管理规定。

③ 设计任务书。

④ 现场勘察报告、相关建筑图纸及资料。

（2）初步设计内容如下：

① 建设单位的需求分析与工程设计的总体构思。例如防护体系的构架和系统配置、系统的防护等级、系统的具体防区划分等。

② 前端设备的布设及监控范围说明。例如前端设备在各个防区的布设安装位置、达到的监控效果等。

③ 前端设备的选型，包括摄像机、镜头、云台、防护罩、支架等。选型中应根据它们各自不同的分类及特点，选取合适的设备，具体可参考单元2相关内容。例如半球摄像机一般适用于办公场所等区域、广角镜头比较适合需要监控较大场景的场合等。

④ 中心设备的选型，包括控制主机、显示设备、记录设备等。根据不同要求选用相应的设备，具体可参考单元2相关内容，例如采用数字技术时应选用网络视频服务器或PC主机，需要在同一监视器上实现多画面同时显示时应选取多画面分割器等。

⑤ 信号的传输方式、路由及管线敷设说明。例如根据视频信号模拟或者数字传输方式，选取同轴电缆、双绞线、光纤等不同传输线缆。

⑥ 监控中心的选址、面积、温湿度、照明等要求和设备布局。例如GB 50348—2018《安全防范工程技术标准》规定，监控中心的面积应与安防系统的规模相适应，一般应不小于20 m^2，应有保证值班人员正常工作的相应辅助设施，如设置饮水设施、卫生间和办公家具等，其他具体要求可参考单元3相关国家标准的规定和要求。

⑦ 系统安全性、可靠性、电磁兼容性、环境适应性、供电、防雷与接地等的说明。例如系统环境适应性要求各种监控设备应符合其使用环境，如室内外温度、湿度、大气压等的要求。

⑧ 与其他系统的接口关系，如联动、集成方式等。

⑨ 系统建成后的预期效果说明和系统扩展性的考虑。

⑩ 对人防、物防的要求和建议，如操作与值班人员配置等。

⑪ 设计施工一体化企业应提供售后服务与技术培训的承诺。

（3）初步设计文件。初步设计文件包括设计说明、设计图纸、主要设备器材清单、工程概算书等。文件编制要求如下：

① 设计说明应包括工程项目概述、设防策略、系统配置及其他必要的说明。

② 设计文件包括系统点数统计表、防区编号表等。

③ 设计图纸应包括系统图、平面图、施工图、监控中心布局图及必要说明。

（4）设计图纸规定。设计图纸应符合下列规定：

① 图纸应符合国家制图相关标准的规定，标题栏应完整，文字应准确、规范，应有相关人员签字，设计单位盖章。

② 图例应符合GA/T 74—2017《安全防范系统通用图形符号》等标准的规定。

③ 平面图应标明尺寸、比例和指北针。

④ 在平面图中应包括设备名称、规格、数量和其他必要的说明。

（5）系统图应包括以下内容：

① 主要设备类型及配置数量。

② 信号传输方式、系统主干的管槽线缆走向和设备连接关系。

③ 供电方式。

④ 接口方式，含与其他系统的接口关系。

⑤ 其他必要的说明。

（6）平面图应包括以下内容：

① 应标明监控中心的位置及面积。

② 应标明前端设备的布设位置、设备类型和数量等。

③ 管线走向设计应对主干管路的路由等进行标注。

④ 其他必要的说明。

（7）非标产品设计图。对安装部位有特殊要求的，宜提供安装示意图等工艺性图纸。例如设计非标准支架，提供制作图纸、安装图纸等，包括在墙角安装的支架、加长杆支架、室外空旷场地立杆等。

（8）监控中心布局图，应包括以下内容：

① 平面布局和设备布置。

② 线缆敷设方式。

③ 供电要求。

④ 其他必要的说明。

（9）主要设备材料清单。主要设备材料清单应包括设备材料名称、规格、数量等，编制项目材料表。

（10）编制工程概算书。

按照工程内容，根据GA/T 70—2014《安全防范工程建设与维护保养费用预算编制办法》等相关标准的规定，编制工程概算书。

4.2.4 设计方案论证

工程项目签订合同、完成初步设计后，宜由建设单位组织相关人员对包括视频安防监控系统在内的全部安防工程初步设计方案进行论证。风险等级较高或建设规模较大的安防工程项目应进行实施方案论证。

（1）方案论证应提交以下资料：

① 设计任务书。

② 现场勘察报告。

③ 初步设计文件。包括系统点数统计表、防区编号表、系统图等。

④ 主要设备材料的型号、生产厂家、检验报告或认证证书。

（2）方案论证应包括以下内容：

① 系统设计是否符合设计任务书的要求。

② 系统设计的总体构思是否合理。例如系统的防区划分是否合理，监控中心是否有相应辅助设施，如饮水设施、卫生间等，保证监控中心一直有保安人员值班。

③ 设备的选型是否满足现场适应性、可靠性的要求。例如摄像机的安装方式是否符合现场环境、安装是否可靠、逆光位置摄像机选择等。

④ 系统设备配置和监控中心的设置是否符合防护级别的要求。例如政府单位、银行等需要信号保密传输的单位，设备应支持加/解密功能。在方案中充分考虑全部设备的兼容性和可靠性，彻底消除安全隐患。

⑤ 信号的传输方式、路由及管线敷设方案是否合理。例如系统管线走向是否合理、避让了强电和干扰源等，以及管线敷设路由是否最佳和安全。

⑥ 系统安全性、可靠性、电磁兼容性、环境适应性、供电、防雷与接地是否符合相关标准的规定。

⑦ 系统的可扩展性、接口方式是否满足使用要求。例如各个连接设备之间的接口是否对应，设备的接口是否有冗余等。

⑧ 初步设计文件是否符合以上规定。

⑨ 建设工期是否符合工程现场的实际情况和满足建设单位的要求，提供施工进度表。

⑩ 工程概算是否合理。

⑪ 对于设计施工一体化企业，其售后服务承诺和培训内容是否可行。

方案论证应对论证的内容做出评价，以通过、基本通过、不通过意见给出明确结论，并且提出整改意见，并经建设单位确认。

4.2.5 正式设计和编制施工图等文件

施工图设计文件编制的依据应包括以下内容：

（1）初步设计文件。

（2）方案论证中提出的整改意见和设计单位所做出的并经建设单位确认的整改措施。施工图设计文件应包括设计说明、设计图纸、主要设备材料清单和工程预算书。

（3）施工图和设计文件的编制应符合以下规定：

施工图设计说明应对初步设计说明进行修改、补充、完善，包括设备材料的施工工艺说明、管线敷设说明等，并落实整改措施。例如摄像机的安装可分为墙面安装、墙角安装、吊顶安装和立柱（杆）安装等多种方式，需要说明每种安装方式的具体施工工艺和管路的敷设、管线敷设路由是明装还是暗装、是否为最佳和安全路由等。

（4）施工图纸应包括系统图、平面图、监控中心布局图及必要说明。

① 系统图设计和说明。系统图应在初步设计的基础上，充实系统配置的详细内容、标注设备数量、补充设备接线图、完善系统内的供电设计等。具体可见4.3节视频监控系统工程的主要设计方法的相关内容。

② 平面图设计和说明。平面图主要是指视频监控系统的各个区域的安装施工图纸，具体详见4.3节视频监控系统工程的主要设计方法的相关内容。

平面图应包括下列内容：

图片

图 4-2

- 前端设备设防图应正确标明设备安装位置、安装方式和设备编号等。
- 前端设备设防图可根据需要提供安装说明和安装大样图。图4-2所示为几种场所环境下的摄像机的布置示意图。

请扫描“图 4-2”二维码，观看或下载高清图片。

- 管线敷设图应标明管线的敷设安装方式、型号、路由、数量，以及末端出线盒的位置高度等。分线箱应标明线缆的走向、端子号，并根据要求在主干线路上预留适当数量的备用线缆，并列出材料统计表。

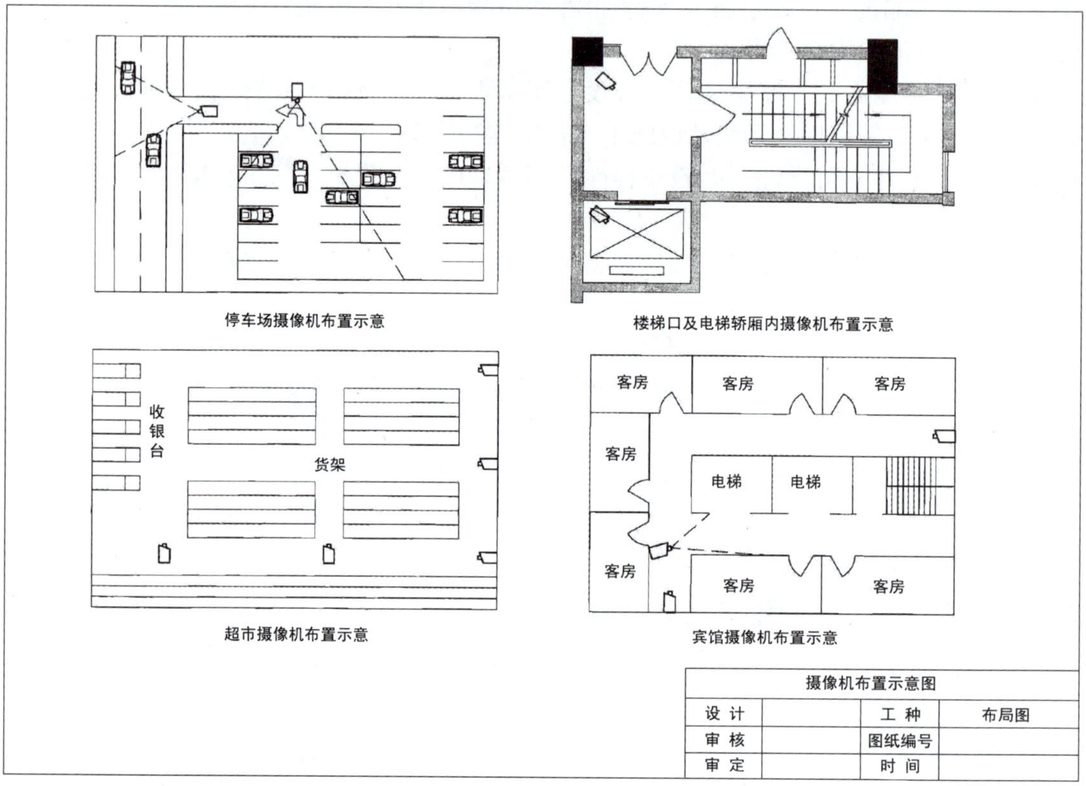

图4-2 摄像机布置示意图

③ 监控中心布局图设计和说明。图4-3所示为监控中心设备布局图，一般应包括以下内容：

- 监控中心的平面图应标明控制台和显示设备的位置、外形尺寸、边界距离等。
- 根据人机工程学原理，确定控制台、显示设备、机柜以及相应控制设备的位置、尺寸。例如单元2中介绍的操作控制台一般为琴键台式，总高度一般为1.3 m左右，不宜太高，要求操作人员在坐姿情况下能够看见前方的电视墙。操作台面高度一般与普通工作台高度相同，宜为0.75 m。
- 根据控制台、显示设备、设备机柜及操作位置的布置，标明监控中心内管线走向、开孔位置。
- 标明设备连线和线缆的编号。例如可给视频线缆做标签，使之与前端摄像机的编号相对应，便于系统的调试和维护等。
- 说明对地板敷设、温湿度、风口、灯光等装修要求。例如对系统性能和系统安全性要求比较高的场合，需敷设防静电地板；从地板下走线缆时，宜采用活动地板等。
- 其他必要的说明。

请扫描“图 4-3”二维码，观看或下载高清图片。

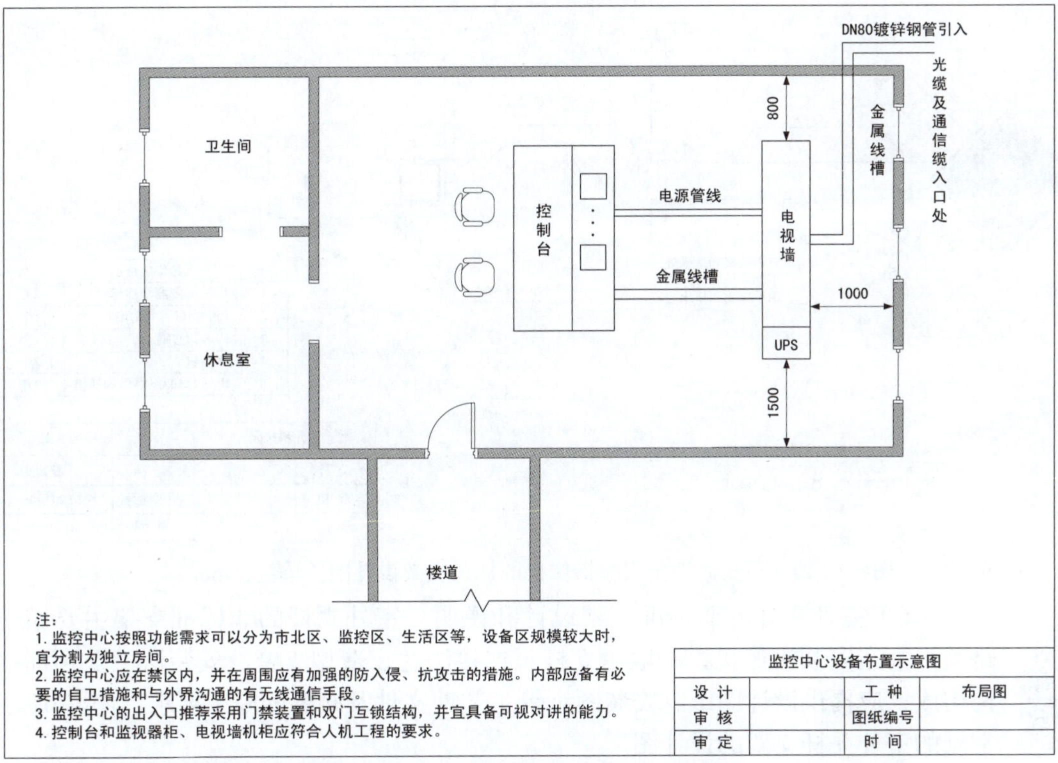

图4-3 监控中心设备布局图（单位：mm）

（5）非标准支架等产品设计。对于特殊场合使用的非标准支架，例如墙面或者墙角安装的加长支架、室外立杆等，往往不是市场供货的标准产品，就需要专门设计，提供正式设计图纸。图4-4所示为西元科技园墙面安装摄像机的加长支架设计图，图4-5所示为西元科技园墙角安装摄像机的加长支架设计图。

请扫描“图 4-4”和“图 4-5”二维码，观看或下载高清图片。

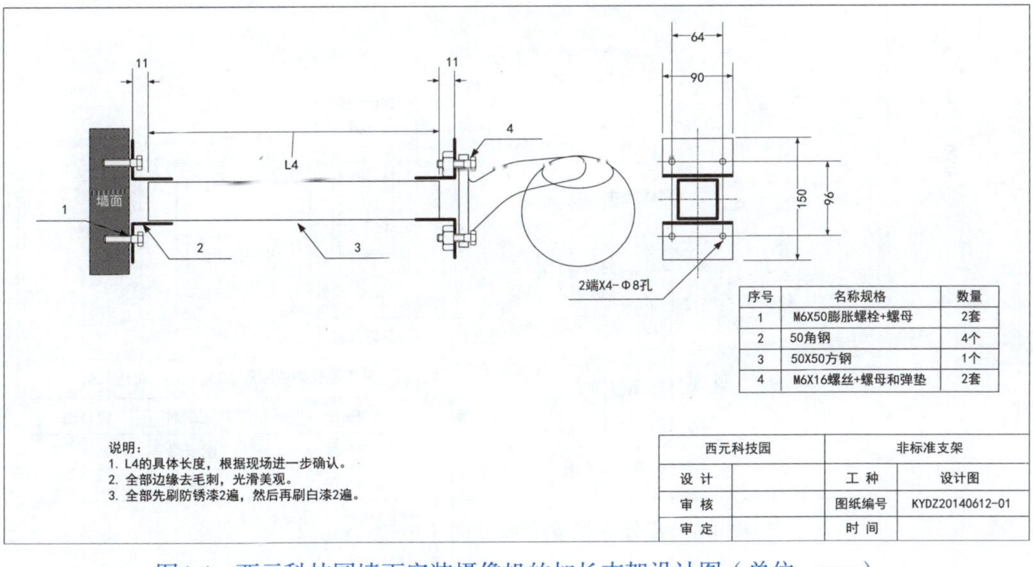

图4-4 西元科技园墙面安装摄像机的加长支架设计图（单位：mm）

图 片

图 4-3

图 片

图 4-4

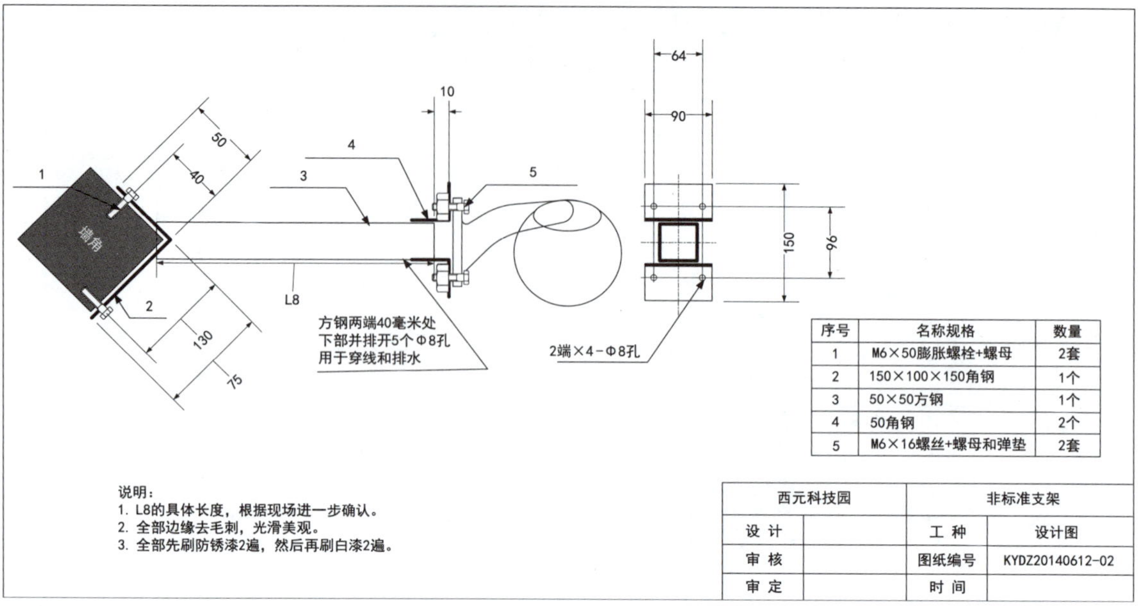

图4-5　西元科技园墙角安装摄像机的加长支架设计图（单位：mm）

图 片

图 4-5

（6）室外立杆的非标准支架设计和说明。室外立杆的非标准支架主要用于道路监控高空安装摄像机，一般由立杆、连接法兰、造型支臂、安装法兰及预埋钢结构构成，应提供设计图纸、安装图纸等工艺性文件及必要的施工要求。图4-6所示为常见的室外立杆支架的设计图。

请扫描“图 4-6”二维码，观看或下载高清图片。

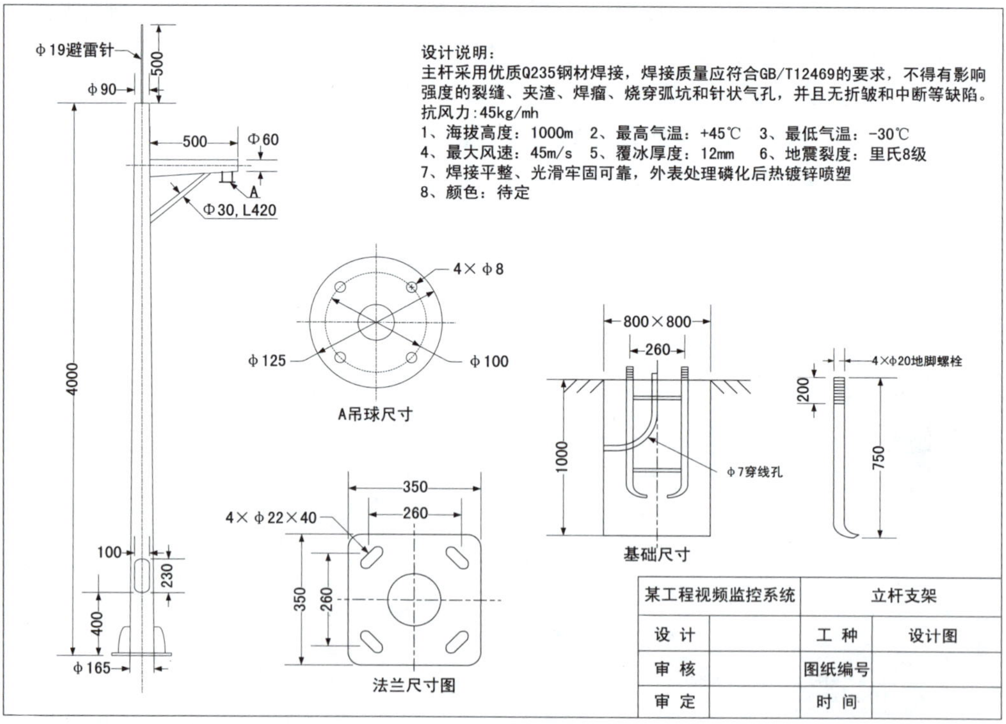

图 片

图 4-6

图4-6　室外立杆支架设计图（单位：mm）

4.3　视频监控系统工程的主要设计方法

4.3.1　编制视频监控摄像机点位数量统计表

编制视频监控摄像机点位数量统计表（以下简称点数表）目的是快速准确地统计建筑物需要安装视频监控摄像机的位置与数量。设计人员为了快速合计和方便制表，一般使用Microsoft Excel工作表软件进行。编制点数表的要点如下：

（1）表格设计合理。要求表格打印成文本后，表格的宽度和文字大小合理，文字不能太大或者太小，一般为小四号或者五号。

（2）数据正确。建筑物设防区域需要安装摄像机的位置和数量都必须填写数字，要求数量正确，没有漏点或多点。

（3）文件名称正确。作为工程技术文件，文件名称必须准确，能够直接反映该文件内容。

（4）签字和日期正确。作为工程技术文件，编写、审核、审定、批准等人员签字非常重要，如果没有签字就无法确认该文件的有效性，也没有人对文件负责，更没有人敢使用。日期直接反映文件的有效性，因为在实际应用中，可能会经常修改技术文件，一般是最新日期的文件替代以前日期的文件。

下面通过点数表实际编写过程来学习和掌握编制方法，具体编制步骤和方法如下：

1. 创建工作表

首先打开Microsoft Excel工作表软件，创建一个通用表格，如图4-7所示。同时必须给文件命名，文件命名应该直接反映项目名称和文件主要内容，我们以单元1典型案例“西元科技园视频监控系统”为例，学习编制点数表的基本方法。我们把该文件命名为“西元科技园视频监控系统摄像机安装位置和点位数统计表.xlsx”。

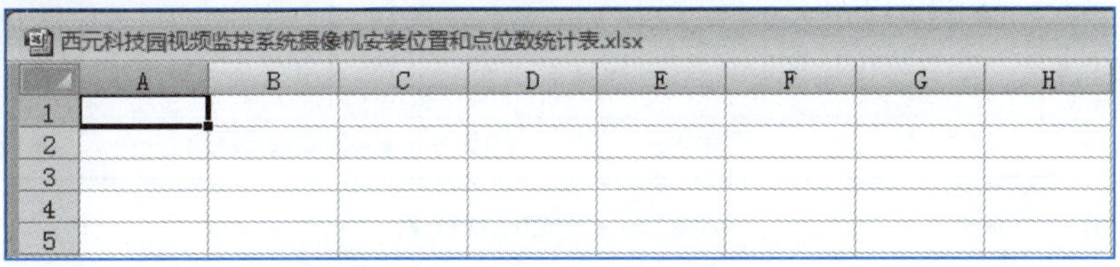

图4-7　创建点数表初始图

2. 编制表格，填写栏目内容

需要把这个通用表格编制为适合我们使用的点数表，通过合并行、列进行，图4-8所示为已经编制好的空白点数表。

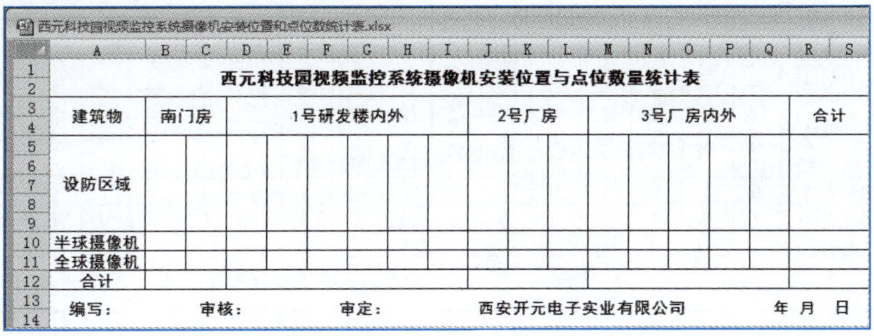

西元科技园视频监控系统摄像机安装位置和点位数统计表.xlsx

西元科技园视频监控系统摄像机安装位置与点位数量统计表					
建筑物	南门房	1号研发楼内外	2号厂房	3号厂房内外	合计
设防区域					
半球摄像机					
全球摄像机					
合计					
编写：	审核：	审定：	西安开元电子实业有限公司		年　月　日

图4-8　空白点数表

3. 填写建筑物设防区域名称和安装摄像机的数量

根据实际设防需要，对各建筑物进行防区的划分，并填写各防区的名称以及该防区内的摄像机的类型和数量，图4-9所示为已经填写好的表格。

西元科技园视频监控系统摄像机安装位置和点位数统计表.xlsx

西元科技园视频监控系统摄像机安装位置与点位数量统计表

建筑物	南门房		1号研发楼内外						2号厂房			3号厂房内外					合计
设防区域	南大门入口	人行道入口	西元大道	东北边界	研发楼东门	研发楼大厅	研发楼西门	西部边界	2号楼东门	2号楼一层	2号楼西门	厂区西大门	3号楼西门	3号楼一层	3号楼北门	厂区北边界	
半球摄像机	1	0	1	0	1	1	1	0	1	1	1	0	1	1	1	0	
全球摄像机	0	1	0	1	0	0	0	1	0	0	0	1	0	0	0	1	
合计																	
编写：		审核：			审定：				西安开元电子实业有限公司						年 月 日		

图4-9 填好信息的点数表

4. 合计数量

在合计栏统计防区数量和摄像机数量，完成点数表，如图4-10所示，该视频监控系统共计有16个防区，16个摄像机，每个防区配置有1个摄像机。

西元科技园视频监控系统摄像机安装位置和点位数统计表.xlsx

西元科技园视频监控系统摄像机安装位置与点位数量统计表

建筑物	南门房		1号研发楼内外						2号厂房			3号厂房内外					合计
设防区域	南大门入口	人行道入口	西元大道	东北边界	研发楼东门	研发楼大厅	研发楼西门	西部边界	2号楼东门	2号楼一层	2号楼西门	厂区西大门	3号楼西门	3号楼一层	3号楼北门	厂区北边界	16个防区
半球摄像机	1	0	1	0	1	1	1	0	1	1	1	0	1	1	1	0	11
全球摄像机	0	1	0	1	0	0	0	1	0	0	0	1	0	0	0	1	5
合计	2		6						3			5					16
编写：		审核：			审定：				西安开元电子实业有限公司						年 月 日		

图4-10 完成的点数表

5. 打印和签字盖章

完成点数表编制后，打印该文件，并且签字确认，如果正式提交时必须盖章。图4-11所示为打印出来的文件。

西元科技园视频监控系统摄像机安装位置与点位数量统计表

建筑物	南门房		1号研发楼内外						2号厂房			3号厂房内外					合计
设防区域	南大门入口	人行道入口	西元大道	东北边界	研发楼东门	研发楼大厅	研发楼西门	西部边界	2号楼东门	2号楼一层	2号楼西门	厂区西大门	3号楼西门	3号楼一层	3号楼北门	厂区北边界	16个防区
半球摄像机	1	0	1	0	1	1	1	0	1	1	1	0	1	1	1	0	11
全球摄像机	0	1	0	1	0	0	0	1	0	0	0	1	0	0	0	1	5
合计	2		6						3			5					16
编写：		审核：			审定：				西安开元电子实业有限公司						年 月 日		

图4-11 打印和签字的点数表文件

点数表在工程实践中是常用的统计和分析方法，也适合综合布线系统、智能楼宇系统等各种工程应用。

4.3.2　设计视频监控系统图

点数表非常全面地反映了该项目视频监控摄像机安装位置和点位数量，但不能反映各种设备的连接关系，这样我们就需要通过设计视频监控系统图来直观反映了。

系统图的功能是让人们能够快速和清晰地了解视频监控系统的主要组成部分和连接关系。它简明地标识出了前端设备、传输设备、控制设备、显示记录设备，以及各种设备之间的连接状况。但系统图不必考虑设备的具体位置、距离等详细情况，图4-12所示为西元科技园视频监控系统图。

请扫描“图 4-12”二维码，观看或下载高清图片。

图 片

图 4-12

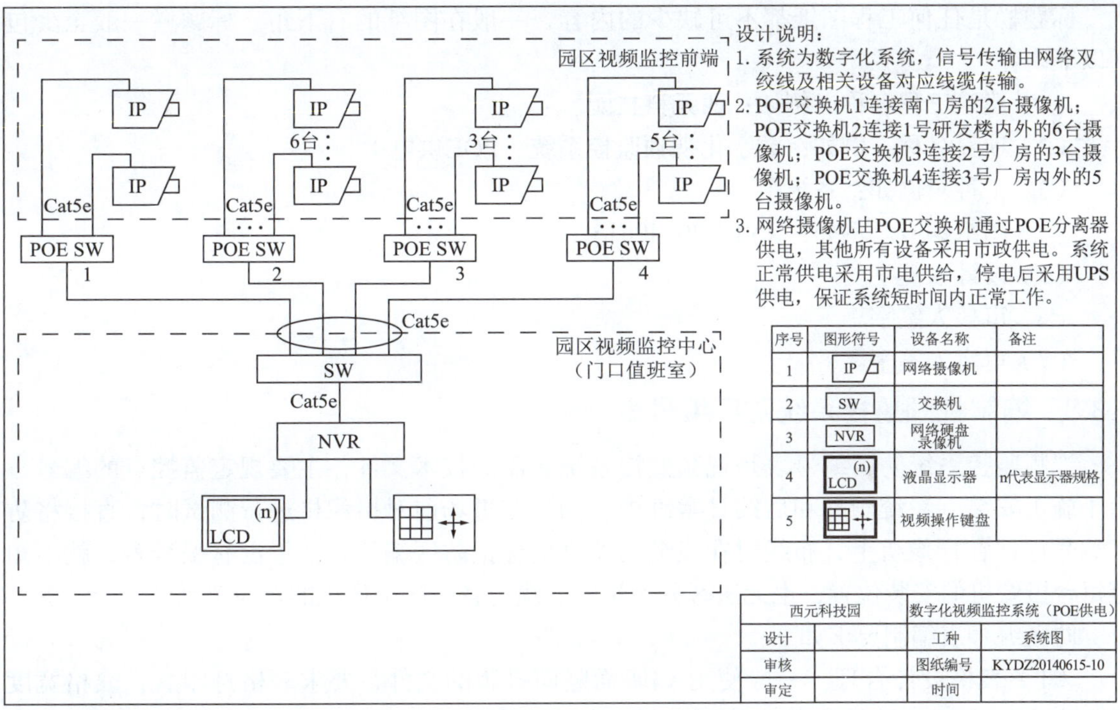

图4-12　西元科技园视频监控工程系统图

视频监控系统图的设计要点如下：

1. 图形符号必须正确

在系统图设计时，必须使用规范的图形符号，对不常用的图形符号在系统图上给予说明，保证其他技术人员和现场施工人员能够快速读懂图纸，不要使用奇怪的图形符号。

2. 连接关系清楚

设计系统图的目的就是为了规定监控点的连接关系，因此必须按照相关标准规定，清楚地给出各设备之间的连接关系，即前端设备与控制设备、控制设备与显示记录设备等之间的连接关系，这些连接关系实际上决定了视频监控系统拓扑图。

3. 线缆型号标记正确

在系统图中要将各设备之间的线缆规格标注清楚，特别要标明是同轴电缆、双绞线还是光缆。就双绞线而言，还要标明是屏蔽双绞线，还是非屏蔽双绞线，是Cat5类、Cat5e类，还是Cat6类等。系统中设计的线缆规格也直接影响工程总造价。

4. 说明完整

系统图设计完成后，必须在图纸的空白位置增加设计说明。设计说明一般是对图的补充，帮助理解和阅读图纸，对图中的符号给予说明等。

5. 图面布局合理

任何工程图纸都必须注意图面布局合理、比例合适、文字清晰。一般布置在图纸中间位置。在设计前根据设计内容，选择图纸幅面，一般有A4、A3、A2、A1、A0等标准规格，例如A4幅面高297 mm，宽210 mm；A0幅面高841 mm，宽1 189 mm。在智能建筑设计中也经常使用加长图纸。

6. 标题栏完整

标题栏是任何工程图纸都不可缺少的内容，一般在图纸的右下角。标题栏一般至少包括以下内容：

（1）建筑工程名称。例如：西元科技园。

（2）项目名称。例如：数字化视频监控系统（POE供电）。

（3）工种。例如：系统图。

（4）图纸编号。例如：KYDZ20140615-10。

（5）设计人签字。

（6）审核人签字。

（7）审定人签字。

4.3.3 编制视频监控系统防区编号表

视频监控系统防区编号表是视频监控系统必需的技术文件，主要规定监控点的编号，用于施工安装、系统管理和后续日常维护。例如在进场前对摄像机进行测试时，直接将防区编号标记在摄像机上，布线时在线缆两端直接标记防区编号。如果没有编号表，就不知道每台摄像机的安装位置，也无法区分大量的线缆与各防区摄像机的对应关系。

防区编号表编制要求如下：

（1）表格设计合理。一般使用A4幅面竖向排版的文件，要求表格打印后，表格宽度和文字大小合理，编号清楚，特别是编号数字不能太大或者太小，一般使用小四或者五号字。

（2）编号正确。防区编号一般按数字顺序依次编号，每个防区（监控点）对应一个防区编号，一一对应，便于管理维护。

（3）文件名称正确。文件名称必须准确，能够直接反映该文件的内容。

（4）正确编制防区编号表。根据点数表确定摄像机安装位置和点位数量，逐一编制防区编号表，不能漏掉任何一个防区和点位。后续进行软件配置和设置时，必须保证监控软件画面上的防区编号与防区编号表中的防区编号完全一致，这样方便监控和管理，图4-13所示为已经审定的防区编号表。

西元科技园视频监控系统防区编号表																	
建筑物	南门房		1号研发楼内外						2号厂房			3号厂房内外					合计
设防区域	南大门入口	人行道入口	西元大道	东北边界	研发楼东门	研发楼大厅	研发楼西门	西部边界	2号楼东门	2号楼一层	2号楼西门	厂区西大门	3号楼西门	3号楼一层	3号楼北门	厂区北边界	16个防区
半球摄像机	1	0	1	0	1	1	1	0	1	1	1	0	1	1	1	0	11
全球摄像机	0	1	0	1	0	0	0	1	0	0	0	1	0	0	0	1	5
合计	2		6						3			5					16
防区编号	1	2	3	4	5	6	7	8	9	10	11	12	13	14	15	16	
编写：		审核：			审定：			西安开元电子实业有限公司							年 月 日		

图4-13　西元科技园视频监控系统防区编号表

（5）签字和日期正确。

4.3.4　施工图设计

完成前面的点数表、系统图和防区编号表后，视频监控系统的基本结构和连接关系已经确定，需要进行布线路由设计了，因为布线路由取决于建筑物结构和功能，布线管道一般安装在建筑立柱和墙体中。

施工图设计的目的就是规定布线路由在建筑物中安装的具体位置，一般使用平面图。图4-14所示为西元科技园视频监控系统施工图。

施工图设计的一般要求和注意事项如下：

（1）图形符号必须正确。施工图设计的图形符号，首先要符合相关建筑设计标准和图集规定。

（2）布线路由设计合理正确。施工图设计了全部线缆和设备等器材的安装管道、安装路径、安装位置等，也直接决定工程项目的施工难度和成本。布线路由设计前需要仔细阅读建筑物的土建施工图、水电施工图、网络施工图等相关图纸，熟悉和了解建筑物主要水管、电管、气管等路由和位置，并且尽量避让这些管线。如果无法避让时，必须设计钢管穿线进行保护，减少其他管线对视频监控系统的干扰。

（3）位置设计合理正确。在施工图设计中，必须清楚标注摄像机的安装位置与方向，包括安装高度和支架规格等。特别注意下列情况：

① 优先设计为顺光安装，尽量避免设计为逆光安装，如果无法避免时，必须选用适合逆光使用的摄像机。

② 摄像机与监控区域中间不能有树枝或者其他建筑构件遮挡。

③ 安装方式第一选择为吊顶安装，第二选择为壁装，减少立柱安装情况。因为吊顶和壁装时布线方便，固定牢固。立柱安装不仅成本高、占用地面和空间，而且布线困难。

④ 不要在光源或者强电箱附近安装摄像机。

⑤ 室内安装时，选用室内摄像机。室外安装时，必须选用具有防水和防尘功能的云台、解码器和护罩，保护摄像机。

请扫描“图 4-14”二维码，观看或下载高清图片。

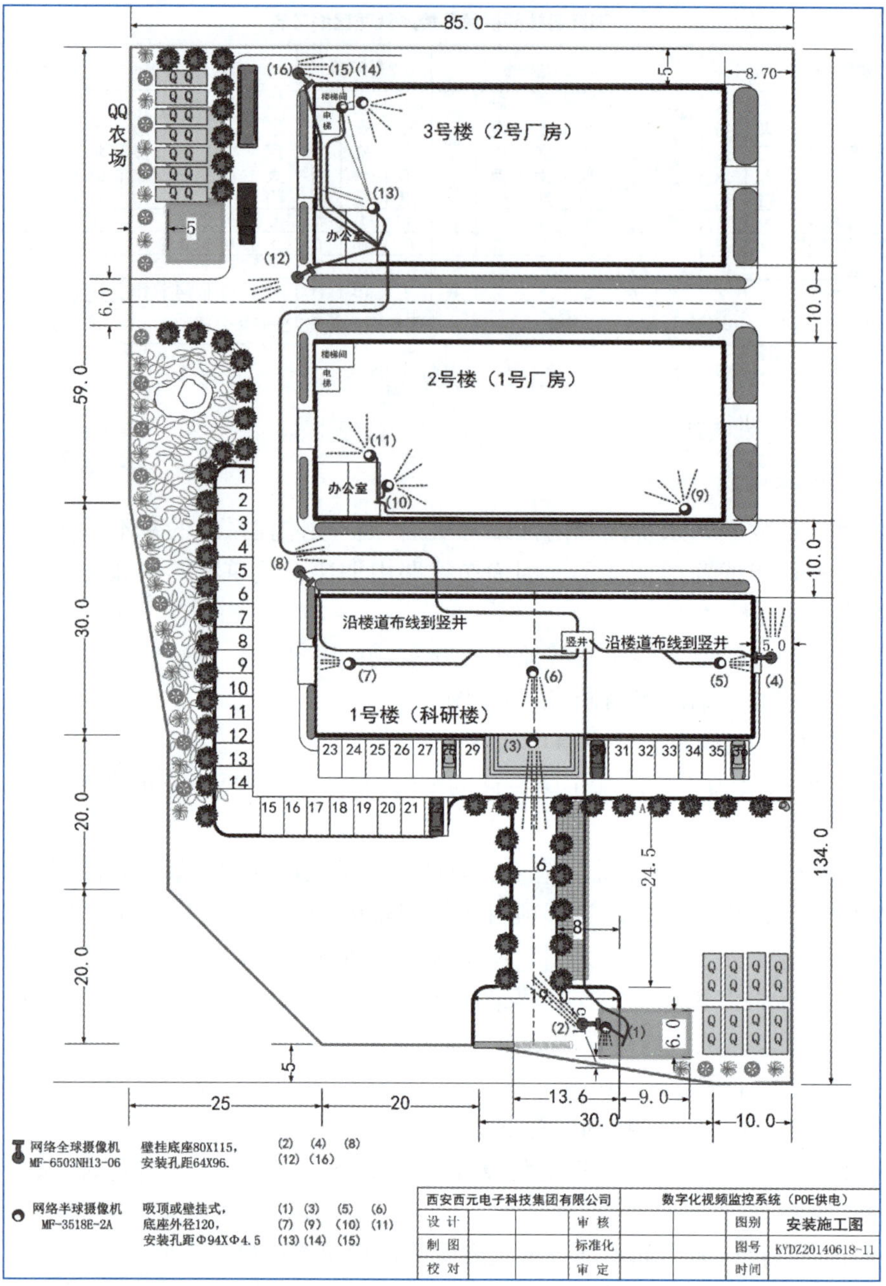

图4-14 西元科技园视频监控系统施工图（单位：mm）

图片

图 4-14

（4）说明完整。在图纸的空白位置增加设计说明和图形符号，帮助施工人员快速读懂设计图纸。

（5）图纸标题栏信息完整。

4.3.5 编制材料统计表

1. 摄像机设备选型

系统图和施工图设计了视频监控系统的主要组成，包括前端摄像机、监控中心设备和传输线路等。摄像机全部为网络摄像机，用于对监控区域的视频实时采集和输出，对整套监控系统起着至关重要的作用。摄像机必须图像清晰真实、适应复杂环境、安装调试方便，同时为保证摄像机的日夜监控效果，所有摄像机均需具有红外功能。

设备选型主要根据系统图和施工图等规定选择。西元科技园视频监控系统共包括16个监控点，摄像机的选型见表4-1。

表4-1 摄像机的选型表

序号	区　域	位　置	要　求	选　型	数量
1	南门房	南大门入口	监控南大门行人入口和门卫房实况	室内网络半球摄像机	1台
2		人行道入口	监控南大门车辆出入实况	室外网络全球摄像机	1台
3	1号研发楼内外	西元大道	监控西元大道区域实景	室内网络半球摄像机	1台
4		东北边界	监控研发楼东北区域外部实况	室外网络全球摄像机	1台
5		研发楼东门	监控研发楼东门入口和走道实况	室内网络半球摄像机	1台
6		研发楼大厅	监控研发楼正门和大厅实况	室内网络半球摄像机	1台
7		研发楼西门	监控研发楼西门和走道实况	室内网络半球摄像机	1台
8		西部边界	监控研发楼西北区域外部实况	室外网络全球摄像机	1台
9	2号厂房	2号楼东门	监控2号厂房东门区域实况	室内网络半球摄像机	1台
10		2号楼1层	监控2号厂房内部区域实况	室内网络半球摄像机	1台
11		2号楼西门	监控2号厂房西门区域实况	室内网络半球摄像机	1台
12	3号楼厂房内外	园区西大门	监控园区西大门区域实况	室外网络全球摄像机	1台
13		3号楼西门	监控3号厂房西门区域实况	室内网络半球摄像机	1台
14		3号楼一层	监控3号厂房一层区域实况	室内网络半球摄像机	1台
15		3号楼北门	监控3号厂房北门区域实况	室内网络半球摄像机	1台
16		园区北边界	监控园区北边界区域实况	室外网络全球摄像机	1台

2. 监控中心设备选型

园区视频监控中心主要设备为DVR硬盘录像机、监视器、网络交换机以及鼠标键盘等，用于实施对前端16台摄像机视频的接入、管理、录像存储、实时监看和历史回放等功能。要求视频信号能够实时传输、显示清晰，录像能够高质量存储、回放清晰，远程控制等操作简单、快捷。

3. 传输线缆选型

传输线路主要包括网络双绞线电缆、各种设备的供电线路及其配套的一些辅助材料等，用于将园区各监控点的视频信号传输到监控中心、各种设备的供电，以及线缆的走线、固定等。要求数据传输线缆能够高质量、快速地传输相关数据信息，供电线缆能够给设备持续稳定供电，线缆走线方便合理等。

4. 编制材料表

材料表主要用于工程项目材料采购和现场施工管理，实际上就是施工方内部使用的技术文件，必须详细写清楚全部主材、辅助材料和消耗材料等。

编制材料表的一般要求：

（1）表格设计合理。一般使用A4幅面竖向排版的文件，要求表格打印后，表格宽度和文字大小合理，编号清楚，编号数字不能太大或者太小，一般使用小四或者五号字。

（2）文件名称正确。材料表一般按照项目名称命名，要在文件名称中直接体现项目名称和材料类别等信息，文件名称为“西元科技园视频监控系统工程材料表”。

（3）材料名称和型号准确。材料表主要用于材料采购和现场管理。因此材料名称和型号必须正确，并且使用规范的名词术语。例如双绞线电缆不能只写“网线”，必须清楚标明是超5类电缆还是6类电缆，是屏蔽电缆还是非屏蔽电缆等。重要项目甚至要规定设备的外观颜色和品牌，因为每个产品的型号不同，往往在质量和价格上有很大差别，对工程质量和竣工验收有直接的影响。

（4）材料规格、数量齐全。视频监控系统工程实际施工中，涉及线缆、配件、消耗材料等很多品种或者规格，材料表中的规格、数量必须齐全。如果缺少一种材料或材料数量不够，就可能影响施工进度，也会增加采购和运输成本。

（5）签字和日期正确。编制的材料表必须有签字和日期，这是工程技术文件不可缺少的。

表4-2所示为西元科技园视频监控系统工程材料表。

表4-2　西元科技园视频监控系统工程材料表

序号	设备名称	规格型号	数量	单位	品牌
1	室内网络半球摄像机	1303D-I	11	台	XIYUAN
2	室外网络全球摄像机	2DE7172-A	5	台	XIYUAN
3	数字监控主机	8824HGH-SH	1	台	XIYUAN
4	显示器	SMT-2232	1	台	三星
5	网络交换机	TL-SF1024D	1	台	TP-LINK
6	POE交换机	POE-8	4	台	XIYUAN
7	鼠标键盘	KM-892	1	套	清华同方
8	网络双绞线	超五类非屏蔽	5	箱	XIYUAN
9	24口网络配线架（含模块）	机架式	3	个	XIYUAN
10	24口网络跳线架（含模块）	机架式	3	个	XIYUAN
11	水晶头	超五类非屏蔽	100	个	XIYUAN

4.3.6　编制施工进度表

根据具体工程量大小，科学合理地编制施工进度表，可依据系统工程结构，把整个工程划分为多个子项目，循序渐进，依次执行。施工过程中也可根据实际施工情况，作出合理调整，把握项目进展工期，按时完成项目施工。图4-15所示为西元科技园视频监控系统工程施工进度表。

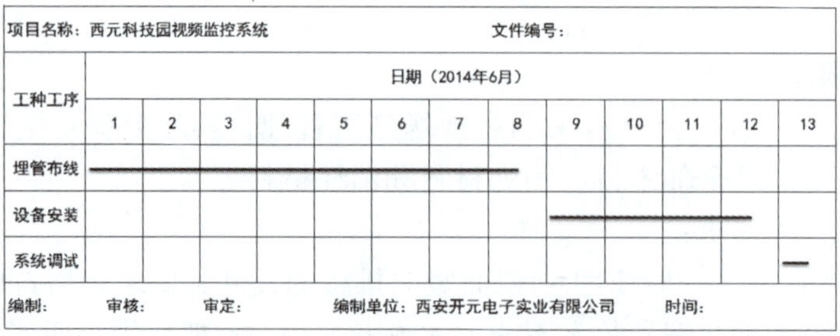

图4-15　西元科技园视频监控系统工程施工进度表

4.4 典型案例2 银行视频监控系统工程设计

4.4.1 项目背景

银行属于重点安全防范单位，它具有规模多样、重要设施繁多、出入人员复杂等特点。而其业务涉及大量的现金、有价证券及贵重物品等，导致其业务纠纷时有发生，同时也一直是各种犯罪分子关注的焦点，全面加强银行安全防范系统至关重要。

4.4.2 需求分析

1. 环境状况

该银行营业场所共一层，总建筑面积约为390 m^2。主要入口处设置ATM自助银行区域，客户可以经过该区域进入营业大厅，也可以从银行大门进入营业场所。ATM自助银行区域夜间关闭与大厅相连的电动闸门，成为独立的自助银行。针对该网点风险等级，按一级防护标准进行设计施工。

2. 项目概述

该支行共一层，包含有营业大厅、ATM自助银行服务区、非现金服务区、现金服务区、监控室以及保险室等。其中，现金交易区为高风险防范区域，实行全封闭，其余区域均实行开放式服务。营业大厅、非现金区域为中度风险区；办公区、等候区为低度风险区。

4.4.3 设计依据

本设计方案是以该支行实际情况及要求为基础，并以下列规范及标准为依据：

GB 50314—2015《智能建筑设计标准》

GB 50395—2007《视频安防监控系统工程设计规范》

GB 50348—2018《安全防范工程技术标准》

GB 50198—2011《民用闭路监视电视系统工程技术规范》

GB/T 16676—2010《银行营业场所安全防范工程设计规范》

GA/T 75—1994《安全防范工程程序与要求》

GA/T 74—2017《安全防范系统通用图形符号》

GA 38—2021《银行安全防范要求》

GA 308—2001《安全防范系统验收规则》

4.4.4 视频监控系统总体方案设计

1. 银行视频监控系统的组成

视频监控系统由前端设备、传输设备、控制设备和显示记录设备组成。

（1）前端设备由安装在各监控区域监控点的摄像机、镜头、防护罩、支架、云台等组成，负责图像和数据的采集及信号处理。

（2）传输设备包括同轴电缆和信号电缆，它负责把前端设备收集的视频信号传输到机房的控制设备。

（3）控制设备负责完成对前端视频信号进行压缩处理、图像切换、云台和镜头操作等全部功能项的控制。

（4）显示记录设备完成监控图像的实时显示、存储记录。其中存储设备必须满足GA

38—2021《银行安全防范要求》对监控资料存储时间的要求，即监控资料需保存90天以上。

2. 主要功能

系统采用数字硬盘录像机，利用数字多媒体来实现整个系统的控制和管理，对全部监控点进行实时显示监控，多路数字监控录像系统可实现对所有监控点进行画面单一显示，具有自动切换、控制云台、网络传输等功能，可随时对数字系统画面进行监控、操作和录像，网络传输控制点能对前端监控点图像进行各自的选择，且不影响系统数字监控本身的正常工作。

图 片

图 4-16

3. 前端摄像机监控点安装位置和监控范围与要求

前端摄像机监控点的安装位置如图4-16所示，对每个监控点的具体监控范围与要求如下：

请扫描“图 4-16”二维码，观看或下载高清图片。

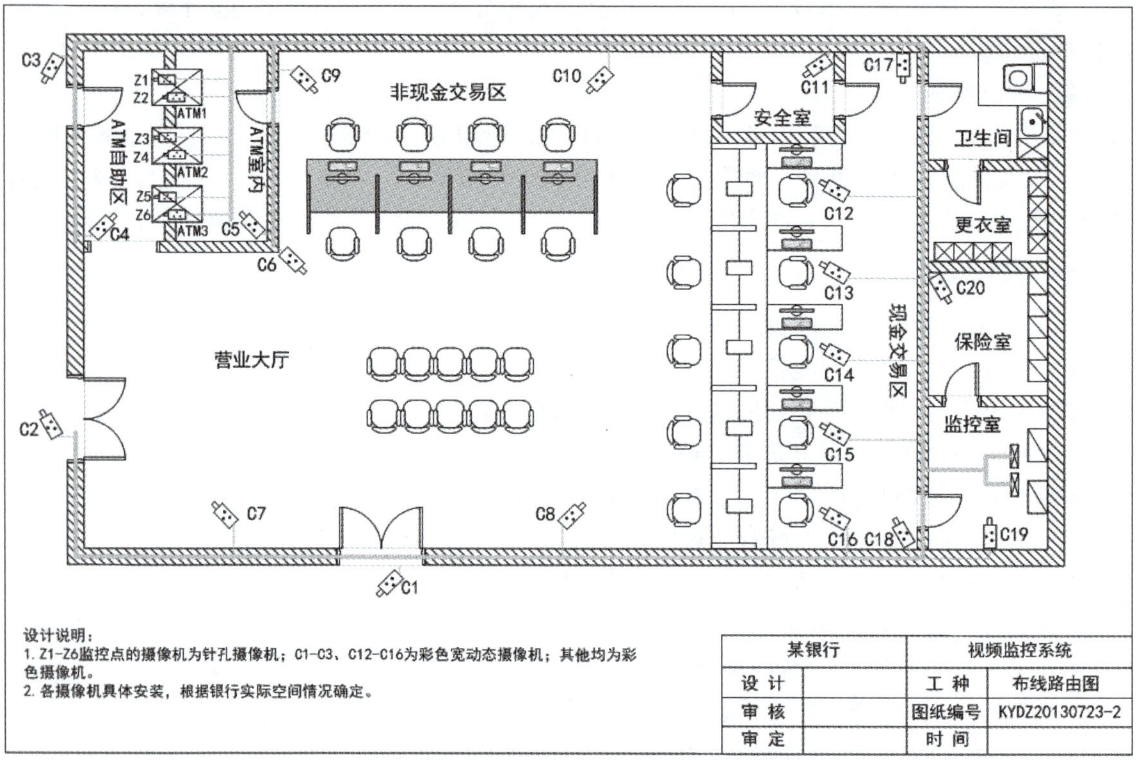

图4-16 某银行视频监控系统布线路由和摄像机安装位置图

（1）C1、C2、C3监控点主要负责监控银行门口及周围环境情况。由于银行共有南门、西门和ATM自助区门三个出入口，因此在这三个出入口的门口上方各安装1台彩色宽动态摄像机，用于监控银行门口的出入人员及其周边的环境。

（2）C4、C5主要负责监控ATM自助区及其室内情况。C4安装在ATM自助区的西南墙角，可观察监控ATM自助区内人员的具体活动，例如人员对ATM机操作，因此人们在操作时应尽量靠近ATM机，以防摄像机记录下操作动作，尤其是输入密码时应用另一只手进行遮挡。C5安装在ATM室内的东南墙角，用于监控ATM室内情况，例如银行工作人员对ATM机取钱、存钱活动等。

（3）Z1、Z2，Z3、Z4，Z5、Z6，分别监控各自ATM机的周围情况。每台ATM机会自带2个针孔摄像机，一个用于对准监控操作人员的面部特征，另一个用于对准监控出钞口的具体情况。这2个摄像机不会对ATM 机的密码输入区进行监控。

（4）C6、C7、C8主要负责监控银行营业大厅内人员情况。C6安装在ATM室外的东南角，用于监控银行等候区及附近营业大厅的基本情况；C7安装在南门左侧室内天花板上，用于监控西门入口方向及附近营业大厅的基本情况；C8安装在南门右侧室内天花板上，用于监控交易窗口区域的基本情况。

（5）C9、C10主要负责监控非现金交易区域情况。C9、C10分别安装在非现金交易区左右两侧的天花板上，用于监控该区域的基本情况，包括清楚识别人员的具体面部特征，以及具体的交易动作和情况。

（6）C11负责现金交易区入口区域情况。由于安全室空间小，一次只能进入一名人员，前后都有防盗门和密码锁，因此摄像机一般安装在安全室顶板上，对准入口部位，能够清楚看到进入人员的面部特征，记录安全室的人员出入情况。

（7）C12、C13、C14、C15、C16负责监控现金交易区情况。这5台摄像机分别安装在对应的5个现金交易窗口银行操作人员的上方，用于监控各个交易窗口的具体交易情况，包括能够清楚识别客户人员的面部特征、能够看清楚柜员点钞动作和票面数值、能够看清柜员的具体操作情况等。

（8）C17、C18主要负责监控现金交易区情况。C17、C18分别安装在现金交易区的东北墙角和东南墙角，用于监控现金交易区整个区域的人员来往等实时情况。

（9）C19主要负责监控室内情况。C19安装在监控室内南侧天花板上，用于观察监控室内的工作人员的工作情况，包括人员的走动、工作人员是否擅自离岗等。

（10）C20主要负责保险室内情况。C20安装在保险室内西北墙角，用于监视保险室内日常情况，包括保险室的日常出入人员及其具体行为行动等。

4.4.5　点数统计表

根据该行视频监控系统方案设计内容，编制点数统计表，如图4-17所示。

某银行视频监控系统点数统计表

建筑区域	银行门口			ATM自助区及其室内			营业大厅	非现金交易区	安全室	现金交易区		监控室	保险室	合计
设防区域	南门口	西门口	ATM自助区门口	ATM自助区	ATM室内	ATM机	大厅内	非现金交易区周边	室内	工作区	过道	室内	室内	
彩色宽动态摄像机	1	1	1	0	0	0	0	0	0	5	0	0	0	8
彩色摄像	0	0	0	1	1	0	3	2	1	0	2	1	1	12
针孔摄像机	0	0	0	0	0	6	0	0	0	0	0	0	0	6
合计	3			8			3	2	1	7		1	1	26

编制：　审核：　审定：　西安开元电子实业有限公司　时间：

图4-17　某银行视频监控系统点数统计表图

4.4.6　系统图

根据设计方案及点数统计表，绘制系统图，如图4-18所示。

请扫描“图 4-18”二维码，观看或下载高清图片。

图片

图 4-18

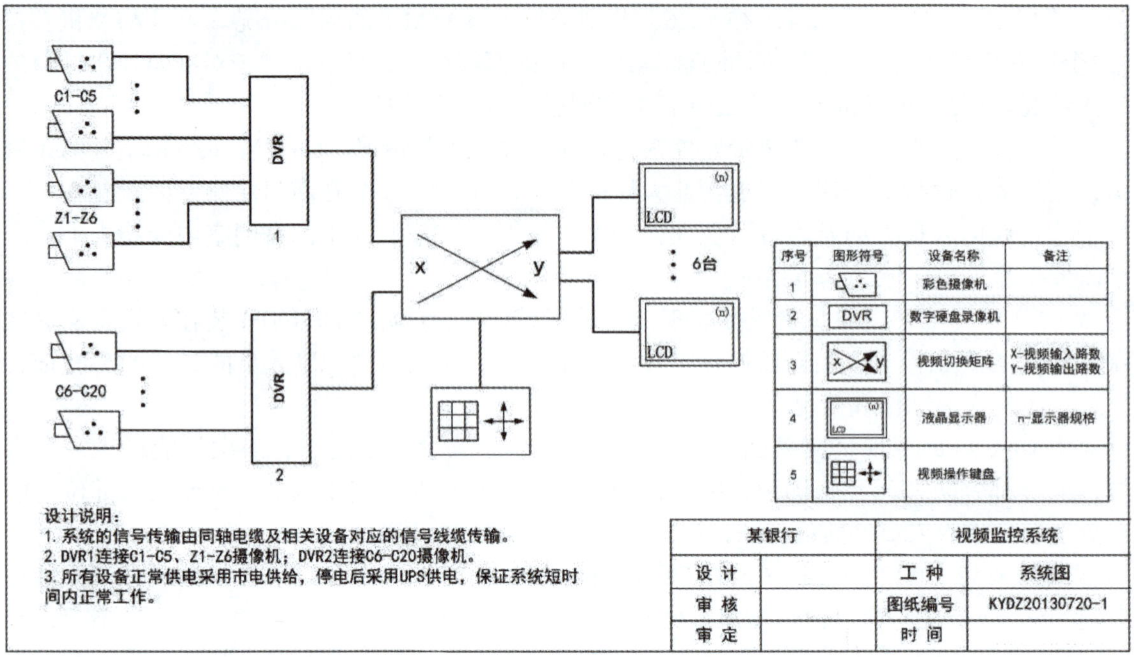

图4-18　某银行视频监控系统图

4.4.7　防区编号表

在点数统计表的基础上，编制系统防区编号表，如图4-19所示。

某银行视频监控系统点数统计表														
建筑区域	银行门口			ATM自助区及其室内			营业大厅	非现金交易区	安全室	现金交易区		监控室	保险室	合计
设防区域	南门口	西门口	ATM自助区门口	ATM自助区	ATM室内	ATM机	大厅内	非现金交易区周边	室内	工作区	过道	室内	室内	
彩色宽动态摄像机	1	1	1	0	0	0	0	0	0	5	0	0	0	8
彩色摄像	0	0	0	1	1	0	3	2	1	0	2	1	1	12
针孔摄像机	0	0	0	0	0	6	0	0	0	0	0	0	0	6
合计	3			8			3	2	1	7		1	1	26
防区编号	C1	C2	C3	C4	C5	Z1-Z6	C6-C8	C9、C10	C11	C12-C16	C17、C18	C19	C20	
编写：		审核：			审定：			西安开元电子实业有限公司			时间：			

图4-19　某银行视频监控系统防区编号表图

4.4.8　施工图

根据该银行平面图，设计该银行视频监控系统布线路由和摄像机安装位置图，如图4-16所示。

4.4.9　材料表

根据以上设计要求，选择系统设备材料，并编制材料表，如表4-3所示。

表4-3　某银行视频监控系统材料表

序号	设备名称	规格型号	数量	单位	品牌
1	彩色宽动态摄像机	SCC-B2335P	8	台	索尼
2	彩色摄像机	DS-2CC112P-IR1	12	台	海康
3	针孔摄像机	DS-2CC592P-DG1	6	台	海康
4	十六路数字硬盘录像机	DS-8016HF-S	2	台	海康
5	矩阵主机	ZS6032V08M	1	台	MAKE
6	19寸彩色液晶显示器	E1920NR	6	台	三星
7	同轴电缆		1 000	米	正泰
8	BNC接头	LWS-BNC1	100	个	镭威视
9	监控电源线	RVV2*1.0	100	米	伍达
10	DC公头	5.5*2.1mm	35	个	
11	UPS供电设备		1	套	

监控中心主要用于实现对整个系统进行图像显示、控制、录像等功能，监控室内配备数字监控操作台，操作台内放置管理主机、硬盘录像机、显示器等，便于操作人员的工作，监控室内采用防静电地板；安防各子系统的主机设备、控制设备全部集中安装于监控中心，各系统的控制操作平台均设置在监控中心的操作台上，便于用户的日常操作和系统的维护管理。

本设计采用三相五线制供电，电源由外引入至电表箱，再由电表箱分至照明控制箱和UPS专用控制箱。备用电源为UPS不间断电源加蓄电池组供给，蓄电池组供电时间为8 h。正常供电采用市电供给，停电后采用UPS供给保证短时间内正常营业。

4.4.10　施工进度表

编制施工进度表，把握施工进度，按时完成施工，如图4-20所示。

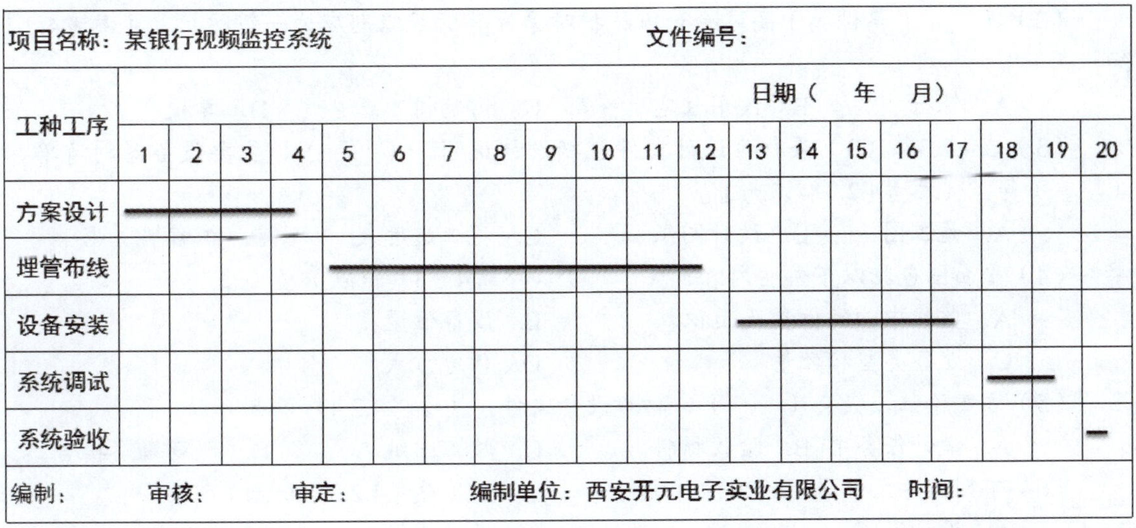

图4-20　某银行视频监控系统施工进度表图

练 习 题

文档

单元4练习题

请扫描“单元4练习题”二维码，下载电子版，按时完成。

1. 填空题（10题，每题2分，合计20分）

（1）视频监控系统的设计流程如下，请填写完整。（参考4.1.2知识点）

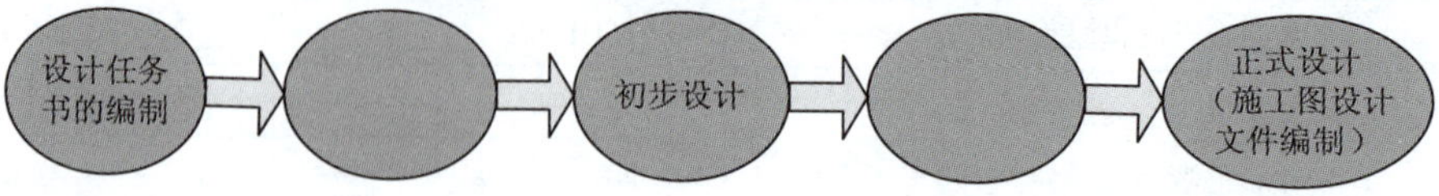

答案：________、________

（2）GB 50314—2015国家标准名称为《____________________》。（参考4.1.3知识点）

（3）GB 50348—2018国家标准名称为《____________________》。（参考4.1.3知识点）

（4）GB 50395—2007国家标准名称为《____________________》。（参考4.1.3知识点）

（5）主要设备材料清单应包括________名称、________、数量等。（参考4.2.3知识点）

（6）施工图纸应包括________、________、监控中心布局图及必要说明。（参考4.2.5知识点）

（7）前端设备设防图应正确标明设备________、________和设备编号等，并列出设备统计表。（参考4.2.5知识点）

（8）________在工程实践中是常用的统计和分析方法，也适合综合布线系统、智能楼宇系统等各种工程应用。（参考4.3.1知识点）

（9）防区编号一般按________依次编号，每个防区对应________个防区编号，一一对应，便于管理维护。（参考4.3.3知识点）

（10）根据具体工程量大小，科学合理地编制________。（参考4.3.6知识点）

2. 选择题（10题，每题3分，合计30分）

（1）安全防范是（　　）、（　　）、技防的有机结合。（参考4.1.3知识点）

A. 人防　B. 计算机　C. 物防　D. 同轴电缆

（2）（　　）单位属于高风险等级防护对象，其防护级别应为一级防护。（参考4.2.1知识点）

A. 银行　B. 民用住宅　C. 博物馆　D. 学校

（3）在4.2.3第（3）条初步设计文件包括设计说明、（　　）、主要设备器材清单、（　　）等。（参考4.2.3知识点）

A. 施工图　B. 设计图纸　C. 施工进度表　D. 工程概算书

（4）平面图包括以下哪些内容？（　　）（参考4.2.3知识点）

A. 监控中心的位置及面积　B. 设备位置
C. 设备类型和数量　D. 供电方式

（5）方案论证应提交（　　）、初步设计文件。（参考4.2.4知识点）

A. 设计任务书　B. 验收材料　C. 竣工图纸　D. 现场勘察报告

（6）下列哪些文件属于施工设计文件？（　　）（参考4.2.5知识点）

A. 设计说明　B. 设计图纸
C. 主要设备材料清单　D. 工程预算书

（7）（　　）可以反映视频监控系统的主要组成部分和连接关系。（参考4.3.2知识点）

A. 点数统计表　B. 系统图　C. 设备材料清单　D. 施工图

（8）工程图纸标题栏，包括以下哪些内容？（　　）（参考4.3.2知识点）

A. 项目名称　B. 图纸编号　C. 设计人签字　D. 建筑工程名称

（9）（　　）设计的目的就是规定布线路由在建筑物中安装的具体位置。（参考4.3.4知识点）

A. 点数统计表　B. 系统图　C. 设备材料清单　D. 施工图

（10）下列哪些内容属于材料表？（　　）（参考4.3.5知识点）

A. 全部主材　B. 辅助材料　C. 消耗材料　D. 施工员

3. 简答题（5题，每题10分，合计50分）

（1）视频监控系统工程的设计应遵循哪些原则？（参考4.1.1知识点）

（2）视频安防监控系统工程设计任务书应包括哪些内容？（参考4.2.1知识点）

（3）视频监控系统现场勘察时应包括哪些内容？（参考4.2.2知识点）

（4）初步设计的依据包括哪些内容？（参考4.2.3知识点）

（5）视频监控系统设计主要有哪几项设计任务？（参考4.3知识点）

请扫描“互动练习 7”和“互动练习 8”二维码，下载 Word 版，按时完成，掌握本单元主要内容。

文档

互动练习 7

文档

互动练习 8

笔记栏

实训6 手机控制操作

1. 实训任务来源

视频监控系统在手机端的应用越来越广泛，手机端基本的控制操作也逐步成为系统调试人员必备的岗位技能。

2. 实训任务

熟悉视频监控系统的手机端基本操作功能，独立完成各项功能的操作控制。

3. 技术知识点

（1）视频监控手机端软件基本操作界面功能。

（2）摄像机的添加、画面切换控制操作方法。

（3）摄像机变焦、旋转等控制操作方法。

4. 实训课时

（1）该实训共计1课时完成，其中技术讲解9 min，视频演示6 min，学员操作25 min，实训总结5 min。

（2）课后作业2课时，独立完成实训报告，提交合格实训报告。

视频

手机控制操作

5. 实训指导视频

VSCS26-实训6-手机控制操作（4 min 42 s）。

6. 实训设备

西元视频监控系统实训装置，产品型号：KYZNH-01-2。

本实训装置专门为满足视频监控系统的工程设计、安装调试等技能培训需求开发，配置有全套数字视频监控系统设备、无线路由器、手机端专用视频监控软件等，可实现手机端对视频监控系统的控制操作，特别适合学生认知和操作演示，具有工程实际使用功能，能够在真实的应用环境中进行工程安装实践和操作管理，理实合一。

7. 实训步骤

（1）预习和播放视频。课前应预习，初学者提前预习，反复观看实操视频，熟悉视频监控系统手机端相关操作的功能和方法。

（2）实训内容。使用手机远程控制摄像机前，首先需要在智能手机中安装专门软件。然后在有网络信号的情况下，可以实现手机控制摄像机和远程监控，实训时可连接无线路由器的无线网络。

① 安装手机监控软件：

Android系统手机，可到App应用商城搜索“iVMS-4500”进行下载安装，或者通过数据线连接西元视频监控系统实训装置主机，将上面的App安装包传送至手机安装。

iOS系统手机，进入苹果App Store搜索“iVMS-4500”进行下载安装。

下面通过Android系统手机监控软件进行说明。

② 添加摄像机：

第一步：连接实训装置上无线路由器的无线网络，用户名为路由器名称型号，无密码。

第二步：打开“iVMS-4500”手机客户端，进入主界面，如图4-21所示。

第三步：单击线框内标志，选择“设备管理”，如图4-22所示。

第四步：单击线框内标志，选择“扫一扫”，如图4-23所示。

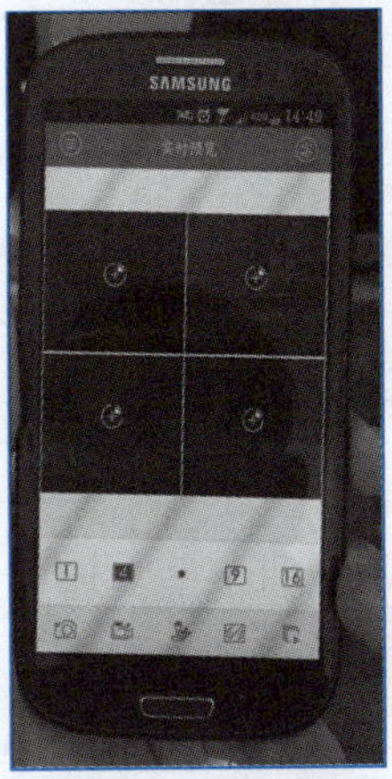

图4-21　主界面

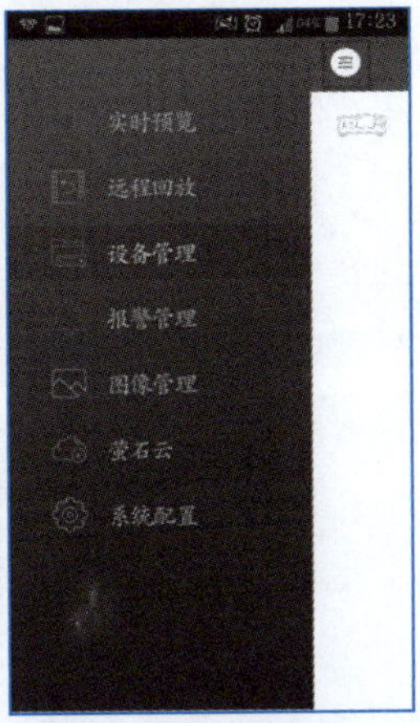

图4-22　选择“设备管理”

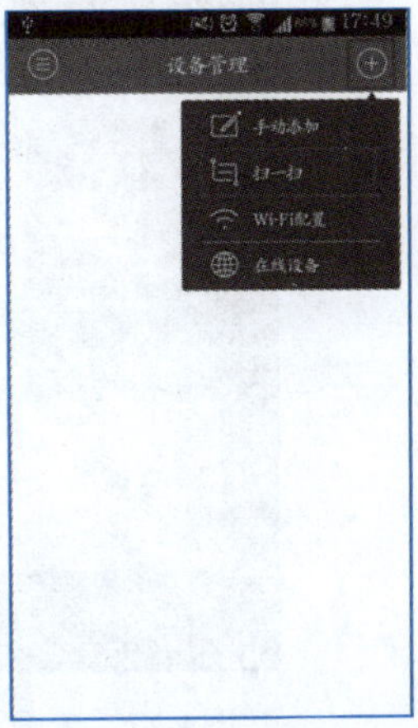

图4-23　选择“扫一扫”

第五步：根据操作提示，扫描添加摄像机，选中扫描出的设备，单击“添加”按钮，如图4-24和图4-25所示。

第六步：回到“实时预览”界面，添加摄像机，显示摄像机画面，如图4-26所示。

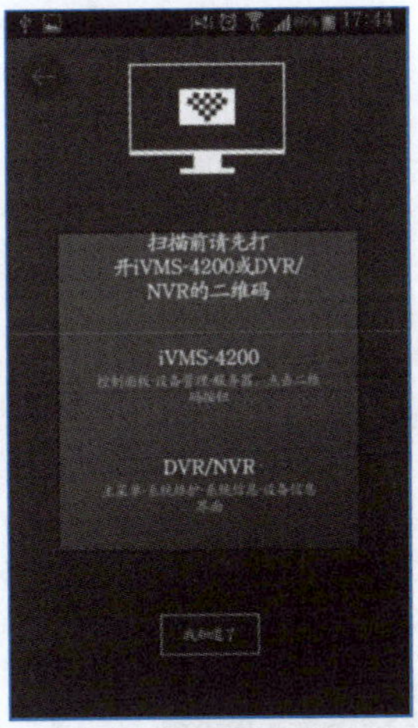

图4-24　操作提示

图4-25　添加摄像机

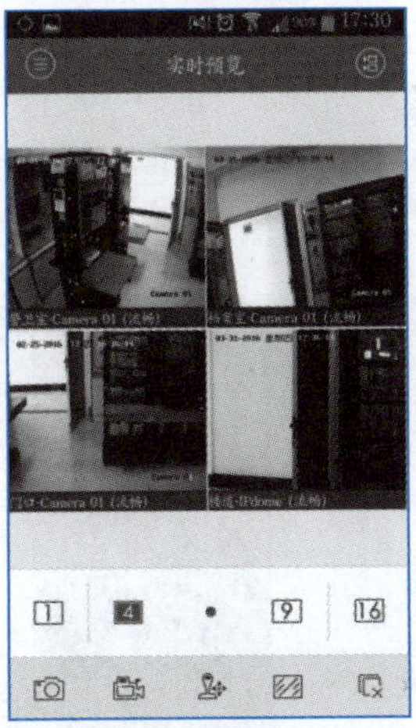

图4-26　摄像机画面

③ 画面切换控制：

单画面显示：选中摄像机画面，单击手机软件桌面 “1”按钮，屏幕显示单个摄像机图像，如图4-27所示。

多画面显示：需要桌面同时显示4画面、9画面或16画面等多画面时，单击软件桌面“4”、“9”或“16”按钮，屏幕同时显示4个、9个或者16个摄像机图像，图4-28所示为桌面同时显示4画面。

图4-27　单画面显示

图4-28　4画面显示

④ 控制摄像机变焦、旋转。单击云台控制按钮 ，出现云台控制界面，可实现对云台摄像机的变焦、旋转等控制操作。

- 摄像机变焦：拉近或者图像放大。单击焦距按钮 ，出现焦距控制界面，单击按钮 ，即可增大摄像机的焦距，实现拉近或者图像放大，如图4-29所示。
- 摄像机变焦：推远或者全景图像。单击焦距按钮 ，减小摄像机的焦距，实现推远或全景图像，如图4-30所示。
- 控制摄像旋转：在云台控制界面中，触摸滑动，摄像机镜头即会向相应的方向旋转，停止触摸滑动，摄像机停止转动。

文档

实训 6

文档

实训报告

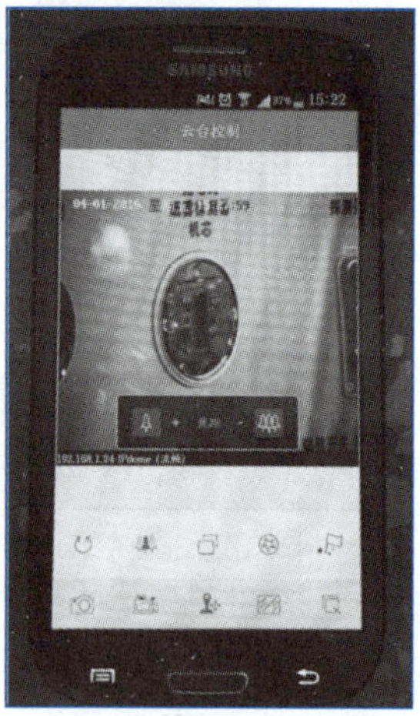

图4-29　拉近/放大图像

图4-30　推远/全景图像

8. 实训报告

（1）请扫描“实训 6”二维码，下载电子版。

（2）按照单元 1 表 1-3 所示的实训报告模板，独立完成实训报告，2 课时。请扫描“实训报告”二维码，下载电子版。

单元5 视频监控系统工程的施工安装

视频监控系统工程的施工安装直接决定工程的可靠性、稳定性和长期寿命等工程质量，工序复杂，周期长，施工人员不仅需要掌握基本操作技能，也需要一定的管理经验。本单元重点介绍视频监控系统工程施工安装的相关规定和要求，安排了安装基本技能实训等内容。

学习目标：

- 熟悉视频监控系统工程施工安装的主要规定和技术要求等内容。
- 掌握视频监控系统工程施工安装操作方法。

5.1 视频监控系统工程施工安装流程

视频监控系统工程的施工安装必须遵守设计图纸和相关技术文件规定，按照相关国家标准和规范的要求进行，施工安装流程如图5-1所示，分为施工准备、管线敷设、前端设备安装、监控中心设备安装等流程。本单元将详细介绍每个流程的关键技术和施工安装方法。

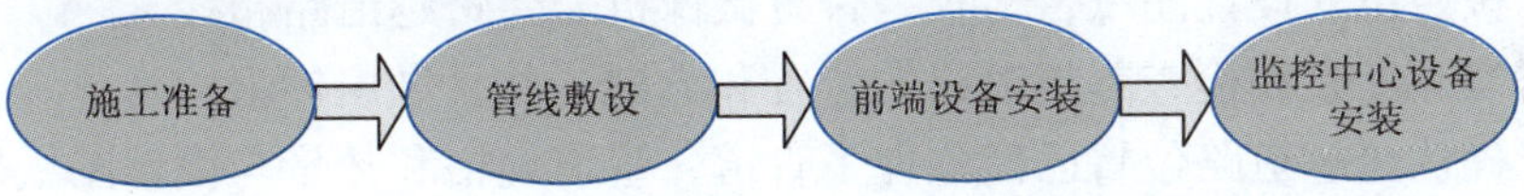

图5-1 视频监控系统工程的施工安装流程

5.2 视频监控系统工程施工安装准备

5.2.1 工程施工安装应满足的条件

视频监控系统工程的施工安装应满足下列条件：

（1）设计文件和施工图纸应准备齐全，并且这些文件和图纸必须是已经会审和批准过的。

（2）甲方、监理方、乙方等单位的施工安装人员必须认真熟悉施工图纸及有关资料，包括工程特点、施工方案、工艺要求、施工质量标准等，开工前必须举行各方参加的技术交底会。

（3）器材和物品必须准备齐全，满足连续施工和阶段施工的要求。器材包括设备、仪器、机具、工具、辅材、机械设备等，如果出现材料短缺，就会影响工期，严重时甚至造成停工，增加施工与安装的直接成本。

（4）大型复杂工程，需要在现场安排专门的库房和管理人员，准备对讲机等通信工具。

5.2.2 施工安装前的准备工作

（1）在工程施工前必须对施工区域的有关情况进行检查，符合下列条件才能开始施工：

① 施工区域具备进场作业的条件，主要指建筑物装饰装修完毕，施工区域内能保证施工用电等。

② 施工区域地面、墙面的预留孔洞、地槽和预埋管件等应符合设计要求，并标识清晰。

③ 施工区域内没有影响施工的障碍物、不安全设施等。

如果发现存在影响施工的问题时，应以书面方式及时通知甲方或者施工方清理和完善。

（2）施工前检查项目和主要内容如下：

施工前的现场实际勘察和检查非常重要，不仅涉及工程质量和工期，也直接影响工程造价和长期寿命，因此必须按照下面项目仔细检查和记录，并且及时与甲方协调解决，提前做好预案，准备相应的器材和工具，保证施工与安装顺利进行。

① 检查建筑物施工区域内的现场情况和预留管件情况。检查项目和主要内容包括：

第一项：室内吊顶已经完成，重点检查预留的检修孔或者接线孔，方便快速安装。

第二项：室内墙面已经完成粉刷。只有这样才能保证安装的支架和摄像机等设备不会被涂料二次污染。

第三项：门窗已经安装到位。避免闲杂人员随意出入，保证现场已经安装设备和库存设备的安全。

第四项：场地已经清洁，没有灰尘。避免摄像机镜头被灰尘二次污染，影响图像清晰度。

第五项：检查预留过线孔和管道，保证施工顺利进行。按照设计图纸，特别是布线图纸重点检查建筑物竖井过线孔洞、隔墙预留管道、建筑物管线出入通道等。

② 检查施工中使用道路及占有道路情况。检查项目和主要内容包括：

第一项：按照正式设计图纸，检查是否有摄像机需要跨越道路布线。

第二项：实际勘察和检查跨越道路的位置和方向，并且做出标记。

第三项：确认跨越道路位置已经预埋了管道，管道规格和数量与设计图纸规定相同。

第四项：检查管道是否畅通，并且预留有牵引钢丝。如果没有时，必须提前准备钢丝和铁丝。

第五项：检查地下预埋管道的出入口是否做好了检修井，并且已经安装了井盖。

第六项：检查管道内是否有积水或者垃圾。后期安排人员清理，保证布线顺利进行。

第七项：仔细阅读电气施工设计图纸，检查和确认是否有强电电缆与视频监控系统线缆并行或者交叉，如果有这种情况时，必须按照相关标准规定采取保护措施，保证视频监控系统不受干扰和影响。

③ 检查在室外立杆安装摄像机情况。检查项目和主要内容包括：

第一项：认真研读设计图纸和材料清单，检查和确认是否有室外立杆安装的摄像机。

第二项：检查室外立杆是否与原有路灯或者其他电线立杆等共用，检查和测量灯杆直径，确定安装位置符合图纸。现场再次设计走线方式和位置。

第三项：如果设计有摄像机专用立杆时，检查专用立杆位置是否合适，确认地面没有其他妨碍立杆安装的垃圾，以及地下埋设的管道或者管沟等构筑物，确认地下预埋管线路由畅通、满足布线要求等。

第四项：检查立杆附近是否有高大乔木或者建筑物遮挡摄像机的监控区域等。

④ 检查敷设电缆管道和直埋电缆的路由状况，并对全部管道路由和出口位置做出明显标记。土建阶段预埋的电缆管道一般暗埋在建筑物的墙体、楼板或者地板下，必须按照设计图纸仔细检查，重点检查预埋电缆管道位置是否正确，管道直径是否符合设计图纸，拐弯曲率半径是否合理，管道是否预留钢丝，如果没有预留穿线牵引钢丝时，必须对其穿钢丝进行通畅性检查。

必须阅读强电、水暖、消防、给排水、天然气等专项设计图纸，全面熟悉和了解电缆直埋路由的实际情况，进行合理避让。

⑤ 提前清除障碍，安全施工。当施工现场有影响施工的各种障碍物时，应提前清除。提前检查影响施工安全的情况，及时清理坠落物和多余管件、模板、砖块等建筑垃圾。对高空作业和危险区域作业，提前做好安全预案，例如准备安全绳、保护围栏、登高梯子、安全帽、防砸鞋等。

⑥ 实际检查监控区域电磁环境和自然环境条件。开工前项目经理必须专项调研和检查现场电磁环境，如高压线、电力变压器等容易产生高电磁场的设备，尽量远离高磁场环境安装摄像机。同时检查是否有潮湿和腐蚀等因素，并且提前做好施工预案。

⑦ 制定详细的施工计划和预案，降低施工成本。近年来，我国人员工资、物流成本快速上升，因此在开工前项目经理必须认真研读图纸和技术文件，认真勘察和仔细检查现场实际情况，及时排除影响施工的因素，制定详细的施工计划和预案，避免现场窝工和多次采购与运输，降低工程总成本。

（3）施工前应对工程使用的材料、部件和设备进行检查。在实际施工中，施工前对材料、部件和设备进行检查非常重要，因为施工现场往往远离乙方库房，如果出现短缺或者坏件，将直接影响施工进度和工期，降低施工效率，增加运费和管理费等工程费用。

例如，如果缺少几个膨胀螺栓或者螺钉时，需要再次向公司申请，走完审批流程库房才能出货，还需要安排专人专车送到施工现场，运费和管理费远远高于直接材料费，因此在施工前，项目经理必须按照下面的项目分项进行检查。

① 按照施工材料表对材料进行清点、分类。每一个工程项目都有大量的施工材料，例如管道类、接头类、螺钉类、电线类等，必须按照设计文件和材料表，逐项逐一清点与核对，并且分类装箱，在箱外贴上材料清单，方便施工现场使用。

② 各种部件、设备的规格、型号和数量应符合设计要求。工程中大量使用各种安装支架、摄像机等设备，每个部件的用途和安装部位不同，每种摄像机配置的镜头、护罩也不相同，因此必须按照设计图纸仔细核对和检查，保证全部部件和设备符合图纸和工程需要，特别需要逐一检查设备型号和数量是否符合设计要求。有经验的项目经理都会在施工前对主要部件和设备进行预装配和调试，并且在外包装箱上做出明显的标记，方便在施工现场的使用，提高工作效率，避免出现安装位置错误，提前保证工程质量。

③ 产品外观应完整、无损伤和任何变形。在施工前必须检查产品外观完整，没有变形和磕碰等明显外伤，大型支架和户外立杆等产品的表面油漆或者喷塑层没有划伤或者缺陷，只有这样才能保证顺利验收。

④ 有源设备均应通电检查各项功能。在施工进场前，项目经理或者工程师对从库房领

出的有源设备进行通电检查非常重要，必须逐台进行，不得遗漏任何一台，这些设备包括摄像机、电源适配器、录像机、画面分割器、矩阵、显示屏等。

在通电检查前必须提前认真阅读产品说明书，规范操作，特别注意视频监控系统设备的工作电压往往不同，不能对12 V直流设备接入220 V交流，这样将直接烧坏设备。

在施工现场必须对高空安装的设备在地面再次进行通电检查和调试，确保正常时才能安装，如果安装后发现设备故障，拆除和再次采购的综合成本很高，也将直接影响施工效率和工期。

（4）施工中应做好隐蔽工程的随工验收，并做好记录。隐蔽工程包括吊顶上、地板下、桥架内安装的线缆，在施工安装时必须规范安装，并且随时照相和做好记录，提前通知甲方和监理方随工验收。妥善保管隐蔽工程照片和记录，作为竣工资料，交给甲方长期保存。

5.3 视频监控系统的线管敷设

根据建筑结构与设计要求，线缆的敷设管路主要分为桥架、线槽和线管三种。下面将详细介绍视频监控系统中管路敷设的一些相关施工技术和要求。

5.3.1 敷设原则

设计单位提供的视频监控系统工程设计图中，一般只会规定基本的安装施工路由和要求，不会把每根管路的直径和准确位置标记出来，这就要求在现场实际安装时，要根据监控点具体位置和数量，确定线管直径和准确位置。在预埋线管和穿线时一般遵守下列原则：

1. 埋管最大直径原则

预埋在墙体中间暗管的最大管外径不宜超过50 mm，预埋在楼板中暗埋管的最大管外径不宜超过25 mm，室外管道进入建筑物的最大管外径不宜超过100 mm。

2. 穿线数量原则

不同规格的线管，根据拐弯的多少和穿线长度的不同，管内布放线缆的最大条数也不同。同一个直径的线管内如果穿线太多，拉线困难，如果穿线太少则增加布线成本，这就需要根据现场实际情况确定穿线数量。表5-1所示为常用线管规格型号与容纳的双绞线数量表。

表5-1 常用线管规格型号与容纳的双绞线数量表

线管类型	线管规格/mm	容纳双绞线最多条数	截面利用率
PVC、金属	16	2	30%
PVC	20	3	30%
PVC、金属	25	5	30%
PVC、金属	32	7	30%
PVC	40	11	30%
PVC、金属	63	23	30%
PVC	80	30	30%
PVC	100	40	30%

3. 保证管口光滑和安装护套原则

在钢管现场截断和安装施工中，两根钢管对接时必须保证同轴度和管口整齐，没有错位，焊接时不要焊透管壁，避免在管内形成焊渣。金属管内的毛刺、错口、焊渣、垃圾等必须清理干净，否则会影响穿线，甚至损伤线缆的护套或内部结构。钢管接头示意图如图5-2所示。

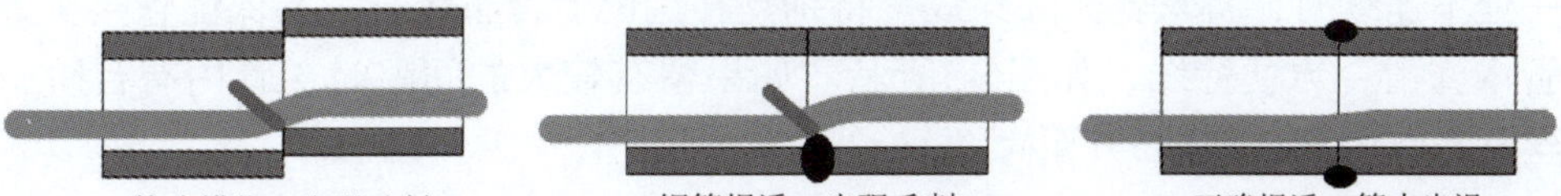

图5-2　钢管接头示意图

暗埋钢管一般都在现场用切割机截断，如果截断太快，在管口会出现大量毛刺，这些毛刺非常容易划破电缆外皮，因此必须对管口进行去毛刺工序，保持截断端面的光滑。

在与线缆底盒连接的钢管出口，需要安装专用的护套，保护穿线时顺畅，不会划破线缆。这点非常重要，在施工中要特别注意。钢管端口安装保护套示意图如图5-3所示。

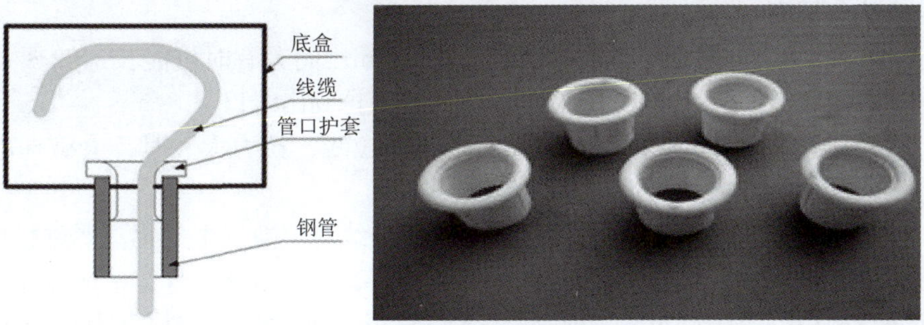

图5-3　钢管端口安装保护套示意图

4. 保证曲率半径原则

金属管一般使用专门的弯管器成型，拐弯半径比较大，能够满足线缆对曲率半径的要求。墙内暗埋Φ16、Φ20 PVC塑料布线管时，要特别注意拐弯处的曲率半径。宜用弯管器现场制作大拐弯的弯头连接，这样既保证了线缆的曲率半径，又方便轻松拉线，降低布线成本，保护线缆结构。

5. 横平竖直原则

土建预埋管一般都在隔墙和楼板中，为了垒砌隔墙方便，一般按照横平竖直的方式安装线管，不允许将线管斜放，如果在隔墙中倾斜放置线管，需要异形砖，影响施工进度。

6. 平行布管原则

平行布管就是同一走向的线管应遵循平行原则，不允许出现交叉或者重叠，楼板和隔墙中的线管较多时，必须合理布局这些线管，避免出现线管重叠。图5-4所示为实际工程的敷设图。

图5-4　平行布管的工程敷设图

7. 线管连续原则

线管连续原则是指从前端监控点至控制中心之间的整个布线路由的线管必须连续，如果出现一处不连续时，将来就无法穿线。特别是在用PVC管布线时，要保证管接头处的线管连续，管内光滑，方便穿线，如图5-5所示。如果留有较大的间隙时，管内有台阶，将来穿牵引钢丝和布线困难，如图5-6所示。

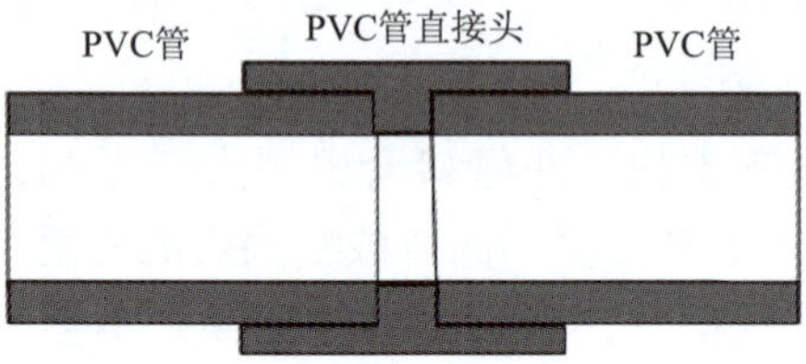

图5-5　PVC管连续

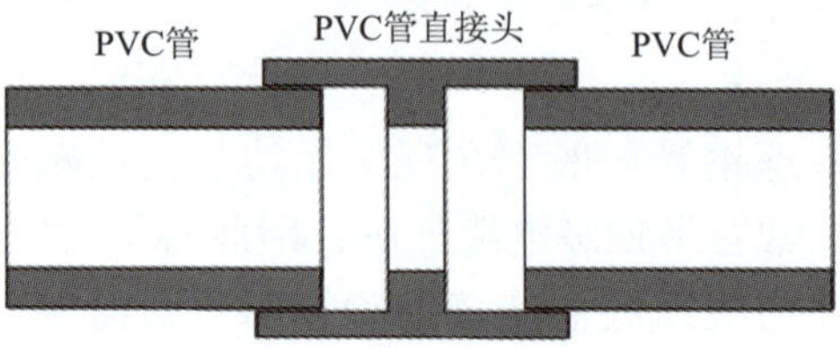

图5-6　PVC管有较大间隙

8. 拉力均匀原则

系统路由的暗埋管比较长，大部分都在20～50 m之间，有时可能长达80～90 m，中间还有许多拐弯，布线时需要用较大的拉力才能把线缆拉到出线口。

视频监控系统穿线时应该采取慢速而又平稳的拉线，拉力太大时，会破坏电缆的结构和一致性，引起线缆传输性能下降。

例如对双绞线来说，拉力过大会使线缆内的扭绞线对层数发生变化，严重影响线缆抗噪（NEXT、FEXT等）的能力，从而导致线对扭绞松开，甚至可能对导体造成破坏。四对双绞线最大允许的拉力为一根100 N，二根为150 N，三根为200 N。N根拉力为$N\times 50$ N+50 N，不管多少根线对电缆，最大拉力不能超过400 N。

图5-7所示为正确的拉线方向图，图5-8为错误的拉线方向图。

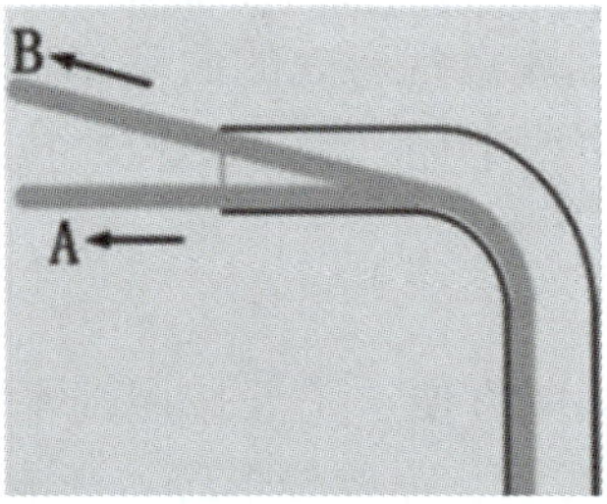

图5-7　正确的拉线方向

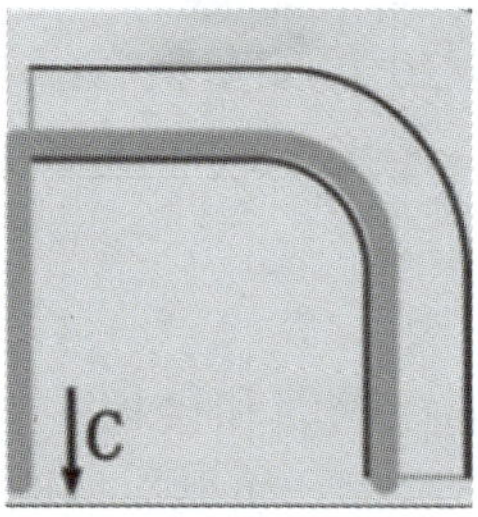

图5-8　错误的拉线方向

9. 预留长度合适原则

线缆布放时应根据实际情况考虑两端的预留，方便理线和端接，有特殊要求的应按设计要求预留长度。

10. 规避强电原则

在视频监控系统布线施工中，必须考虑与电力电缆之间的距离，不仅要考虑墙面明装的电力电缆，更要考虑在墙内暗埋的电力电缆。电力线缆和信号线缆严禁在同一线管内敷设。

11. 穿牵引钢丝原则

土建埋管后，必须穿牵引钢丝，方便后续穿线。穿牵引钢丝的步骤如下：

第一步，把钢丝一端用尖嘴钳弯曲成一个ϕ10 mm左右的小圈，这样做是防止钢丝在PVC管内弯曲，或者在接头处被顶住。

第二步，把钢丝从插座底盒内的PVC管端往里面送，一直送到另一端出来。

第三步，把钢丝两端折弯，防止钢丝缩回管内。

第四步，穿线时用钢缆把电缆拉出来。

12. 管口保护原则

钢管或者PVC管在敷设时，应该采取措施保护管口，防止水泥砂浆或者垃圾进入管口，堵塞管道，一般用堵头或塞头封住管口，并用胶布绑扎牢固。

5.3.2　桥架安装施工技术

1. 桥架安装的规定

（1）桥架切割和钻孔断面处，应清理毛刺和采取防腐措施，例如刷漆或者喷漆。

（2）桥架应平整，无扭曲变形，内壁无毛刺，各种附件应安装齐备，紧固件的螺母应在桥架外侧，桥架接口应平直、严密，盖板应齐全、平整。

（3）桥架经过建筑物的变形缝处应设置补偿装置，保护地线和桥架内线缆应留有补偿余量。变形缝包括建筑物的沉降缝、伸缩缝、抗震缝等。

（4）桥架与盒、箱、柜等连接处应采用抱脚或翻边连接，并应用螺钉固定，末端应封堵。

（5）水平桥架底部与地面距离不宜小于2.2 m，顶部距楼板不宜小于0.3 m，与梁的距离不宜小于0.05 m，桥架与电力电缆间距不宜小于0.5 m。

（6）敷设在竖井内和穿越不同防火分区的桥架及管路孔洞，应有防火封堵。

（7）弯头、三通等配件，宜采用桥架生产厂家制作的成品，不宜在现场加工制作。

2. 桥架吊装安装方式

在楼道有吊顶时，桥架一般吊装在楼板下，如图5-9所示。具体步骤如下：

第一步：确定桥架安装高度和位置。

第二步：安装膨胀螺栓、吊杆、桥架挂片，调整好高度。

第三步：安装桥架，并且用固定螺栓把桥架与挂片固定。

第四步：安装电缆和盖板。

3. 桥架壁装安装方式

在楼道没有吊顶的情况下，桥架一般采用壁装方式，如图5-10所示。具体步骤如下：

第一步：确定桥架安装高度和位置，并且标记安装高度。

第二步：安装膨胀螺栓、三脚支架，调整好高度。

第三步：安装桥架，并且用固定螺栓把桥架与三脚支架固定牢固。

第四步：安装电缆和盖板。

在墙面安装金属桥架时，首先根据各个出线管口的高度，确定桥架安装高度并且画线，其次，先安装L形状支架或三脚支架，按照每米2～3个的间距安装。支架安装完毕后，用螺栓将桥架固定在每个支架上，并且在桥架对应管出口处开孔。

如果各个管出口的高度偏差太大时，也可以将桥架安装在管出口的下边，将双绞线通过弯头引入桥架，这样施工方便，外形美观。线缆引入桥架时，必须穿保护管，并保持比较大的曲率半径。

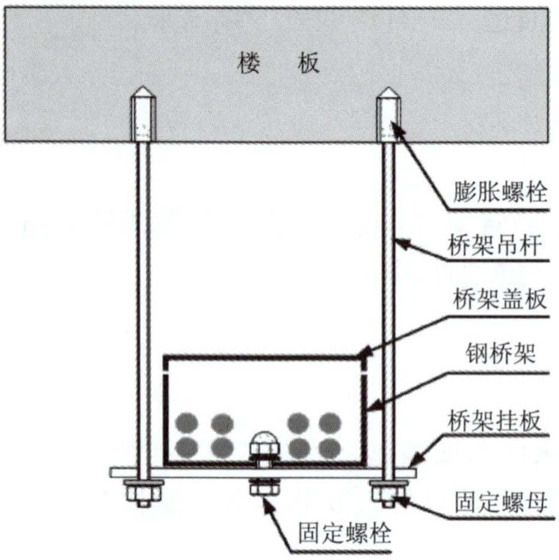

图5-9 吊装桥架

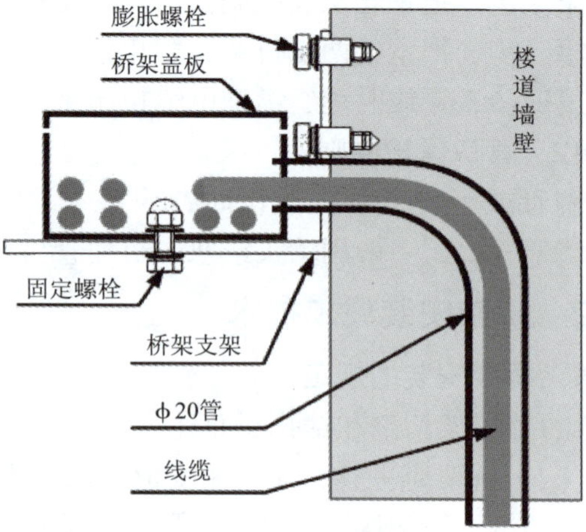

图5-10 壁装桥架

4. 桥架布线的操作步骤

第一步：确定路由。根据施工图纸，结合现场情况，确定线缆路由。

第二步：量取线缆。根据实际情况量取电缆，一般多预留出至少1 m的长度以备端接。也可采取多箱取线的方法：根据线槽内敷设线缆的数量准备多箱线缆，分别从每箱中抽取一根线缆以备使用。

第三步：线缆标记。根据设计图纸与防区编号表规定，在线缆的首端、尾端、转弯及每隔50 m处，标签标记每条线缆的编号、型号及起、止点等标记。

第四步：敷设并固定线缆。根据线路路由在线槽内敷设线缆，并及时固定。固定位置应符合以下规定：垂直敷设时，线缆的上端及每隔1.5～2 m处必须固定；水平敷设时，线缆的首、尾两端、转弯及每隔5～10 m处必须固定。

第五步：线路测试。测试线缆的通断、性能参数等，检验线缆是否在敷设过程中断开或受损。如果线缆断开或受损，须及时更换。

5.3.3 线槽安装施工技术

在旧楼改建中，有时会用到明装线槽布线。线槽布线施工一般从安装监控点接线盒开始，具体步骤如下：

第一步：安装接线盒，给线槽起点定位。

第二步：钉线槽。

第三步：布线和盖板。

1. 线槽的曲率半径

线槽拐弯处也有曲率半径问题，线槽拐弯处曲率半径容易保证，例如直径6 mm的双绞线电缆在线槽中最大弯曲情况和布线最大曲率半径值为45 mm（直径90 mm），布线弯曲半径与双绞线外径的最大倍数为7.5（45/6）倍。这就要求在安装双绞线电缆时靠线槽外沿，保持最大的弯曲半径，如图5-11所示。特别强调，在线槽中安装双绞线电缆时必须在水平部分预留一定的余量，而且不能再拉直电缆。如果没有余量，拉伸电缆后，就会改变拐弯处的曲率半径。图5-12所示为最小弯曲半径。

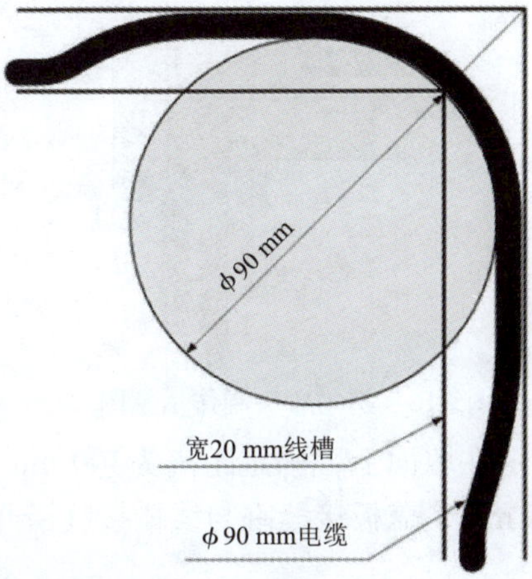

图5-11 宽20 mm线槽拐弯处最大弯曲半径

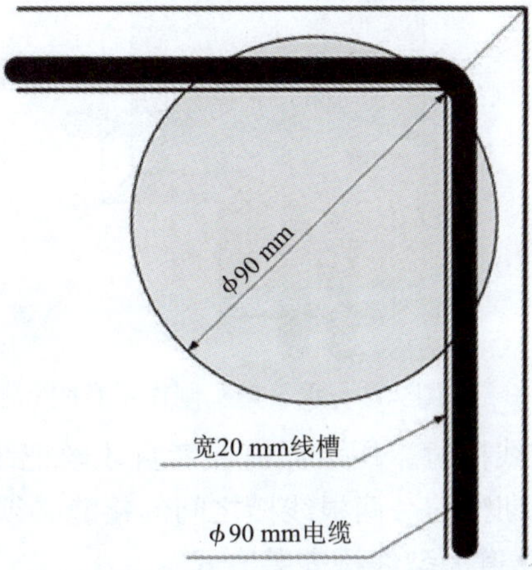

图5-12 宽20 mm线槽拐弯处最小弯曲半径

2. 线槽拐弯

线槽拐弯处一般使用成品弯头，一般有阴角、阳角、三通、堵头等配件，如图5-13所示。使用这些成品配件安装施工简单，而且速度快，图5-14为弯头和三通安装示意图。

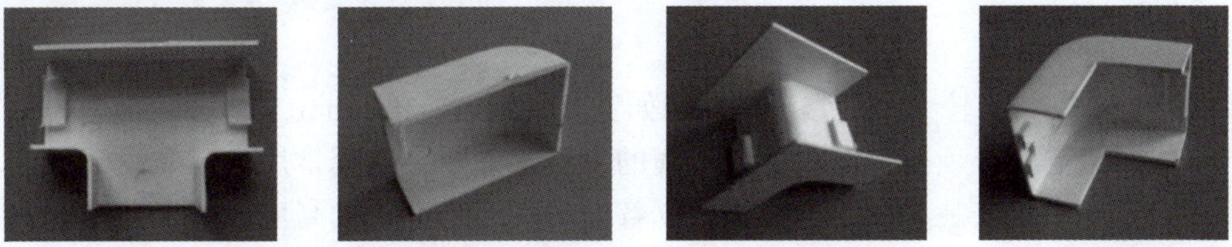

阳角 阴角 三通 堵头

图5-13 宽40 mm PVC线槽常用配件

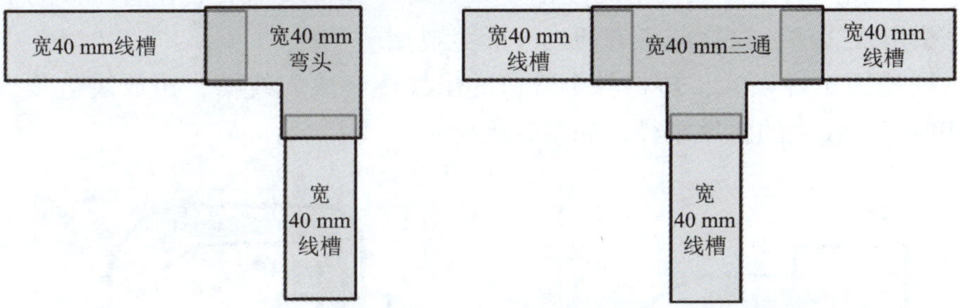

图5-14 弯头和三通安装示意图

在实际工程施工中，因为准确计算这些配件非常困难，因此一般都是现场自制弯头，不仅能够降低材料费，而且美观。现场自制弯头时，要求接缝间隙小于1 mm、美观。图5-15所示为水平弯头制作示意图，图5-16所示为阴角弯头制作示意图。

安装线槽时，首先在墙面测量并且标出线槽的位置，在建工程以1 m高度线为基准，保证水平安装的线槽与楼板平行，垂直安装的线槽与楼板垂直，没有可见的偏差。

拐弯处宜使用90° 弯头或者三通，线槽端头安装专门的堵头。

布线时，先将线缆放到线槽中，边布线边装盖板，拐弯处保持线缆有比较大的拐弯半径。完成安装盖板后，不要再拉线，如果拉线会改变线槽拐弯处的线缆曲率半径。

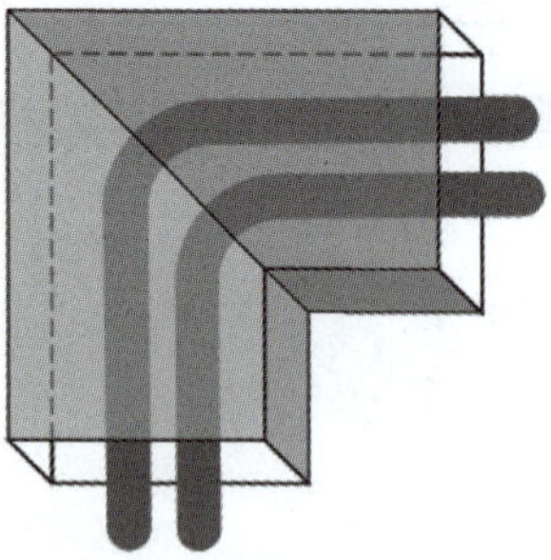

图5-15　水平弯头制作示意图

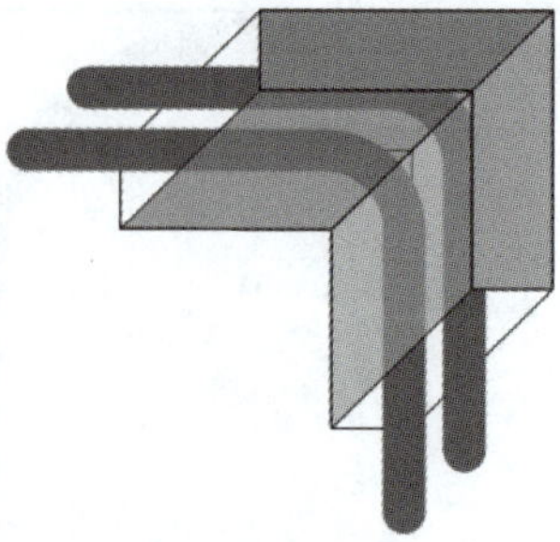

图5-16　阴角弯头制作示意图

安装线槽时，用水泥钉或者自攻丝把线槽固定在墙面上，固定距离为300 mm左右，必须保证长期牢固。两根线槽之间的接缝必须小于1 mm，盖板接缝宜与线槽接缝错开。

3. 楼道大型线槽安装方式

在一般小型工程中，有时采取暗管明槽布线方式，在楼道使用较大的PVC线槽代替金属桥架，不仅成本低，而且比较美观。一般安装步骤如下：

第一步：根据线管出口高度确定线槽安装高度，并且画线。

第二步：固定线槽。

第三步：布线。

第四步：安装盖板。

在楼道墙面安装比较大的塑料线槽，例如宽度60 mm、100 mm、150 mm白色PVC塑料线槽，具体线槽宽度必须按照需要容纳线缆的数量来确定，选择常用的标准线槽规格，不要选择非标准规格。安装方法是：首先根据各个房间出线管口的高度，确定大线槽安装高度并且画线，然后按照每米2～3处将线槽固定在墙面，线槽的高度宜遮盖墙面管出口，并且在线槽遮盖的管出口处开孔，如图5-17所示。

如果各个信息点管出口在楼道高度偏差太大时，宜将线槽安装在管出口的下边，将双绞线通过弯头引入线槽，这样施工方便，外形美观。

将全部线槽固定好以后，再将各个管口的出线逐一放入线槽，边放线边盖板，放线时注意拐弯处保持比较大的曲率半径，如图5-18所示。

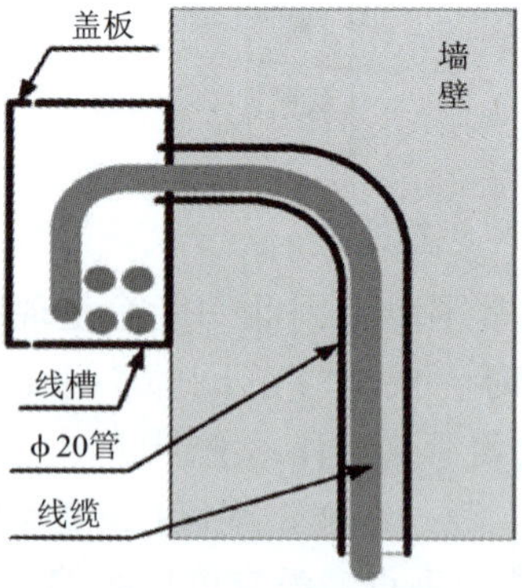

图5-17　楼道线槽安装方式1

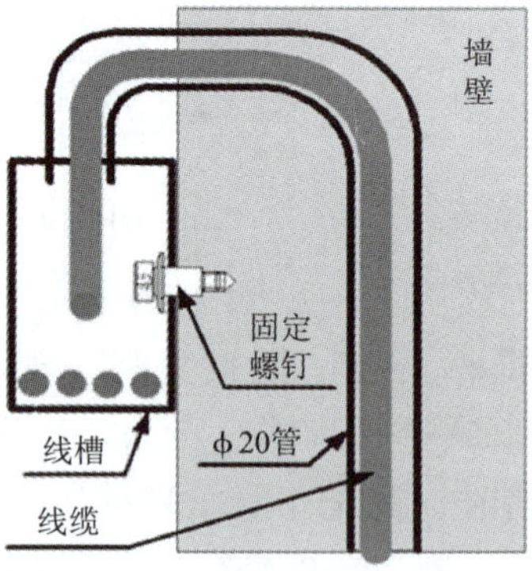

图5-18　楼道线槽安装方式2

4. 线槽内电缆布设的具体步骤

第一步：查看线槽路由。研读设计图纸，并根据线槽安装情况查看线槽路由，主要查看线槽转弯情况。

第二步：接线盒预留。将线缆从线槽部分穿过接线盒穿线孔，并在底盒内预留足够长度的线缆，以备端接。

第三步：量取线缆。若可以确定线缆长度，可根据此长度量取所需线缆，一般截取线缆的长度应比线槽长至少1 m。若无法确定线缆长度，可采取多箱取线的方法：根据线槽内敷设线缆的数量准备多箱线缆，分别从每箱中抽取一根线缆以备使用。

第四步：线缆标记。对应设计图纸与点数统计表，用标签纸在线缆底盒内预留的一端做上编号。编号必须与设计图纸、点数统计表对应编号一致。若采取多箱取线的方法，则应该在线箱上做好标记，待线缆敷设完成后，再在线缆另一端做相对应的标记。

注意：编号标签位置距线端0.5 m左右，并用胶带纸缠绕，以防在敷设过程中脱落。

第五步：敷设线缆。从接线盒位置开始将线缆放入线槽内，放线的同时，将已经放好线缆的线槽盖上线槽盖。

第六步：固定盖板。将线缆沿线槽敷设完毕后，将线槽盖板扣压固定，若使用成品弯头时，可在线槽盖板安装时将弯头安装到位。

第七步：测试。测试线缆的通断、性能参数等，检验线缆是否在敷设过程中断开或受损。如果线缆断开或受损需及时更换。

第八步：现场保护。将线缆的两端预留部分用线扎捆扎，并用塑料纸包裹，以防后期施工损坏线缆。

5.3.4 线管安装施工技术

1. 线管敷设技术要求

1）线管敷设方式

（1）暗埋管敷设：一般情况下管路暗埋于墙体或地板内部，在土建和砌筑过程中随工布设。也有在室内装修时布设在吊顶内部。暗管敷设的安全系数高、不会影响墙面外形的美观，但施工难度大、后期可调整性差。

（2）明管敷设：整个管路敷设在墙体表面，施工简单，但美观性不足。

2）线管的材质

（1）金属管：一般用于对视频监控系统安全性和永久性要求较高的场所。潮湿场所一般应选用厚壁热镀锌钢管，直埋在地下。干燥场所一般选用薄壁电镀锌钢管。

（2）塑料管：一般为PVC管、PE管等，常用于一般的视频监控系统中。

3）暗埋线管敷设的一般工序流程

第一步：预制大拐弯的弯头。用专业弯管器制作大拐弯的弯头。

第二步：测位定线。测量和确定安装位置与路由，并且画线标记。

第三步：安装和固定出线盒与设备箱。将出线盒、过线盒以及设备箱等安装到位，并且用膨胀螺栓或者水泥砂浆固定牢固。

第四步：敷设管路。根据布线路由逐段安装线管，要求横平竖直。

第五步：连接管路。用接头连接各段线管，要求连接牢固和紧密，没有间隙。暗埋在楼板和墙体中的接头部位必须用防水胶带纸缠绕，防止在浇筑时，水泥砂浆灌入管道内，水分蒸发后，留下水泥块，堵塞管道。

第六步：固定管路。对于建筑物楼板或现浇墙体中的暗管，必须用铁丝绑扎在钢筋上进行固定。对于砌筑墙体内的暗管，在砌筑过程中，必须随时固定。

第七步：清管带线。埋管结束后，对每条管路都必须进行及时的清理，并且带入钢丝，方便后续穿线。如果发现个别管路不通时，必须及时检查维修，保证管路通畅。

4）明装线管敷设的一般工序流程

明装线管一般在土建结束、视频监控系统的设备安装阶段进行，因此必须认真规划和设计，保证装饰效果。一般明装线管采用PVC塑料管，宜安装在门后，拐弯等隐蔽位置。

第一步：预制大拐弯的弯头。用专业弯管器制作大拐弯的弯头。不能使用注塑的直角塑料弯头，因为注塑的弯头是90° 直角拐弯，无法顺畅穿线，曲率半径也不能满足要求。

第二步：测位定线。测量和确定安装位置与路由，并且画线标记。一般采取点画线，也不能画线太粗，影响墙面美观。实际施工中，一般只标记安装管卡的位置，通过管卡位置确定布线路由，这样能够保持墙面美观。

第三步：安装和固定出线盒与设备箱。将接线盒、过线盒以及设备箱等安装到位，一般用膨胀螺栓或者膨胀螺钉固定在墙面。

第四步：敷设管路。根据布线路由逐个安装管卡，逐段安装线管，要求横平竖直。

第五步：连接管路。用直接头连接各段线管，要求连接牢固和紧密，没有间隙。管路与接线盒、过线盒和设备箱的连接必须牢固。

2. 金属管的冷弯方法

当线缆采用穿金属管敷设时，必然遇到金属管现场弯曲塑形的问题，金属管弯管器是最常用的金属管现场塑形工具。注意不同壁厚的钢管必须使用不同的专用弯管器。

下面我们介绍厚壁钢管的冷弯方法。图5-19所示为弯管器，图5-20所示为常见的几种钢管塑形。

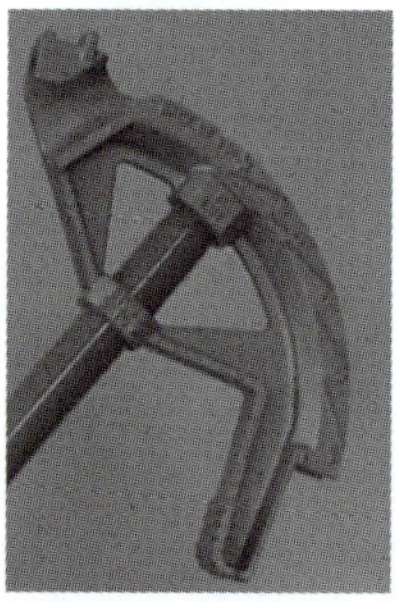

图5-19　弯管器

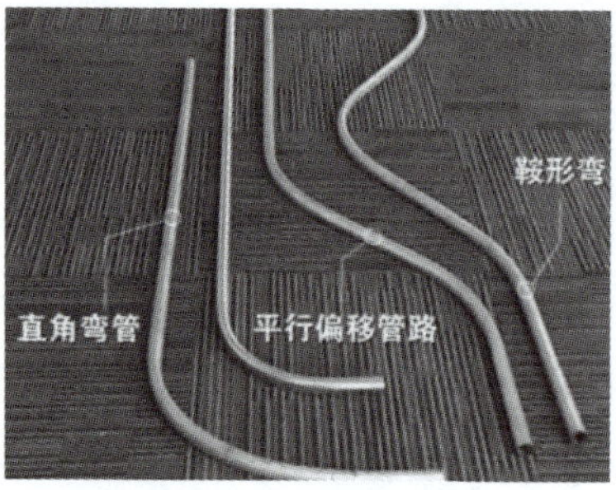

图5-20　常见的几种套管塑形

在使用弯管器前，我们需要去了解弯管器上的符号和标记。

箭头标记，如图5-21所示，代表套管弯曲变形的起点和测量基准。

缺口标记，如图5-22所示，代表加工鞍形弯时的中点。

星形标记，如图5-23所示，是加工U形弯时的参考点。

角度标线代表套管弯曲后直管部分所成锐角。例如套管与22° 标线平行，代表弯曲后套管所成锐角为22° ，如图5-24所示。

图5-21　箭头标记

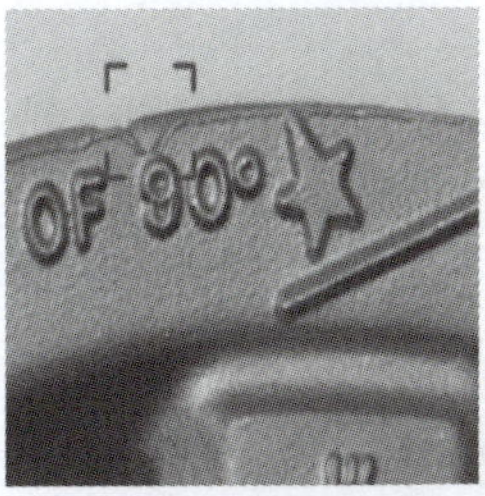

图5-22　缺口标记

图5-23　星形标记

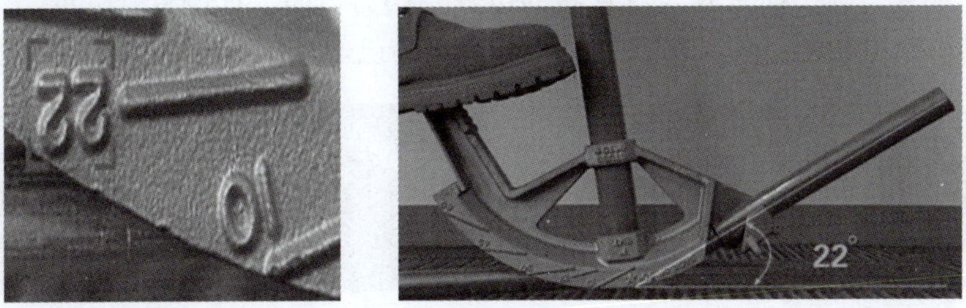

图5-24　角度标线

直角弯的制作方法如下：

直角弯的弯曲角度为90°，以箭头作为测量基准获得弯曲端准确位置。

第一步：若需准确控制直角弯套管末端的垂直高度，则从套管一端量取尺寸差值，并在管上做标记，如图5-25所示。

第二步：将钢管放入弯管器，弯管器上的箭头标记正对钢管上的标记，如图5-26所示。

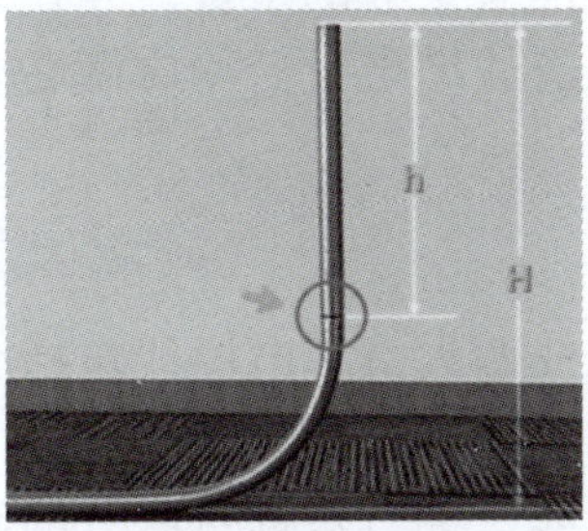

图5-25　做标记

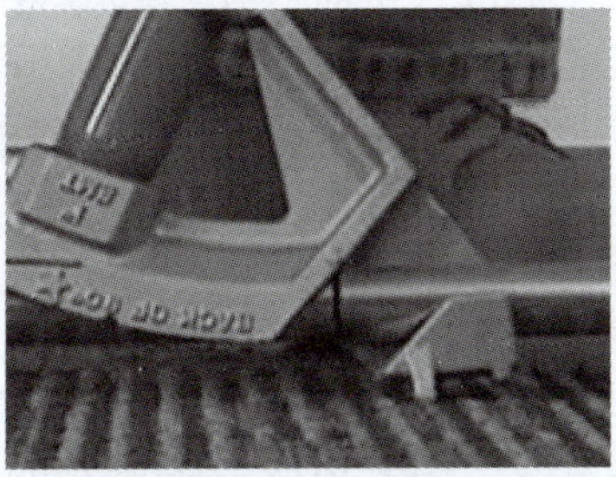

图5-26　箭头标记正对钢管上的标记

第三步：双手握住弯管器手柄，可通过弯管器踩踏点辅助用力，弯曲钢管，如图5-27所示。

第四步：弯管过程中注意观察钢管与弯管器上刻度的重合情况，确认弯曲角度，得到预期形状和尺寸的钢管。图5-28所示为弯曲完成的直角套管。

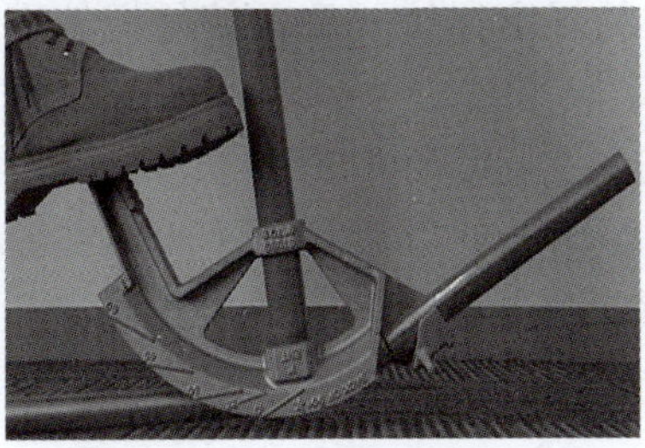

图5-27　弯管

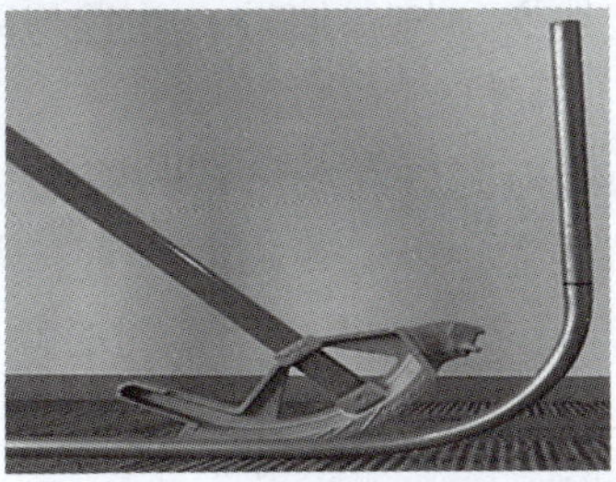

图5-28　弯曲完成的直角钢管

3. PVC塑料管的弯管技术

现场自制PVC大拐弯接头时，必须选用质量较好的冷弯管和配套的弯管器。如果使用的冷弯管与弯管器不配套时，管子容易变形，使用冷弯管也无法冷弯成形。用弯管器自制PVC塑料弯头的方法和步骤如下：

第一步：准备冷弯管，确定弯曲位置和半径，做出弯曲位置标记。如图5-29所示。

第二步：插入弯管器到需要弯曲的位置，如图5-30所示。如果弯曲较长时，给弯管器绑一根绳子，放到要弯曲的位置。

第三步：弯管。两手抓紧放入弯管器的位置，用力弯曲，如图5-31所示。

第四步：取出弯管器，安装弯头。图5-32所示为已经安装到位的大拐弯。

图5-29 准备和标记

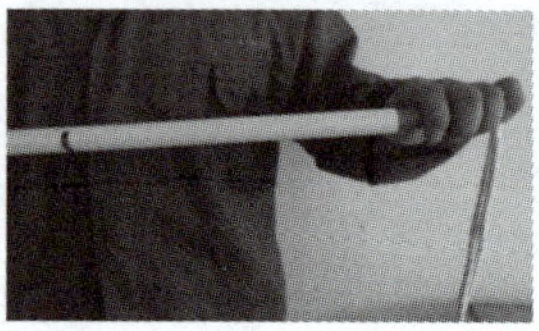
图5-30 插入弯管器

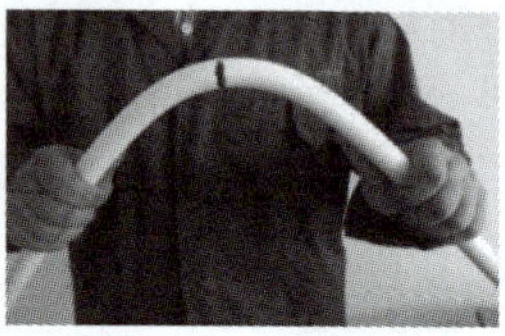
图5-31 弯管

图5-32 弯头安装

5.4 视频监控系统的线缆敷设

视频监控系统的线路敷设中，最基本的要求就是电力线缆和信号线缆严禁在同一线管内敷设。敷设线缆时应轻拉慢拉，尤其对双绞线和光缆，决不允许强行拖拽，转弯时应有足够的弧度，不得有扭曲。在未安装设备前，线缆应有足够的余量，并在线缆两端或必要部位有明显的标记，同时做好外露部分的保护。所有线缆敷设后均应做必要的检查和测试，如检查外皮是否受损、测试线路的通断等。

5.4.1 电缆敷设要求

视频监控系统中用到的线缆主要有电源线和信号线两大类，电源线包括交流电力线、直流低电压电源线、接地线等；信号线包括用来传送模拟信号的视频电缆、模拟传感器（变送器）信号线，用来传送数字信号的串行数据总线、并行数据总线、网络双绞线，以及用来进行远距离传输的电话线、专线等。

1. 视频监控系统布线技术要求

（1）线缆的规格、路由和位置应符合设计规定，线缆排列必须整齐美观。

（2）尽量采用整段的线材，避免转接，不可避免时，接点、焊点应可靠，确保信号的有效传输。

（3）线缆必须统一编号，并且与防区编号表的规定保持一致，编号标签应正确齐全、字迹清晰、不易擦除。

（4）布线应充分利用已有的地沟、桥架和管道，从而简化布线。

（5）布线需用PVC线槽或线管，尽量暗敷，暗敷走线以路径最短为原则，但必须保证走线符合设计要求。不得已明敷时必须保证走线横平竖直、整齐美观。

（6）布设于地沟、桥架的线缆必须绑扎，使电缆紧密靠拢、平直整齐，线扣间距必须均匀、松紧适中。

（7）监控系统所采用的线料均应使用阻燃材料；根据现场环境条件选用绝缘、抗干扰、抗腐蚀的线缆。

（8）信号线和电源线应分离布放，不得已时应保持0.5 m的安全距离；信号线应尽量远离易产生电磁干扰的设备或缆线。

（9）室外架空线时，应在设备端采取必需的防雷措施；在加装避雷器时一定要确保接地良好。

2. 摄像机的配线技术要求

摄像机的配线布线不仅要遵循以上规范，还要遵循下列规范：

（1）摄像机配线的额定电压应大于线路的工作电压，导线的绝缘应符合线路的安装方式和敷设的环境条件。导线的横截面积应能满足供电和机械强度的要求。

（2）摄像机控制箱的交流电源应单独走线，不能与摄像机信号线和低压直流电源线穿在同一管内，交流电源线的安装应符合电气安装标准。

（3）摄像机控制箱到天花板的走线，要加防护套，穿入线管埋入墙内或用钢管加以保护，以提高防盗系统的防破坏性能。

（4）摄像机的明装配管要求横平竖直、整齐美观，暗埋配管要求管路短，畅通、弯头少。

5.4.2 电缆敷设施工技术

1. 桥架的电缆敷设

1）敷设要求

（1）在室内采用线缆桥架布线时，其线缆外表面不应有其他易燃材料缠绕。

（2）在有腐蚀或特别潮湿的场所采用线缆桥架布线时，应根据腐蚀介质的不同采取相应的防护措施，并宜选用塑料护套线缆。

（3）几组线缆桥架在同一高度平行安装时，各相邻线缆桥架间应考虑维护、检修距离。

（4）在线缆桥架上可以无间距敷设线缆，线缆在桥架内横断面的填充率：电力线缆不应大于40%，信号线缆不应大于50%。

（5）对于不同电压、不同用途的线缆，不宜敷设在同一层桥架上。如受条件限制需安装在同一层桥架上时，应用金属隔板隔开。

（6）线缆桥架与各种管道平行或交叉时，其最小净距应符合表5-2的规定。

表5-2　电缆桥架与各种管道的最小净距

管道类别		平行净距/m	交叉净距/m
一般工艺管道		0.4	0.3
易燃易爆气体管道		0.5	0.5
热力管道	有保温层	0.5	0.3
	无保温层	1.0	0.5

（7）线缆桥架在穿过防火墙及防火楼板时，应采取防火隔离措施。

（8）桥架内的线缆应符合设计要求及相关规范，布局要整齐美观，如图5-33所示。

请扫描“图 5-33”二维码，观看或下载彩色高清图片。

图片

图 5-33（左）

图片

图 5-33（右）

图5-33　整齐美观的桥架线缆

2）桥架布线的操作步骤

第一步：确定路由。根据施工图纸，结合现场情况，确定线缆路由。

第二步：量取线缆。根据实际情况量取电缆，一般多预留出至少1 m的长度以备端接。也可采取多箱取线的方法：根据线槽内敷设线缆的数量准备多箱双绞线，分别从每箱中抽取一根双绞线以备使用。

第三步：线缆标记。根据设计图纸与防区编号表，在线缆的首端、尾端、转弯及每隔50 m处，标签标记每条线缆的编号、型号及起、止点等标记。

第四步：敷设并固定线缆。根据线路路由在线槽内铺放线缆，并即时固定。

固定位置应符合以下规定：垂直敷设时，线缆的上端及每隔1.5～2 m处必须固定；水平敷设时，线缆的首、尾两端、转弯及每隔5～10 m处必须固定。

第五步：线路测试。测试线缆的通断、性能参数等，检验线缆是否在敷设过程中断开或受损。如果线缆断开或受损需及时更换。

2. 线槽的电缆敷设

线槽内电缆布设的具体步骤:

第一步：查看线槽路由。研读综合布线设计图纸，并根据线槽安装情况查看线槽路由，主要查看线槽转弯情况。

第二步：底盒预留。将双绞线从线槽部分穿过底盒穿线孔，并在底盒内预留12～20 cm线缆。

第三步：量取线缆。若可以确定线缆长度，可根据此长度量取所需线缆，一般截取线缆的长度应比线槽长至少1 m。若无法确定线缆长度，可采取多箱取线的方法：根据线槽内敷设线缆的数量准备多箱双绞线，分别从每箱中抽取一根双绞线以备使用。

第四步：线缆标记。按照设计图纸和防区编号表规定，用标签纸在线缆底盒内预留的一端做上编号。编号必须与设计图纸、防区编号表对应编号一致。若采取多箱取线的方法，则应该在线箱上做好标记，待线缆敷设完成后，再在双绞线另一端做相对应的标记。

注意：编号标签位置距线端0.5 m左右，并用胶带纸缠绕，以防在敷设过程中脱落。

第五步：敷设线缆。从底盒位置开始将线缆放入线槽内，放线的同时，将已经放好线缆的线槽盖上线槽盖。线槽拐弯处应注意将线缆预留一定余量，让线缆尽量贴住两根线槽的外侧槽壁和转角处内侧转角。

第六步：固定盖板。将线缆沿线槽敷设完毕后，将线槽盖板扣压固定，若使用成品弯头时，可在线槽盖板安装时将弯头安装到位。

第七步：测试。测试线缆的通断、性能参数等，检验线缆是否在敷设过程中断开或受损。如果线缆断开或受损，需及时更换。

第八步：现场保护。将线缆的两端预留部分用线扎捆扎，并用塑料纸包裹，以防后期施工损坏线缆。

3. 线管的电缆敷设

线管内电缆布设的具体步骤:

第一步：研读图纸、确定出入口位置。研读正式设计图纸，确定某一条线路的走线路径，对照图纸，在施工现场分别找出对应的线管出、入口。

第二步：穿带线。选择足够长度的穿线器，将穿线器带线从线管信息插座底盒一端穿入，从机柜一端露出。

注意： 穿引线的过程中，如果遇到无法穿过的情况，可以从另一端穿入，或者采取两端同时穿入钢丝对绞的方法。

第三步：量取线缆。若可以确定线缆长度，可根据此长度量取所需线缆，一般截取线缆的长度应比线管长至少1 m。若无法确定线缆长度，可采取多箱取线的方法：根据线管内穿线的数量准备多箱双绞线，分别从每箱中抽取一根双绞线以备使用。

第四步：线缆标记。按照设计图纸和防区编号表规定，用标签纸在线缆的两端分别做上编号。编号必须与设计图纸、防区编号表对应编号一致。

第五步：绑扎线缆与引线。将所穿线缆理线和分类，并且绑扎在机柜立柱上，保持美观，并且预留足够的长度。绑扎要牢固可靠，防止后续安装与调试中脱落和散落，绑扎节点要尽量小、尽量光滑，可以用扎带或者魔术贴绑扎。

第六步：穿线。在线管的另一端，匀速慢慢拽拉带线，直至拉出线缆的预留长度，并解开带线。一般信息插座位置预留线缆长度不得超过20 cm，机柜位置根据配线架安装位置确定预留长度。拉线过程中，线缆宜与管中心线尽量同轴，保证缆线没有拐弯，整段缆线保持较大的曲率半径。

第七步：测试。测试线缆的通断、性能参数等，检验线缆是否在穿线过程中断开或受损。如果线缆断开或受损，需及时更换。

第八步：现场保护。将线缆的两端预留部分用线扎捆扎，并用塑料纸包裹，以防后期施工损坏线缆。

5.4.3 线缆的绑扎标准

（1）对于插头处的线缆绑扎应按布放顺序进行绑扎，防止线缆互相缠绕，线缆绑扎后应保持顺直，水平线缆的扎带绑扎位置高度应相同，垂直线缆绑扎后应能保持顺直，并与地面垂直，如图5-34所示。

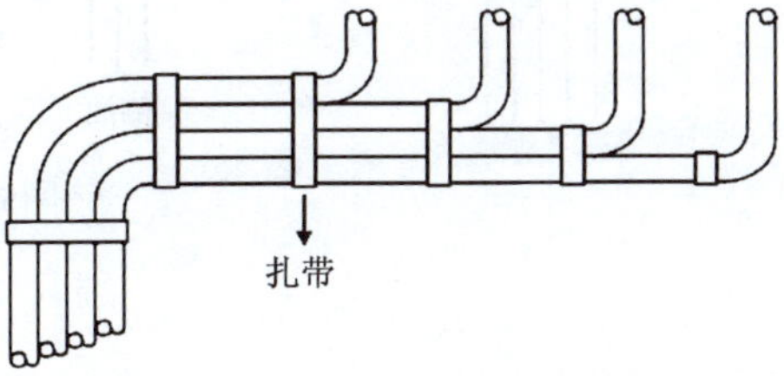

图5-34 插头处的线缆绑扎

（2）选用扎带时应视具体情况选择合适的扎带规格，尽量避免多根扎带接续使用。扎带绑扎好后应将多余部分齐根平滑剪齐，在接头处不得带有尖刺，如图5-35所示。

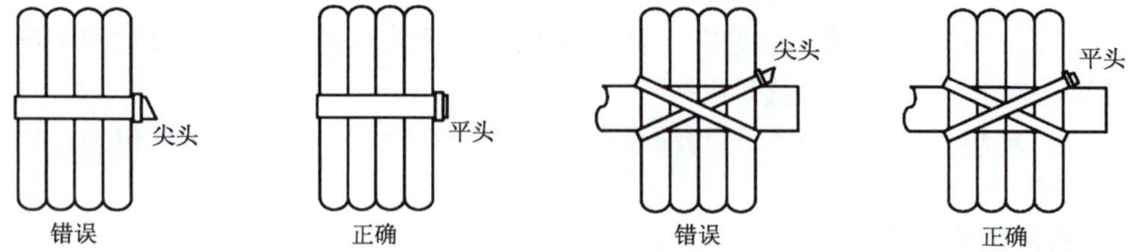

图5-35 线缆绑扎形式

（3）线缆绑扎成束时，一般是根据线缆的粗细程度来决定两根扎带之间的距离。扎带间距应为线缆束直径的3～4倍，如图5-36所示。

（4）绑扎成束的线缆转弯时，扎带应扎在转角两侧，以避免在线缆转弯处用力过大造成断芯的故障，如图5-37所示。

（5）机柜内线缆首先理线，必须由远及近顺次布放，即最远端的线缆应最先布放，使其位于走线区的底层，布放时尽量避免线缆交错，如图5-38所示。

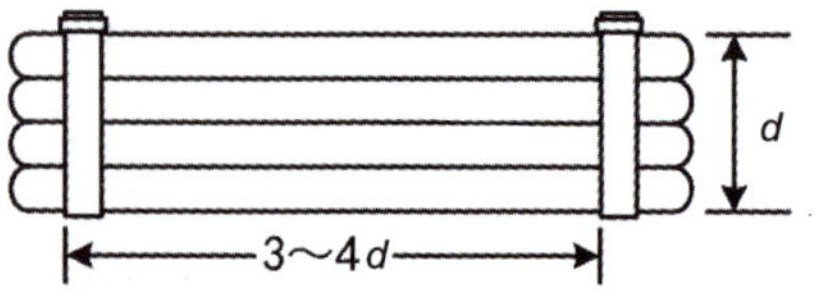

图5-36 线缆绑扎成束时的扎带示意图

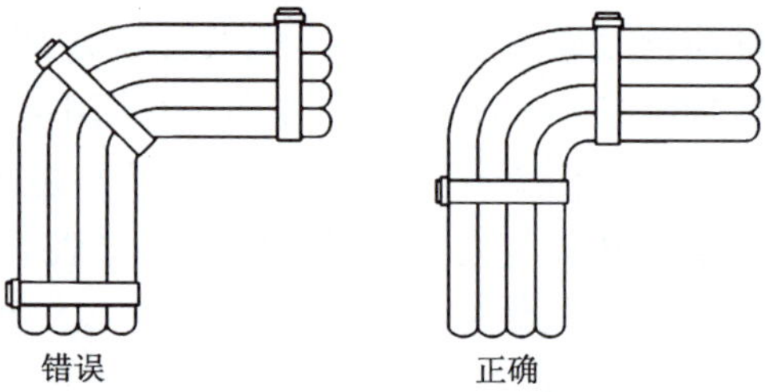

图5-37 弯头处的线缆绑扎

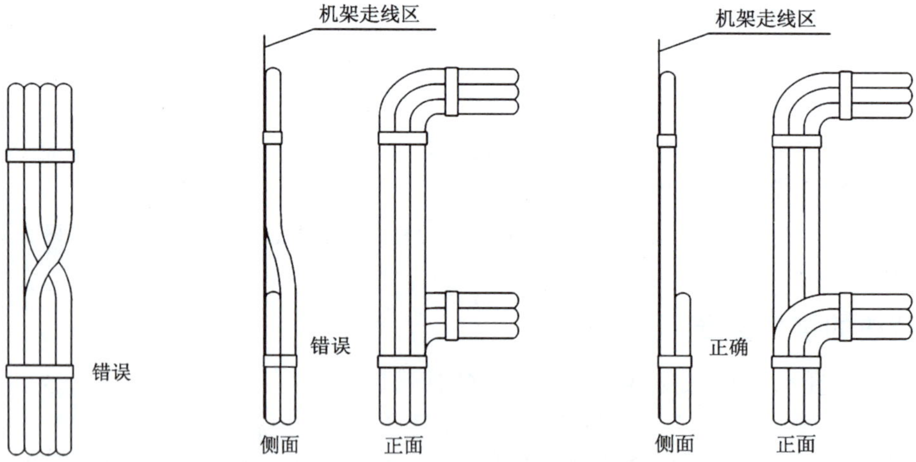

图5-38 机柜内线缆的布放

5.5 视频监控系统前端设备的安装

5.5.1 前端设备安装的一般规定

1. 前端设备安装前应做的检查

（1）将摄像机逐个通电进行检测和粗调，在摄像机处于正常工作状态后，方可安装。

（2）检查云台的水平、垂直转动角度，并根据设计要求定准云台转动起点方向。

（3）检查摄像机防护套的雨刷功能动作。

（4）检查摄像机在防护罩内的紧固情况。

（5）检查摄像机座与支架或云台的安装尺寸。

（6）对数字式（或网络型）摄像机，安装前还需按要求设置网络参数、管理参数。

（7）检查云台控制解码器的设置是否正确，是否能够正确传送与接收控制信号。

2. 摄像机的安装规定

（1）在搬动、安装摄像机过程中，不得打开镜头盖。

（2）在高压带电设备附近安装摄像机时，应根据带电设备的要求确定安全距离。

（3）在强电磁干扰环境下，摄像机的安装应与地面绝缘隔离。

（4）在满足监视目标视场范围要求的条件下，其安装高度：室内离地不宜低于2.5 m；室外离地不宜低于3.5 m。

（5）摄像机及其配套设备安装应牢固稳定，运转应灵活。应避免破坏，并与周边环境相协调。

（6）从摄像机引出的电缆宜留有1 m的余量，不得影响摄像机的转动，摄像机的电缆和电源线均应固定，并不得用插头承受电缆的自重。

（7）摄像机的信号线与电源线应分别引入，外露部分用护管保护。

（8）先对摄像机进行初步安装，经通电试看、细调，检查各项功能，观察监视区域的覆盖范围和图像质量，符合要求后方可固定。

（9）当摄像机在室外安装时，应检查其防雨、防尘、防潮的设施是否合格。

（10）电梯厢内的摄像机应安装在箱门上方的左侧或右侧，并能有效监视电梯厢内乘员面部特征。

3. 支架、云台、控制解码器的安装规定

（1）根据设计要求安装好支架，确认摄像机、云台与其配套部件的安装位置合适。

（2）解码器固定安装在建筑物或支架上，留有检修空间，不能影响云台、摄像机的转动。

（3）云台安装好后，检查云台转动是否正常，确认无误后，根据设计要求锁定云台的起点、终点。

（4）检查确认解码器、云台、摄像机联动工作是否正常。

（5）当云台、解码器在室外安装时，应检查其防雨、防尘、防潮的设施是否合格。

4. 声音采集和报警控制设备的室外安装规定

声音采集和报警控制设备在室外安装时，应检查其防雨、防尘、防潮的设施是否合格。

5. 视频编码设备的安装规定

（1）确认视频编码设备和其配套部件的安装位置符合设计要求。

（2）视频编码设备宜安装在室内设备箱内，应采取通风与防尘措施。如果必须安装在室外时，应将视频编码设备安装在具备防雨、防尘、通风、防盗措施的设备箱内。

（3）视频编码设备固定安装在设备箱内，应留有线缆安装空间与检修空间，在不影响设备各种连接线缆的情况下，分类安放并固定线缆。

（4）检查确认视频编码设备工作正常，输入、输出信号正确，且满足设计要求。

5.5.2 摄像机的安装

摄像机的安装方式主要有墙面安装、墙角安装、吊顶安装和立柱（杆）安装。

1. 墙面安装摄像机

图5-39所示为墙面安装的枪式摄像机的示意图，建议花时间认真读懂图纸，掌握关键技术要求，例如图中穿线软管必须预留滴水弯，防止雨水流入摄像机护罩内。

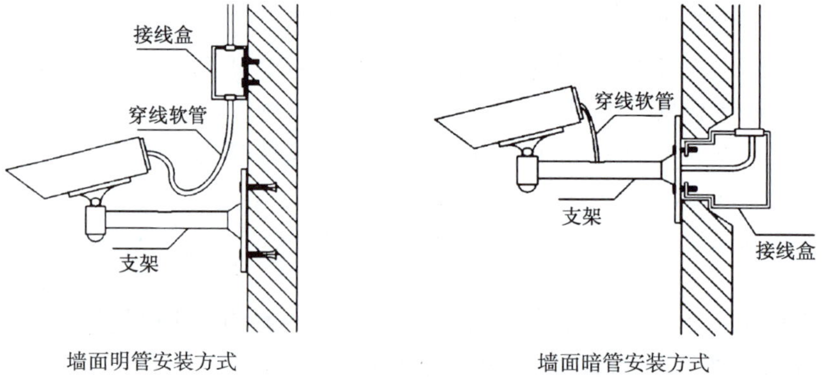

图5-39 墙面安装的枪式摄像机示意图

墙面安装摄像机适合安装在室内、室外的硬质墙壁结构。要求墙壁的厚度应能够安装膨胀螺栓，并且墙壁能够承受4倍以上摄像机的重量。具体安装步骤如下：

第一步：准备好摄像机、电源适配器、支架等配件及必要的安装工具。首先检查好各配件的大小型号，试一试支架螺钉和螺口是否合适，其次检查预埋的管线接口是否处理好，最后测试电缆是否合格等。

第二步：根据设计方案，确定摄像机安装位置，以壁挂支架底面的安装孔为模板，在墙壁上画出打孔位置，并打孔。

第三步：将电线电缆穿过壁挂支架穿线孔，并将壁挂支架固定到墙壁上。确定安装支架前，先在安装的位置将摄像机通电试看、细调，检查各项功能，使得摄像机的观察监视区域的覆盖范围和图像质量满足设计要求。

安装过程中需注意：如果是水泥墙面，先需安装膨胀螺钉，然后安装支架；如果是木质墙面，可使用自攻螺钉直接安装支架。

第四步：安装摄像机，使用螺钉将摄像机固定到支架上，并调整摄像机到合适的位置，拧紧螺钉，固定摄像机。注意每个螺钉上必须使用弹簧垫圈，防止螺钉松动。

如果需要安装摄像机护罩，摄像机测试好之后，首先打开护罩，将摄像机装入护罩中，并固定牢固，然后将电源适配器装入护罩内，最后理顺电缆，盖好护罩，固定好，装到支架上。

如果摄像机还配备有云台，需要首先将云台安装固定在支架上，然后再将摄像机安装固定在云台上即可。

第五步：把焊接好的视频电缆BNC插头或者压接好的RJ-45水晶头插入摄像机视频口内，确认插接牢固、接触良好，将电源适配器的电源输出插头插入监控摄像机的电源插口，并确认插接牢固、接触良好。

第六步：把电缆的另一头按同样的方法接入DVR或监视器等监控中心设备，接通电源，调整摄像机角度到预定范围，并调整摄像机镜头的焦距和清晰度，使之满足设计要求。

注意：室外安装过程中，必须做好各个环节的防水密封事宜等工作。

图5-40所示为室外墙面加长杆安装的全球摄像机和图像，图5-41所示为室外墙壁安装的全球摄像机，图5-42所示为室内壁装（窗帘盒）的全球摄像机。

图5-40　室外墙面加长杆安装的全球摄像机和图像

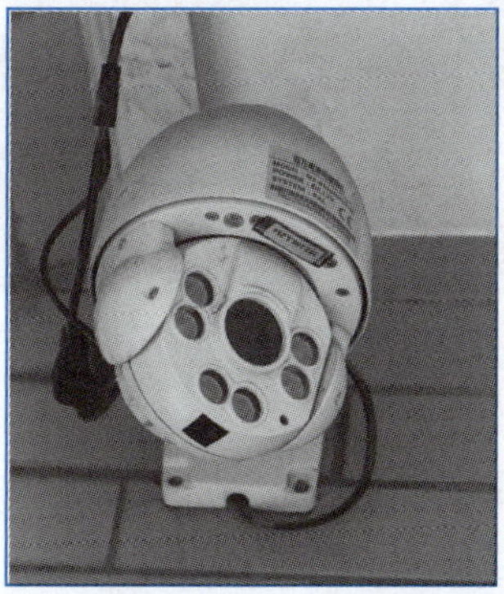

图5-41　室外墙壁安装的全球摄像机

图5-42　室内壁装（窗帘盒）的全球摄像机

2. 墙角安装摄像机

图5-43所示为墙角安装的全球摄像机示意图，适合在室内、室外90°角的硬质墙壁结构。要求墙壁的厚度应足够安装膨胀螺钉，并且墙壁能够承受4倍以上摄像机的重量。具体安装步骤如下：

第一步：准备好摄像机、电源适配器、支架等配件及必要的安装工具。首先检查好各配件的大小型号，试一试支架螺钉和螺纹是否合适，其次检查预埋的管线接口是否处理好，最后测试电缆是否合格等。

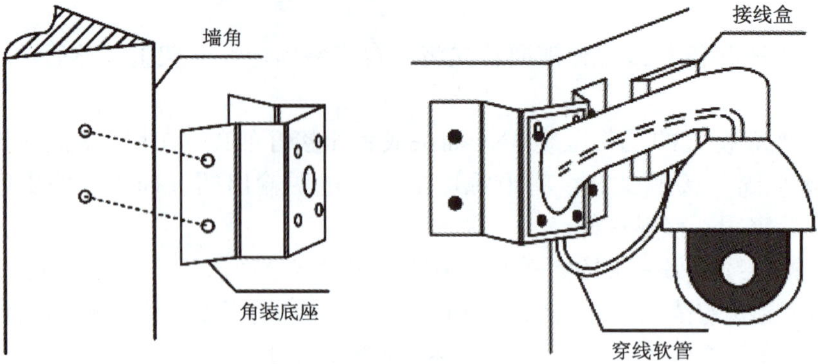

图5-43 墙角安装的球形摄像机示意图

第二步：根据设计方案，确定摄像机安装位置，以角装底座的安装孔为模板，在成90° 夹角的墙壁上画出打孔位置，并打孔。

第三步：将电线电缆穿过角装底座的穿线孔，留出足够的接线长度，并将角装底座固定到墙壁上。

第四步：将电线电缆穿过壁挂支架，并将壁挂支架固定到角装底座上。

接下来的安装步骤参见墙面安装的第五、六步骤即可。

图5-44所示为室外墙角加长杆安装的全球摄像机和图像。

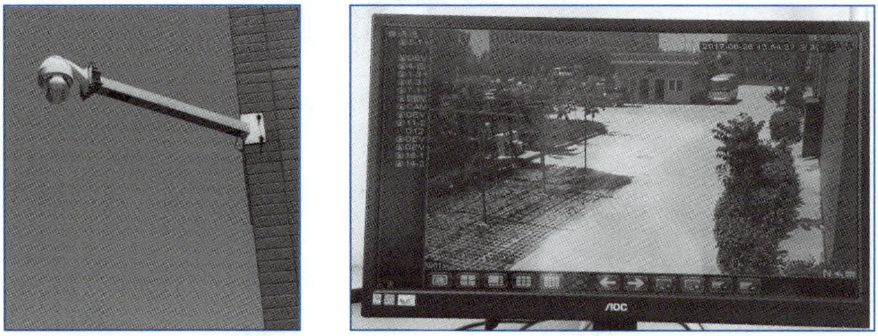

图5-44 室外墙角加长杆安装的全球摄像机和图像

3. 吊顶安装摄像机

图5-45所示为采用吊杆在顶板安装的全球摄像机，图5-46所示为在顶板吸顶安装的半球摄像机，图5-47所示为在顶板嵌入式安装的半球摄像机。顶板安装方式适合于室内顶板、室外雨棚、屋檐下的硬质顶板（天花板）结构等位置，要求顶板（天花板）的承重和厚度满足摄像机安装要求，并且能够承受大于或等于4倍摄像机的重量。

（1）采用吊杆在顶板安装全球摄像机的主要步骤如下：

第一步：准备好摄像机、电源适配器、支架等配件及必要的安装工具。首先检查好各配件的大小型号，测试支架螺钉和螺纹是否合适，其次检查预埋的管线接口是否处理好，保证没有毛刺和缺陷，最后测试电缆是否合格等。

第二步：根据设计方案，确定摄像机具体安装位置，以连接法兰的安装孔为模板，在天花板上画出打孔位置，并打孔。

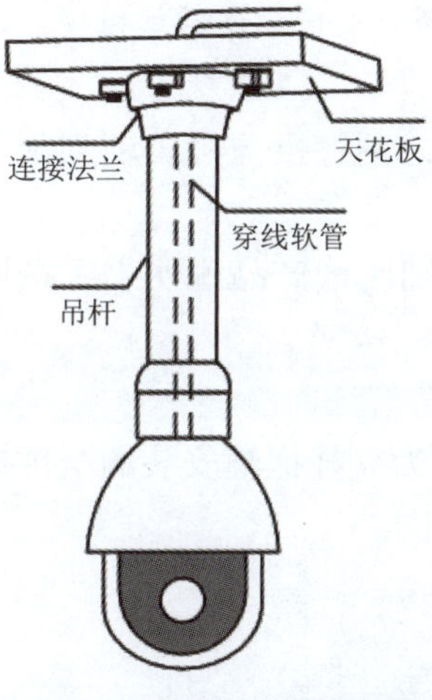

图5-45 吊杆安装全球摄像机

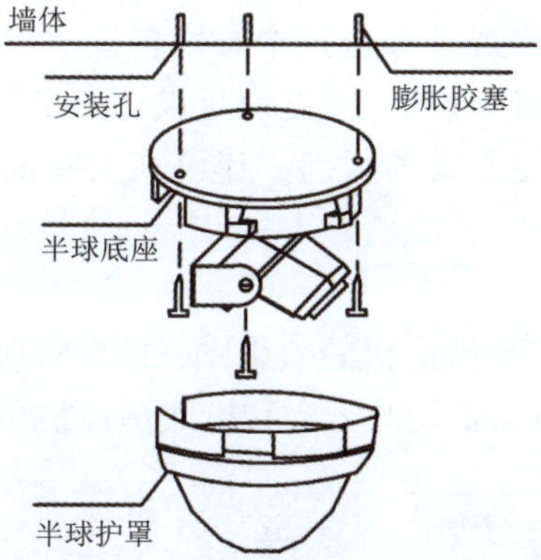

图5-46 吸顶安装半球摄像机

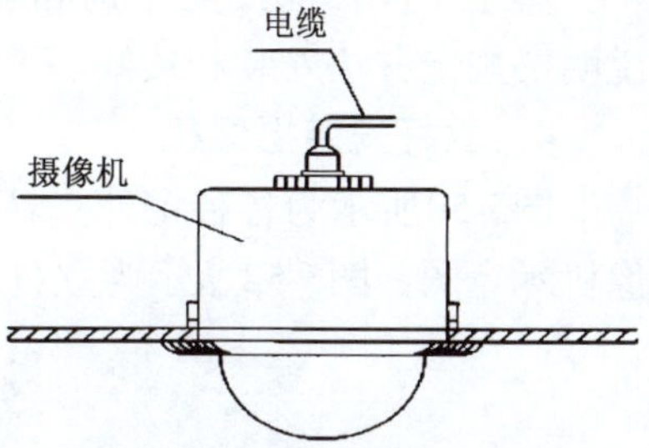

图5-47 嵌入安装半球摄像机

第三步：将电线电缆穿过连接法兰的中心孔，并将连接法兰固定到天花板上。

第四步：将电线电缆穿过吊杆，然后将吊杆旋紧到连接法兰并拧紧。

第五步：首先把BNC插头的同轴电缆或RJ-45水晶头网线插入摄像机，确认插接牢固、接触良好，其次将电源适配器的输出插头插入监控摄像机的电源插口，并确认插接牢固、接触良好。

第六步：将摄像机与DVR或监视器等监控中心设备接通电源，调整摄像机角度到预定范围，并调整摄像机镜头的焦距和清晰度，使之满足设计要求。

（2）吸顶安装的半球摄像机按照上面的步骤安装，或者按照产品说明书规定安装。图5-48所示为室内吸顶安装的半球摄像机，图5-49所示为雨棚下吸顶安装的半球摄像机。

图5-48 室内吸顶安装的半球摄像机

图5-49 雨棚下吸顶安装的半球摄像机

（3）顶板嵌入式安装半球摄像机的主要步骤如下：

第一步：准备好摄像机、电源适配器、支架等配件及必要的安装工具。首先检查产品型号规格和螺钉正确、数量足够，然后检查预埋的管线接口是否处理好，保证没有毛刺和缺陷，最后测试电缆是否合格等。

第二步：根据设计方案，确定摄像机具体安装位置，用摄像机自带的开孔模板在顶板画线和开孔。在确定安装位置和开孔时，必须避让顶板上安装的龙骨和管线等。

第三步：首先把BNC插头的同轴电缆或RJ-45水晶头网线插入摄像机，确认插接牢固、接触良好，然后将电源适配器的输出插头插入监控摄像机的电源插口，并确认插接牢固、接触良好，最后将摄像机嵌入安装在顶板中即可。

建议：最好把各种线缆用线扎固定在顶板以上，并且预留约1 m的长度，方便后续维修和再次接线。

第四步：将摄像机与DVR或监视器等监控中心设备接通电源，调整摄像机角度到预定范围，并调整摄像机镜头的焦距和清晰度，使之满足设计要求。

鉴于不同厂家产品结构和安装方式的区别，建议在安装前仔细阅读产品说明书，按照说明书规定方法安装和接线。

4. 立杆安装摄像机

图5-50所示为各种室外立杆安装摄像机的效果图，图5-51所示为立杆抱箍安装的全球摄像机示意图，图5-52所示为立杆顶端安装的云台和枪式摄像机示意图。

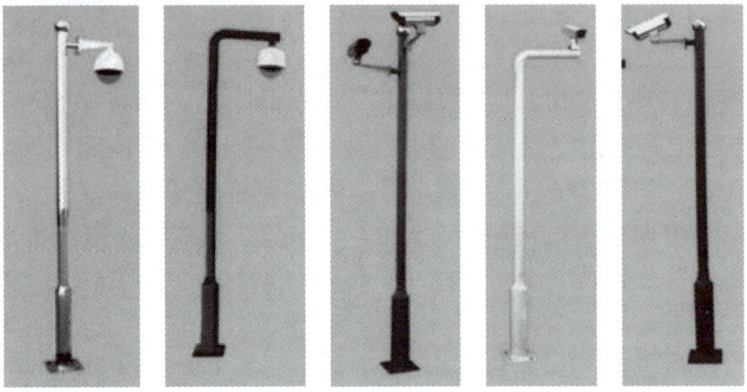

图5-50　各种室外立杆安装摄像机效果图

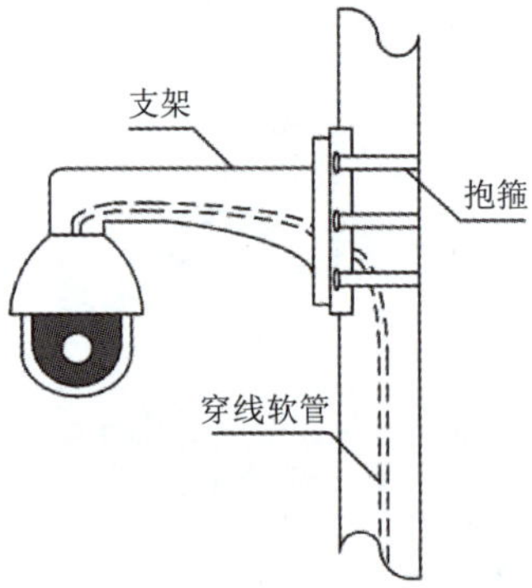

图5-51　立杆抱箍安装的全球摄像机示意图

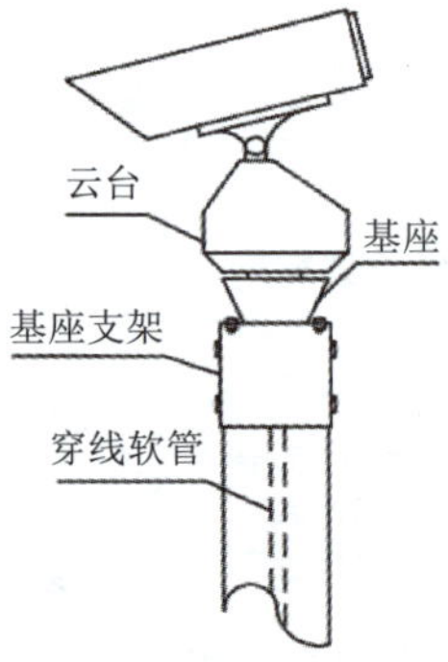

图5-52　立杆顶端安装云台和枪式摄像机示意图

立杆安装方式适合于室外空旷区域、边界围墙等场合。如果在原有的电力杆、路灯杆上安装摄像机时，一般采用图5-51所示的抱箍方式。要求抱箍安装圆弧尺寸与立杆圆弧尺寸接近，抱箍侧面的安装板要与摄像机支架尺寸配合，抱箍尺寸可以调节。

如果新栽专门的立杆安装摄像机时，一般采用图5-52所示的顶端安装方式，新栽立杆需要根据安装要求选型或者重新设计，设计时不仅要考虑摄像机和云台等设备重量，还要考虑大风和外力对立杆的影响，立杆在大风中不能晃动，人为推动不能摇晃等，预留安装板、进出线孔、检修口，顶部加装避雷针等。并且要求立杆结构能够承受4倍以上摄像机和云台等全部设备重量。图5-53所示为立杆安装摄像机设计图纸，请花时间仔细认真读懂图纸，掌握关键技术要求，例如立杆基础中的钢筋规格、螺钉数量与规格、穿线钢管等。图5-54所示为常见的立杆基础图。

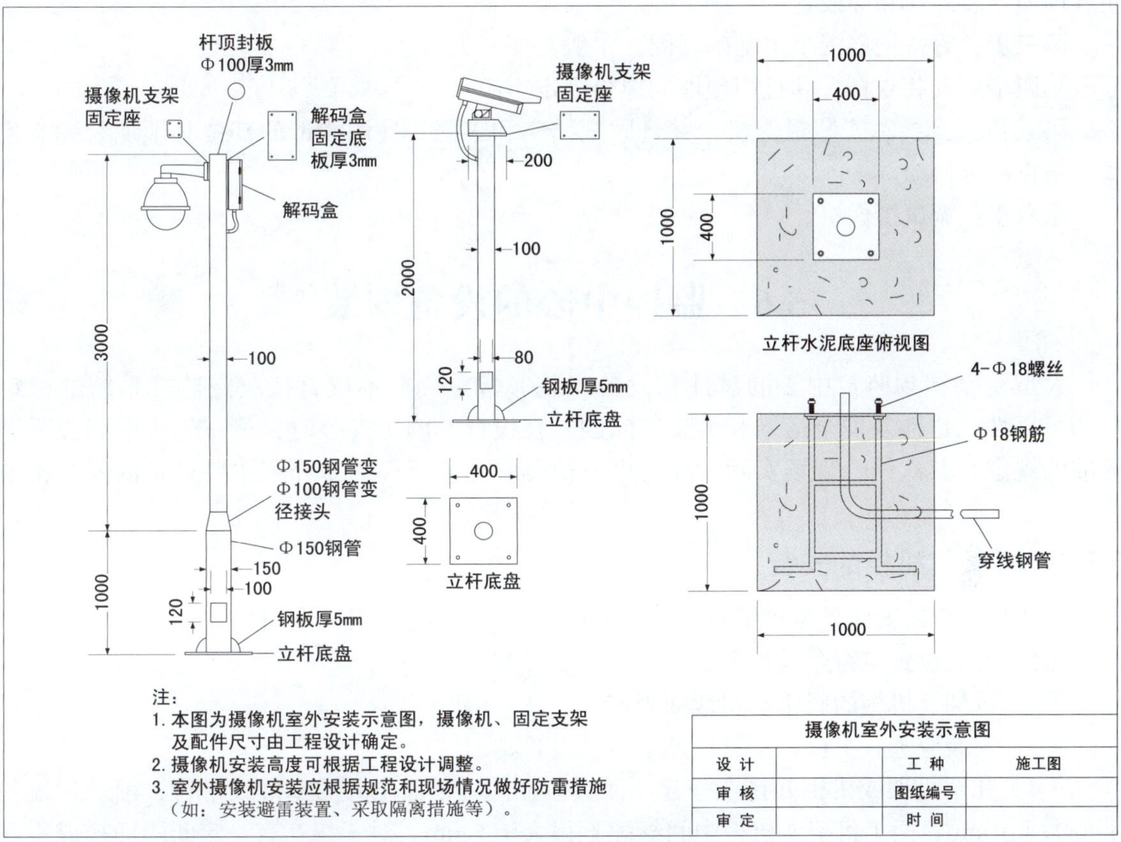

图5-53　立杆安装摄像机设计图（单位：mm）

图5-54　常见的立杆基础图

立杆安装摄像机的主要步骤如下：

第一步：选型或者设计立杆，安排工厂生产，包括底座安装螺孔和钢筋基础结构。立杆表面必须进行热镀锌处理，表面再刷防锈漆两遍和面漆两遍，保证外边面美观。

第二步：设计立杆基础，土建挖坑，支模板，放入钢筋基础结构，浇筑混凝土。特别注意预埋安装螺栓和穿线管。

第三步：等待钢筋混凝土基础凝固，一般需要三天。

第四步：安装立杆，并且用预埋的螺栓固定牢固。

第五步：穿线和安装摄像机，并且固定结实和牢固，使用螺母的部位必须加装弹簧垫圈，防止螺母松动。

第六步：调试摄像机。

5.6 监控中心的设备安装

大型复杂视频监控中心的设计和设备安装非常重要，不仅直接决定监控系统的稳定性和可靠性，也涉及安全运维和美观等问题，在设计和施工安装时，请首先按照相关国家标准的规定，其次结合现场实际情况与甲方协调一致。下面简单介绍主要设备的安装技术要求。

5.6.1 机架与机柜的安装

机架与机柜的安装是监控中心的主要工作之一，必须符合下列规定：

（1）安装位置应符合设计要求。

（2）机架、机柜的底座应与地面固定。

（3）安装应竖直平稳，垂直偏差不得超过1‰。

（4）几个机架或机柜并排在一起，面板应在同一平面上并与基准线平行，前、后偏差不得大于3 mm；两个机架或机柜中间缝隙不得大于3 mm。对于相互有一定间隔而排成一列的设备，其面板前、后偏差不得大于5 mm。一般需要先在地面划线，然后按照划线进行设备就位。

（5）机架或机柜内的设备、部件的安装，应在机架或机柜定位完毕并加固后进行，安装在机架或机柜内的设备应牢固端正。

（6）机架或机柜上的固定螺钉、垫片和弹簧垫圈均应按要求紧固，不得遗漏。

（7）全部机架或机柜必须可靠接地。

5.6.2 控制台的安装

控制台是监控中心的操作和控制平台，每时每刻都在使用，安装应符合下列规定：

（1）控制台位置应符合设计要求。

（2）控制台应安放竖直，台面水平。

（3）附件应完整，无损伤，螺钉紧固，台面整洁无划痕。

（4）控制台内接插件和设备接触应可靠，安装应牢固。

（5）控制台内部接线应符合设计要求，整齐美观，标记清楚，无扭曲脱落现象。

图5-55所示为控制台安装示意图。

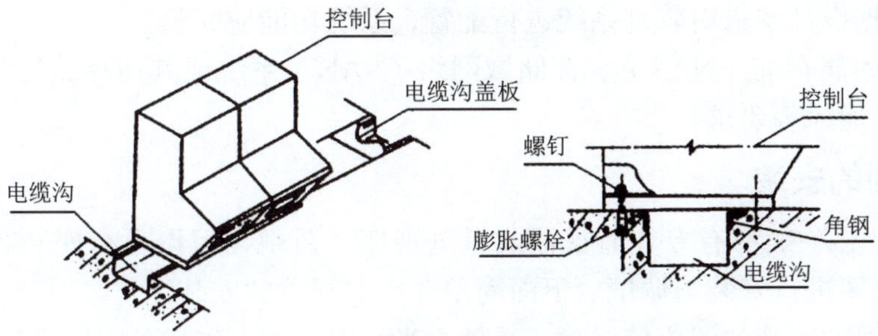

图5-55　控制台安装示意图

5.6.3　监控中心线缆的敷设

前端摄像机的信号线、控制线和电源线等全部进入监控中心，有大量的各种电缆需要在监控中心的地面或者吊顶上敷设，并且与机架、机柜和控制台等设备连接，因此必须提前做好布线设计和规划，一般应符合下列规定：

（1）采用地槽或墙槽时，电缆应从机架、机柜和控制台底部引入，将电缆顺着所盘方向理直，按电缆的排列次序放入槽内，拐弯处应符合电缆曲率半径要求。

（2）电缆离开机架、机柜和控制台时，应在距起弯点10 mm处成捆绑扎，根据电缆的数量应每隔100～200 mm绑扎一次。

（3）采用架槽时，架槽宜每隔一定距离留出线口。电缆由出线口从机架、机柜上方引入，在引入机架、机柜时，应成捆绑扎。

（4）采用电缆走道时，电缆应从机架、机柜上方引入，并应在每个梯铁上进行绑扎。

（5）采用活动地板时，电缆在地板下宜有序布放，并应顺直无扭绞，在引入机架、机柜和控制台处还应成捆绑扎。

（6）在敷设的电缆两端应留适度余量，并标示明显的永久性标记。

（7）引入、引出建筑物的线缆，在出入口处应加装防水套，向上引入、引出的线缆，在出入口处还应做滴水弯，其弯度不得小于线缆的最小弯曲半径。线缆沿墙自上、下引入、引出时应设支持物。线缆应固定或者绑扎在支持物上，支持物的间隔距离不宜大于1 m。

（8）监控中心的光缆在走道上敷设时，光端机上的光缆宜预留10 m；余缆盘成圈后妥善放置。光缆至光端机的光纤连接器的耦合工艺，应严格按有关要求进行。

5.6.4　计算机与存储设备的安装和调试

监控中心的控制计算机、硬盘录像机和存储设备是最关键的核心设备，需要每周7天，每天24 h连续运行，安装与调试非常重要，一般应符合下列规定：

（1）设备宜安装在专用机架和机柜内，一般都是嵌入式安装的。

（2）设备操作面板前的空间不得小于0.8 m，设备四周的空间间隙应保证良好的通风和散热。

（3）设备连接端口用于插接线缆的空间不得小于0.2 m。

（4）设备之间的信号线、控制线的连接正确无误。

（5）应根据设计要求，对计算机和设备的硬盘空间进行分区，并安装相应的操控系统、控制和管理软件。

（6）应根据设计要求对软件系统进行配置，系统功能应完整。

（7）网络附属存储（NAS）、存储域网络（SAN）系统或其他存储设备安装时，应满足承重、散热、通风等要求。

5.6.5 监视器的安装

大型监控中心一般都有专业监视器或者电视墙，监视器可以自行安装和调试，电视墙一般委托专业公司进行安装与调试。下面简单介绍监视器的安装注意事项和一般规定：

（1）监视器的安装位置应使屏幕不受外来光直射，如不能避免时，应加窗帘遮挡。

（2）监视器可装设在固定的机架和机柜上，也可装设在控制台或者操作柜上，应满足承重、散热、通风等要求。

（3）监视器的外部可调节部分，应暴露在便于操作的位置，并可加保护盖。

（4）监视器的板卡、接头等部位的连接应紧密、牢靠。

5.6.6 视频监控系统的联动测试

视频监控系统设备安装完毕后，必须进行联调联试，及时发现和维修安装中出现的问题，保证系统安全稳定运行，一般应进行下面几项工作：

（1）设备与线缆安装、连接完成后，应联调系统功能。

（2）联调中应记录测试环境、技术条件、测试结果。

（3）联调各项硬/软件技术指标、功能的完整性、可用性。

（4）应测试与其他系统的联动性。

5.7 视频监控系统的供电与接地

（1）视频监控中心应配置不间断电源，在市电停电的情况下，电池组能够满足8h的工作需要。

（2）摄像机等前端设备宜采用集中供电。保证在市电停电的情况下，监控系统能够继续工作。

（3）所有设备的接地电阻应进行测量，经测量达不到设计要求时，应采取措施使其满足设计要求。一般单独接地电阻≤4 Ω，联合接地电阻≤1Ω。

（4）监控中心内接地母线的走向、规格应符合设计要求。施工时应符合下列规定：

① 接地母线的表面应完整，无明显损伤和残余焊剂渣，铜带母线光滑无毛刺，绝缘线的绝缘层不得有老化龟裂现象。

② 接地母线应铺放在地槽或电缆走道中央，并固定在架槽的外侧，母线应平整，不得有歪斜、弯曲。母线与机架或机顶的连接应牢固端正。

③ 电缆走道上的铜带母线可采用螺钉固定，电缆走道上的铜绞线母线应绑扎在横档上。

（5）监控系统的防雷接地安装应严格按设计要求施工。接地安装应与土建施工同时进行。

5.8 典型案例3 首钢技师学院楼宇自动控制设备安装与维护

为了方便读者全面直观地了解工程施工安装流程，加深对施工安装的理解，快速掌握施工安装关键技术和主要方法，提高工程施工安装的能力和水平，掌握工程经验，保证工程项目的质量等，我们以北京市职业技能公共实训基地首钢技师学院楼宇自动控制设备安装与维护实训室项目的施工安装为例，重点介绍该项目的前期施工准备、设备安装、布线和理线等关键技术和工程经验。

5.8.1 项目基本情况

（1）项目名称：首钢技师学院楼宇自动控制设备安装与维护实训室。

（2）项目地址：北京市石景山区阜石路155号首钢技师学院。

（3）建设单位：首钢技师学院。

（4）设计施工单位：西安开元电子实业有限公司。

（5）项目概况：该项目为北京市职业技能公共实训基地配套实训项目，实训室面积为700 m^2，局部高度7 m，搭建二层结构。2015—2016年进行了4次项目论证和2次财政论证，2016年10月发标，2016年11月开标，西元产品中标，中标价631万元。2016年12月开始进场安装，2017年3月竣工和验收，2017年7月完成用户培训工作。图5-56所示为平面布局图，图5-57和图5-58所示为3D效果图。

图片

图 5-56

请扫描“图 5-56”二维码，观看或下载彩色高清图片。

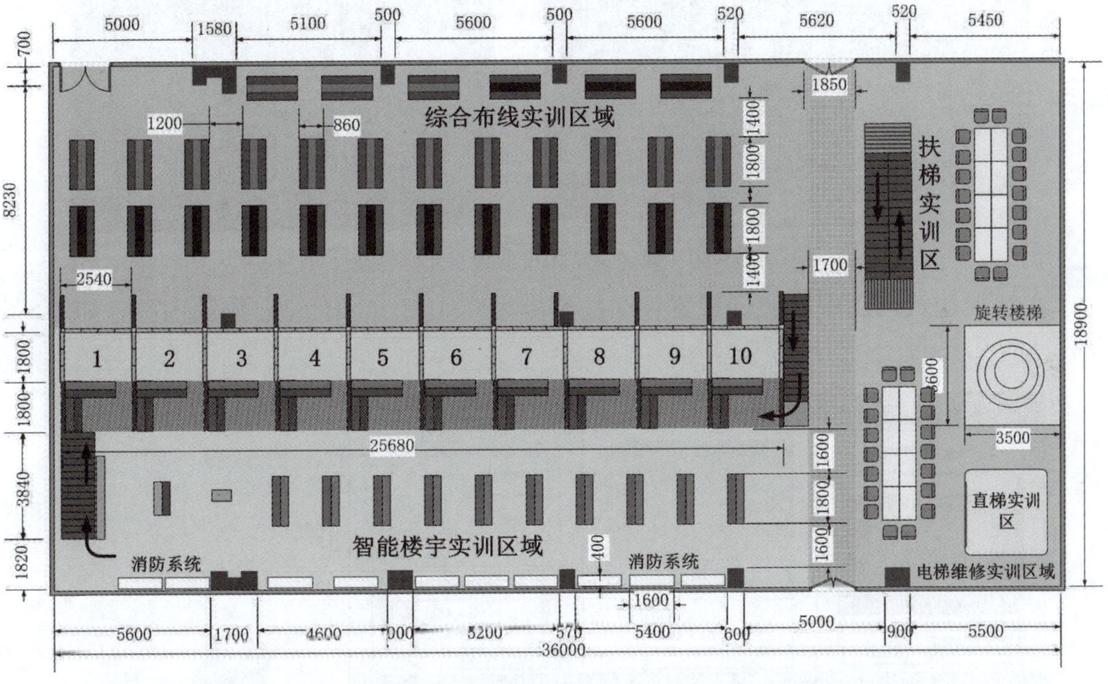

图5-56 首钢技师学院楼宇自动控制设备安装与维护实训室平面布局图（单位：mm）

（6）项目主要设备：首钢技师学院楼宇自动控制设备安装与维护实训室论证时间长，技术要求高，投资大，总投入631万元，场地面积大，实训室面积700 m^2，设备多，共计12大类，131台（套）。为了充分利用空间，满足多人多种项目同时实训需求，西元公司精心设计，将局部设计为二层钢结构。实训室主要设备如下：

① 两层钢结构模拟楼房实训装置，产品型号为西元KYSYZ-2F-2U，数量10套，如图5-59所示。

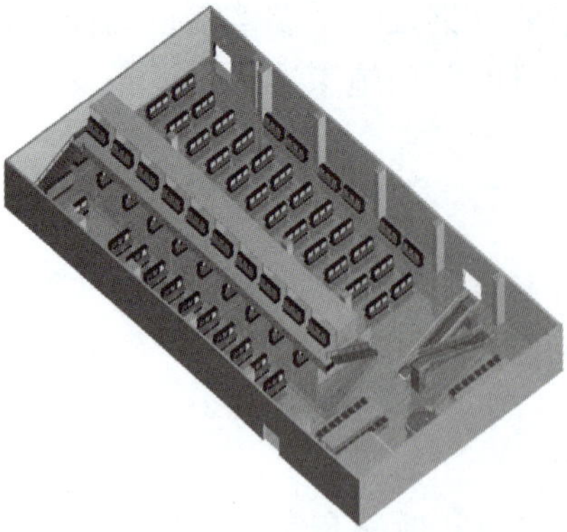

图5-57　首钢技师学院楼宇自动控制设备安装与维护实训室3D效果图

图5-58　首钢技师学院楼宇自动控制设备安装与维护实训室3D效果图（局部）

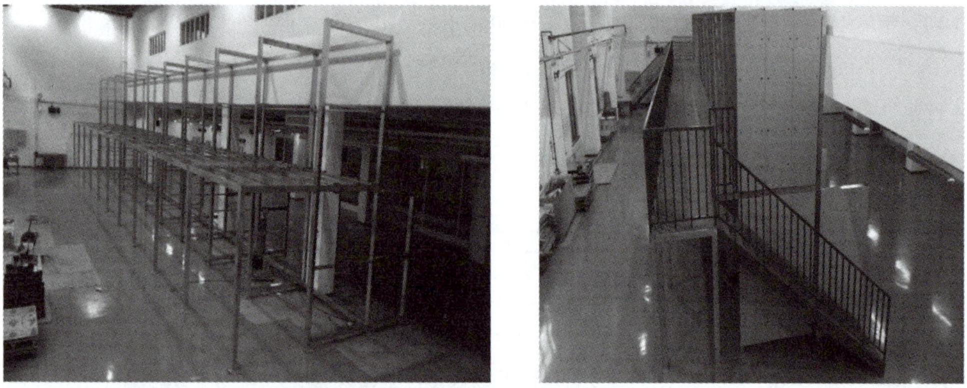

图5-59　两层钢结构模拟楼房实训装置

② 智能建筑控制中心实训装置，产品型号为西元KYZNH-52，数量10台，如图5-60所示。

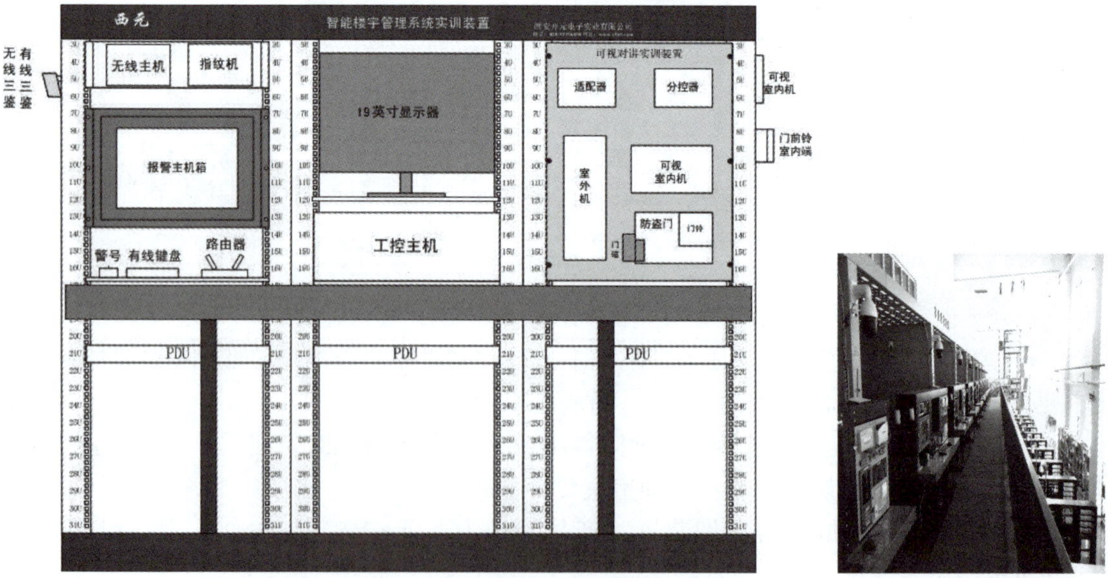

图5-60　西元智能建筑控制中心实训装置

主要配置如下：

- 视频监控系统。配置有视频采集卡、码转换器、无线网络摄像机、模拟高速球云台摄像机、模拟彩色半球摄像机、针孔摄像机、网络室内半球云台摄像机、模拟彩色枪式一体机、内置解码器室外云台、摄像机支架、视频监控主机、液晶显示器等。
- 可视对讲系统。配置有室外数码主机、室内可视分机、单元分控器、层间适配器、IC卡发卡器、开门按钮、电控锁、门磁、非接触卡等。
- 智能报警系统。配置有报警主机、控制键盘、有线三鉴探测器、无线报警主机、无线三鉴探测器、无线门磁等。

③ 物联网智能家居实训装置，产品型号为西元KYWLW-31-2，数量10台。

④ MCU音视频开发实训装置，产品型号为西元KYZNH-06，数量10台。

⑤ ENH智能竞技开发单元，产品型号为西元KYENH-01，数量10台。

⑥ 智能消防系统实训装置，产品型号为西元KYZNH-08，数量10台。

⑦ 智能楼宇配电照明实训装置，产品型号为西元KYZNHM-03，数量10台。

⑧ 智能楼宇系统管理中心实训装置，产品型号为西元KYZNGL-10-01，数量1套。

⑨ 强电综合布线实训装置，产品型号为西元KYSYZ-03-02，数量15套。

⑩ 电机拖动及电气照明实训装置，产品型号为西元KYDG-03-01，数量15套。

⑪ 弱电综合布线实训装置，产品型号为西元KYSYZ-03-02，数量15套。

⑫ 电气技能考核及PLC通信实训装置，产品型号为西元KYPLC-01-01，数量15套。

5.8.2 项目施工安装关键技术

该项目设备型号多，规格复杂，技术难度大，涉及多个专业工种，工期紧，施工安装任务繁重，西元公司进行了精心准备，顺利完成了施工安装。下面以该项目视频监控系统部分为例，集中介绍该项目施工安装的关键技术，分享工程经验。

1. 检查施工安装应满足的条件

1）成立项目部，检查现场环境和施工条件

在项目中标后，西元公司立即成立首钢技师学院项目施工安装项目部，由西元工程部总经理亲自担任项目经理，项目经理专程前往北京，自带激光测距仪等工具，实际测量实训室尺寸，并且与前期投标文件的设计方案进行核对，测量场地暖气管道、消防管道、配电箱、立柱等尺寸和位置，落实局部细节，现场规划和设计布局图，确认设计方案。检查现场环境和施工条件，预定酒店和落实吃饭、饮水等生活问题。

2）召开专题会，完成全部技术文件和图纸设计

西元销售部、技术部和工程部多次召开专题会，进行技术交底，完成全部技术文件和图纸设计。安排设备配置表等施工文件编制，以及每台产品、每组设备安装图等图纸设计工作。围绕二层钢结构、栏杆、楼梯踏步等进行了多次论证和设计，核算了二层钢结构承载强度，向用户提交了活载荷计算书。

详细设计了每种产品的施工安装图，包括系统图、设备安装图、设备就位图、布线图等。图5-61所示为视频监控系统图和互联互通示意图。该系统共有10个工位，每个工位都有7台不同的摄像机，安装时容易混淆或者位置错误，为了帮助现场施工安装人员快速读懂和理解图纸，保证安装正确，设计人员在系统图的右边专门增加了以实物照片表示的系统

图。这些图纸全部需要设计、审核、审定和批准人员签字，经过用户会审同意，最后，晒成A2幅面蓝图，发货到施工现场，坚持按图施工安装。

请扫描“图 5-61”二维码，观看或下载高清图片。

图片

图 5-61

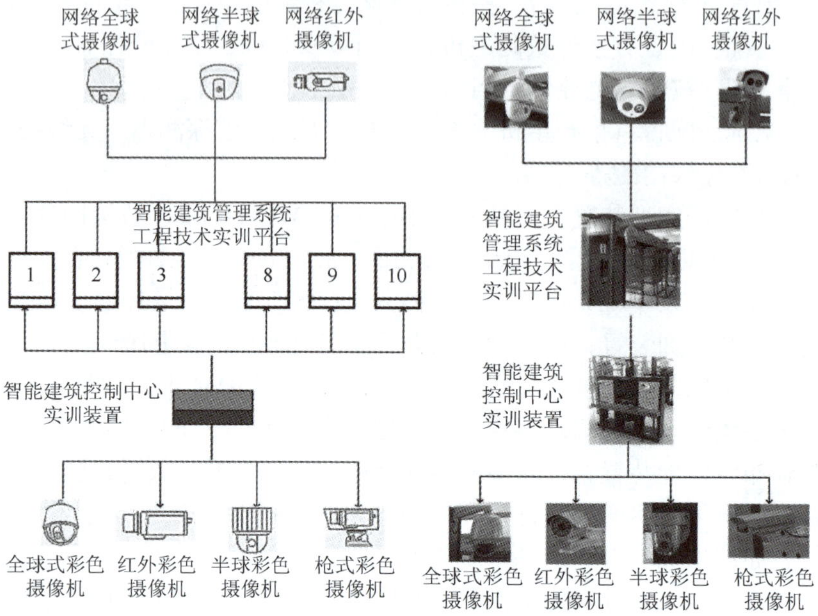

图5-61　视频监控系统图和互联互通示意图

3）准备设备和器材

在公司库房仔细检查和核对，保证全部设备和器材符合投标文件规定，并且分类打包，在箱外注明规格和型号。各种摄像机等有源设备提前通电检查，保证质量合格。各种辅助器材和配件数量齐全，没有漏项和缺少，满足连续施工和阶段施工的要求。如果出现材料短缺，就会影响工期，严重时甚至造成停工，增加施工与安装的直接成本。

4）准备安装工具

该项目设备数量多、安装人员多，周期长，预计跨越春节，为了提高安装效率，西元公司准备了大量的工具，包括现场搬运使用的地牛车2台、登高梯子5把、移动工具车2台、零件工具盒5个、工具箱5个、电钻2把、电动起子10把、腰包10个、安全帽10个等。

5）提前预装配和通电检查

为了保证质量和提高安装效率，提前在西元公司生产车间进行了大量的预装配工作，例如对摄像机进行组装、提前焊接各种视频接头、压接控制线和电源线接头、进行设备编号等工作。对前端摄像机设备主要进行了下列检查：

（1）对77台摄像机逐个通电进行检测和调试，保证摄像机正常工作，然后装箱。

（2）检查云台的水平、垂直转动角度，并根据设计要求定准云台转动起点方向。

（3）检查摄像机防护套密封性能。

（4）检查摄像机在防护罩内的紧固情况。

（5）检查摄像机座与支架或云台的安装尺寸，并且进行试装。

（6）对网络摄像机，按要求设置网络参数、管理参数。

（7）检查云台控制解码器的设置是否正确，是否能够正确传送与接收控制信号。

2. 前端摄像机设备安装

该项目视频监控系统共有10组，每组有7种摄像机，包括无线网络摄像机、网络室内半球云台摄像机、模拟高速球云台摄像机、模拟彩色半球摄像机、针孔摄像机、模拟彩色枪式一体机等，共计有77台摄像机以及配套的支架。其他配置有视频采集卡、码转换器、内置解码器室外云台、视频监控主机、液晶显示器、视频监控系统控制台、拼接大屏幕等。

摄像机的安装方式有吸顶安装、吊顶安装、壁装、支架安装、立杆安装等多种方式。为了保证安装质量和提高安装效率，西元项目部指定专人安装摄像机。每人安装一种摄像机，第1台安装完毕后，项目经理检查和确认正确，再继续安装其余的9台。每种摄像机都这样安装，保证位置正确，不会安装错误。因为同一种摄像机包装箱相同，安装位置相同，使用工具相同，支架相同，螺钉等配件也相同，保证了安装效率。

该项目实训平台为两层钢结构，其中一层规格为长3.72 m，宽2.88 m，高2.5 m。二层规格为长1.92 m，宽2.88 m，高为2.5 m。装置完全模拟真实的两层楼房结构，还原工程现场，为上下双层设计结构，一层实训面积为10.7 m^2，二层实训面积为5.5 m^2。而且两层之间设计有楼梯、二层设计有护栏，既真实反映楼层结构又方便学生进行实训操作，安全可靠。实训装置符合建筑力学设计，采用优质钢材，整体稳固可靠，双层为一体化设计，互联互通性好，避免两层分开堆叠造成的不稳固因素，实训安全稳定。

实训装置由8面墙体组成上下两层U形工位，还原工程现场，开放式操作，每个工位满足4～6人同时进行综合布线、智能楼宇工程实训操作。实训装置采用高强度方钢龙骨支架。各个模块通过焊接而成。在实训装置的二层各U形工位中，如图5-62所示，安装有安防监控系统，包括视频监控、可视对讲、安防报警等安防系统，可完成各系统前端设备安装、布线施工、终端设备调试等功能。

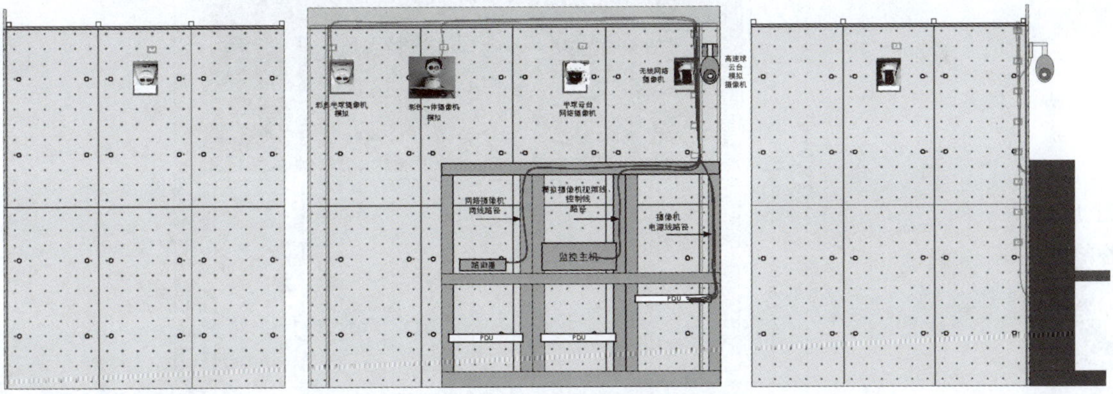

图5-62 二层U形工位视频监控系统安装布局图

在U形工位区域，根据实际工程合理安装了视频监控系统，各种工程常用监控摄像机安装在了U形工位模拟房间中，通过线缆连接到前面的实训装置上，组成一个完整的视频监控系统，图5-63所示为竣工照片。每种摄像机的安装要求如下：

（1）定焦摄像机：安装在U形支架内，居中安装在左墙，安装高度2.2 m左右。

（2）云台枪式摄像机：先用1/4英寸螺钉连接在L形支架上部，然后固定在墙面，安装高度2.2 m左右。

（3）网络摄像机1：首先安装在U形支架下部，保持文字方向正确，然后距离墙面

300 mm吊装在顶部。

（4）网络摄像机2：先安装在U形支架内，保持文字方向正确，然后居中安装在右墙，高度2.2 m左右。

（5）全球摄像机：安装在立柱外沿，距离二层地面2 m左右。用M6×16螺钉，直接安装在孔板上。

图5-63 视频监控系统安装竣工照片

3. 监控中心控制台和电视墙安装

图5-64所示为监控中心控制台和电视墙安装布局图，图5-65所示为电视墙竣工照片。具体按照“5.6 监控中心的设备安装”要求进行，必须符合下列规定：

请扫描“图 5-64”二维码，观看或下载高清图片。

图 片

图 5-64

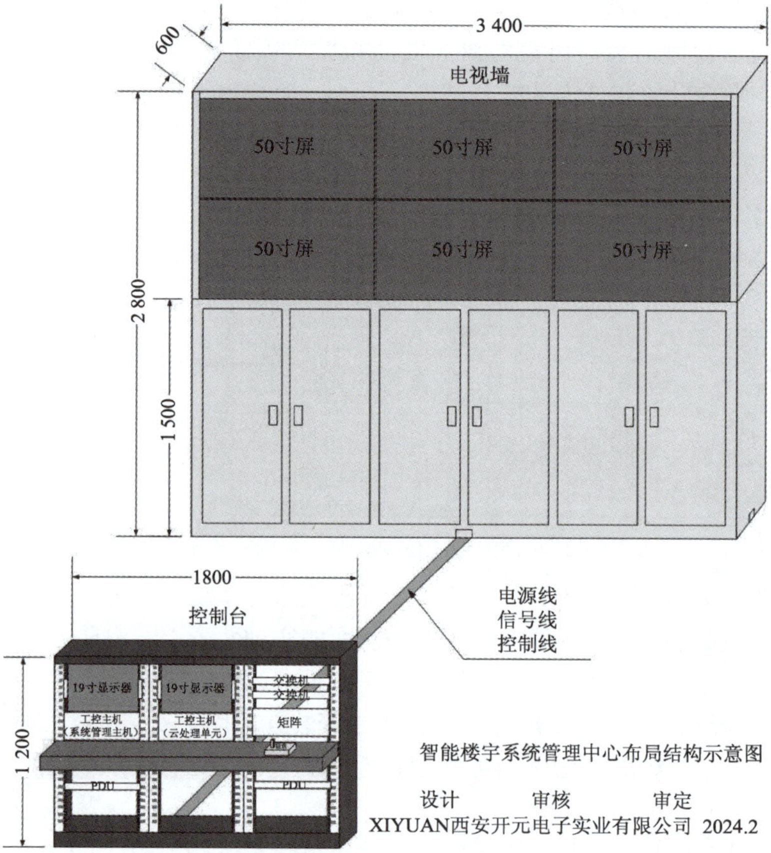

图5-64 监控中心控制台和电视墙安装布局图（单位：mm）

图5-65 电视墙竣工照片

（1）安装位置应符合设计图纸要求。

（2）控制台和电视墙的底座应与地面固定。

（3）安装应竖直平稳，垂直偏差不得超过1‰。

（4）在控制台和电视墙定位和加固后，再安装内部的设备和部件，保持设备牢固端正。

（5）全部固定螺钉、垫片和弹簧垫圈均应按要求紧固，不得遗漏。

（6）内部接线应符合设计图纸要求，整齐美观，标记清楚，无扭曲脱落现象。

4. 布线和理线

按照视频监控系统安装布局图规定，具体布线路由和要求如下；

（1）通信布线。从各个摄像机向实训装置布线，用M6×16螺钉、螺母在墙面和顶板安装理线环，要求理线环间距为200～300 mm，并且用100 mm线扎捆绑整齐，尽量穿入吊顶上。

（2）电源布线。从实训装置PDU向各个摄像机布220V电源线，采用RVV2×1双护套线。前端安装7孔电源插座和插线板。

（3）监控系统全部线材均在工厂提前做好，焊接好相应的接头，线头焊锡处理。线材接头和端头做好后，必须经过测试，保证线路畅通。在每根线上做好标记，每台的线材作为一件盘卷好。线缆长度和数量见西元2016-11-18-82-E首钢视频监控系统线缆、配件汇总清单。

（4）现场安装时，根据图示要求布线和连接设备并调试正常运行。

（5）注意在实训装置位置预留1 m线缆，并且用蛇形护套束缆，方便实训装置移动。

（6）允许项目经理根据现场情况做适当调整，要求设备安装位置合理，实训操作方便，布线整体和美观，兼顾参观和展示功能。

课程思政3 立足岗位、刻苦钻研、技能改变命运——记西安开元电子实业有限公司新产品试制组组长纪刚

党的第二十大报告中明确提出：“健全终身职业技能培训制度，推动解决结构性就业矛盾。”2022年，西安开元电子实业有限公司新产品试制组组长纪刚，用15年时间从一名技校毕业生成长为16项国家专利发明人， 他立足岗位、刻苦钻研、精益求精，靠持续学习和参加职业技能培训，创新生产工艺，不断提高技术技能水平，成长为“陕西省劳动

模范”。

纪刚拥有一份不平凡的成绩单：国家发明专利4项、实用新型专利12项；全国技能大赛和师资培训班实训指导教师；精通16种光纤测试技术、200多种光纤故障设置和排查技术；5次担任全国职业院校技能大赛和世界技能大赛网络布线赛项安装组长；改进、推广了10项操作方法和生产工艺，生产效率提高了两倍，5年内降低生产成本约580万元……

15年的时间，纪刚从一名学徒成长为国家专利发明人、技师和陕西省劳动模范，他说：“技能首先是一种工作态度，技能就是标准与规范，技能的载体就是图纸和工艺文件，现代技能需要创造思维。”

为了实现降低成本的目标，纪刚自费购买专业资料，利用节假日勤奋钻研，多次上门拜访西安交通大学教授，边做边学，历时一年，先后四次修改电路板，五次改变设计图纸和操作工艺，最终获得国家发明专利。在不断提高自身素质的同时，他积极发挥劳模传技能作用，参与拍摄制作了30多部技能操作教学视频。这些视频被全国3 000多所高校和职业院校广泛使用，为全国培养高技能人才做出了突出贡献。

（本文根据纪刚先进事迹材料摘编。更多纪刚劳模先进事迹可通过网络搜索“西安开元电子实业有限公司纪刚劳模”。）

练　习　题

请扫描“单元5练习题”二维码，下载电子版，按时完成。

文档

单元5练习题

1. 填空题（10题，每题2分，合计20分）

（1）视频监控系统工程的施工安装质量直接决定工程的________、稳定性和________等工程质量，工序复杂，周期长，施工人员不仅需要掌握基本操作技能，也需要一定的管理经验。（参考前言）

（2）请填写完整视频监控系统工程的施工安装流程。（参考图5-1）

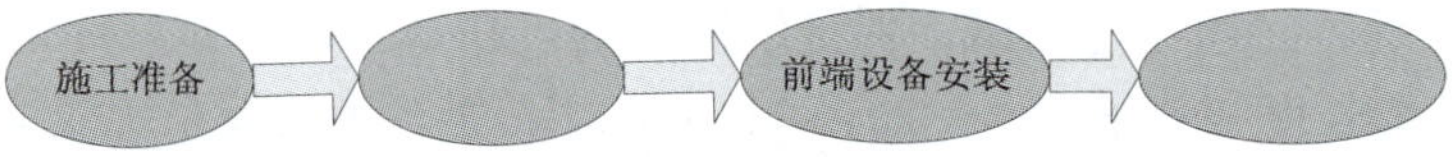

（3）工程中大量使用各种安装支架、摄像机等设备，每个部件的用途和安装部位不同，每种摄像机配置的镜头、护罩也不相同，因此必须按照设计图纸仔细________，保证全部部件和设备符合________，特别需要逐一检查设备型号和数量符合设计要求。（参考5.2.2知识点）

（4）请填写表5-3中的空格内容。（参考表5-1知识点）

表5-3　线管规格型号与容纳的双绞线数量表

线管类型	线管规格/mm	容纳双绞线最多条数	截面利用率
Pvc、金属	16		30%
Pvc	20		30%
Pvc、金属	25		30%
Pvc、金属	32		30%

（5）在与线缆底盒连接的钢管出口，需要安装专用的护套，保护穿线时________，不会划破________。（参考5.3.1知识点）

（6）水平桥架底部与地面距离不宜小于________m，顶部距楼板不宜小于0.3 m，与梁的距离不宜小于0.05 m，桥架与电力电缆间距不宜小于________m。（参考5.3.2知识点）

（7）线槽拐弯处一般使用成品弯头，一般有阴角、阳角、堵头、三通等配件，如图5-13所示。请填写下列配件名称。（参考5.3.3知识点）

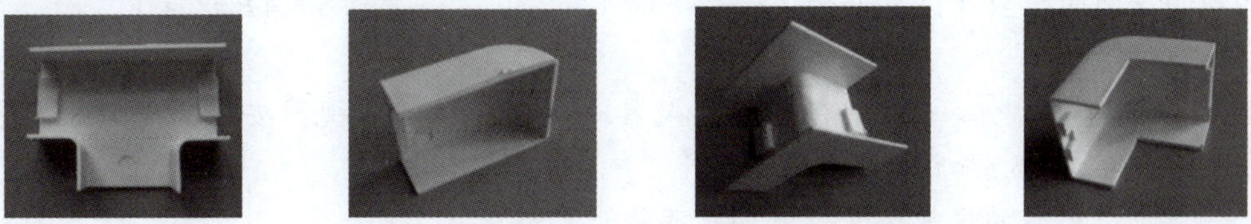

________　　________　　________　　________

（8）线缆必须统一编号，并且与________的规定保持一致，编号标签应正确齐全、________、不易擦除。（参考5.4.1知识点）

（9）在满足监视目标视场范围要求的条件下，摄像机的安装高度：室内离地不宜低于________m，室外离地不宜低于________m。（参考5.5.1知识点）

（10）视频监控中心应配置不间断电源，在市电停电的情况下，电池组能够满足________h的工作需要。（参考5.7知识点）

2. 选择题（10题，每题3分，合计30分）

（1）检查施工中使用道路及占有道路情况，检查项目和主要内容包括：（参考5.2.2知识点）

第一项：按照正式设计图纸，检查是否有摄像机需要（　　）道路布线。

第二项：实际勘察和检查跨越道路的位置和方向，并且做出（　　）。

第三项：确认跨越道路位置已经预埋了（　　），规格和数量符合设计图纸规定。

第四项：检查管道是否畅通，并且预留有（　　）。

A. 管道　　B. 跨越　　C. 牵引钢丝　　D. 标记

（2）预埋在墙体中间暗管的最大管外径不宜超过（　　）mm，预埋在楼板中暗埋管的最大管外径不宜超过（　　）mm，室外管道进入建筑物的最大管外径不宜超过（　　）mm。（参考5.3.1知识点）

A. 25　　B. 50　　C. 100　　D. 150

（3）在施工进场前，项目经理或者工程师对从库房领出的有源设备进行通电检查非常重要，必须逐台进行，不得遗漏任何一台，这些设备包括（　　）、电动镜头、（　　）、解码器、（　　）、（　　）、矩阵、显示屏等。（参考5.2.2知识点）

A. 电源适配器　B. 画面分割器　　C. 录像机　　D. 摄像机

（4）当摄像机在室外安装时，应检查其（　　）、（　　）、（　　）的设施是否合格。（参考5.5.1知识点）

A. 电源　　B. 防尘　　C. 防雨　　D. 防潮

（5）几个机架或机柜并排在一起，面板应在同一平面上并与基准线平行，前、后偏差不得大于3 mm；两个机架或机柜中间缝隙不得大于（　　）mm。对于相互有一定间隔而排成一列的设备，其面板前、后偏差不得大于（　　）mm。（参考5.6.1知识点）

A. 50　　B. 3　　C. 20　　D. 5

（6）电缆离开机架、机柜和控制台时，应在距起弯点（　　）mm处成捆绑扎，根据电缆的数量应每隔（　　）~（　　）mm绑扎一次。（参考5.6.3知识点）

A. 100　　B. 200　　C. 1 000　　D. 10

（7）监控中心的控制计算机、硬盘录像机和存储设备是最关键的核心设备，需要每周7天，每天24 h连续运行，安装与调试非常重要。设备操作面板前的空间不得小于（　　）m，设备四周的空间间隙应保证良好的（　　）和（　　）。（参考5.6.4知识点）

A. 通风　　B. 散热　　C. 2　　D. 0.8

（8）大型监控中心一般都有专业监视器或者电视墙，监视器安装的一般规定包括：（　　）。（参考5.6.5知识点）

A. 监视器的安装位置应使屏幕不受外来光直射

B. 监视器可装设在固定的机架和机柜上，也可装设在控制台或者操作柜上，应满足承重、散热、通风等要求

C. 监视器的外部可调节部分，应暴露在便于操作的位置，并可加保护盖

D. 监视器的板卡、接头等部位的连接应紧密、牢靠

（9）视频监控系统设备安装完毕后，必须进行联调联试，及时发现和维修安装中出现的问题，保证系统安全稳定运行，一般应进行下面（　　）工作。（参考5.6.6知识点）

A. 设备与线缆安装、连接完成后，应联调系统功能

B. 联调中应记录测试环境、技术条件、测试结果

C. 联调各项硬/软件技术指标、功能的完整性、可用性

D. 应测试与其他系统的联动性

（10）所有设备的接地电阻应进行测量，经测量达不到设计要求时，应采取措施使其满足设计要求。一般单独接地电阻≤（　　）Ω，联合接地电阻≤（　　）Ω。（参考5.7知识点）

A. 1　　B. 20　　C. 100　　D. 4

3. 简答题（5题，每题10分，合计50分）

文档

互动练习 9

文档

互动练习 10

（1）写出在预埋线管和穿线时一般应遵守的原则（至少写出10项）。（参考5.3.1知识点）

（2）写出桥架布线的操作步骤。（参考5.3.2知识点）

（3）现场自制PVC大拐弯接头时，必须选用质量较好的冷弯管和配套的弯管器。请写出用弯管器自制PVC塑料弯头的方法和步骤。（参考5.3.4知识点）

（4）墙面安装摄像机适合安装在室内、室外的硬质墙壁结构，是视频监控系统常见的安装方式，请写出具体安装步骤。（参考5.4.2知识点）

（5）控制台是监控中心的操作和控制平台，请简述主要安装规定。（参考5.6.2知识点）

请扫描“互动练习 9”和“互动练习 10”二维码，下载 Word 版，按时完成，掌握本单元主要内容。

实训7 摄像机的安装

1. 实训任务来源

摄像机安装是视频监控系统施工安装的重要组成部分，安装质量直接决定工程的可靠性、稳定性和长期寿命等，熟练掌握其安装技术是安装与维护技术人员的必备技能。

2. 实训任务

每人独立完成各种前端摄像机的安装任务，包括一体化全球摄像机、枪式摄像机和半球摄像机。要求安装牢固可靠，线缆连接正确。

3. 技术知识点

（1）摄像机的类型和安装方式。

（2）摄像机与其他设备的连接关系。

（3）视频监控系统的综合安装实训操作方法。

4. 实训课时

（1）该实训共计2课时完成，其中技术讲解15 min，视频演示10 min，学员实际操作45 min，实训总结、整理清洁现场15 min。

（2）课后作业2课时，独立完成实训报告，提交合格实训报告。

视 频

摄像机的安装

5. 实训指导视频

VSCS27-实训7-摄像机的安装（7 min 04 s）。

6. 实训设备

西元视频监控系统实训装置，产品型号：KYZNH-01-2。

本实训装置专门为满足视频监控系统的工程设计、安装调试等技能培训需求开发，配置有全套视频监控系统设备等，可完成对摄像机等设备的安装调试实训，特别适合学生认知和操作演示，具有工程实际使用功能，能够在真实应用环境中进行工程安装实践和操作管理，理实合一。

7. 实训材料

序号	名 称	规格说明	数量	器材照片
1	网络双绞线	Cat5e，非屏蔽	1箱	
2	水晶头	RJ-45，非屏蔽	2个	
3	安装螺钉	M6×12螺钉	若干	

8. 实训工具

序号	名 称	规格说明	数量	工具照片
1	电缆剥线器	旋转式双刀同轴剥线器，用于剥除外护套	1个	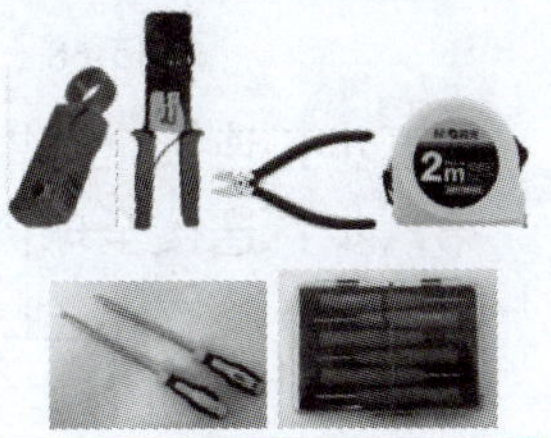
2	网线钳	支持RJ-45与RJ-11水晶头压接	1把	
3	水口钳	6寸水口钳，用于剪齐线端，剪掉撕拉线	1把	
4	钢卷尺	2 m钢卷尺，用于测量跳线长度	1个	
5	十字螺丝刀	150 mm，用于十字槽头螺钉、螺栓的拆装	2把	
6	微型螺丝批	用于紧固相应的微型螺钉	1套	

9. 实训步骤

（1）预习和播放视频。课前应预习，初学者提前预习，反复观看实操视频，熟悉主要关键技能和评判标准，熟悉线序。

（2）器材工具准备。建议在播放视频期间，教师准备和分发器材工具。

① 发放材料。

② 学员检查材料规格数量合格。

③ 发放工具。

④ 每个学员将工具、材料摆放整齐。

⑤ 本实训要求学员独立完成，优先保证质量，掌握方法。

（3）实训内容：

① 一体化全球摄像机安装实训：

第一步：检查器材。重点检查设备及其配件是否齐全，外观、接口无损伤等，如图5-66和图5-67所示。

图5-66　一体化全球摄像机

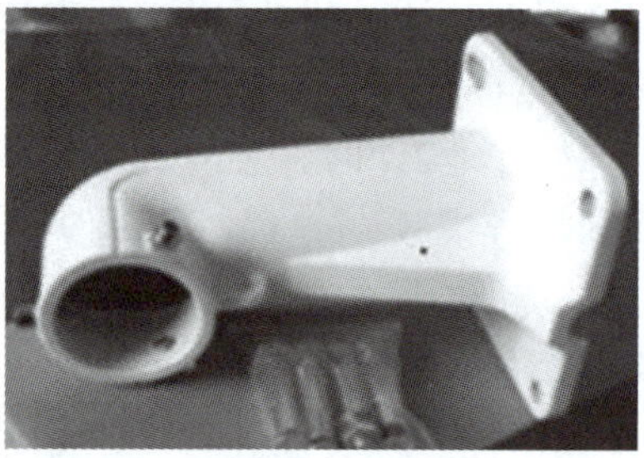

图5-67　支架

第二步：制作网络双绞线电缆1根，要求线缆电气性能正常，长度合适。

第三步：将全球摄像机安装在球机支架上，如图5-68所示，要求安装可靠牢固。

第四步：将全球摄像机及支架安装在设备机架左侧立柱上，如图5-69所示，要求安装可靠牢固。

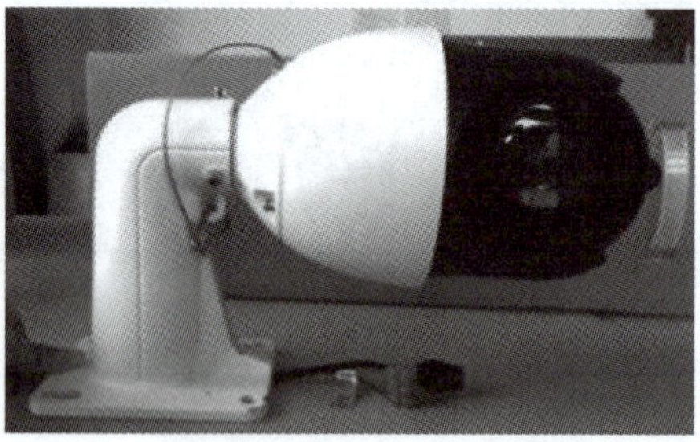

图5-68　安装支架

图5-69　安装摄像机

第五步：连接全球摄像机的电源适配器，注意线缆正负极的正确端接。

第六步：连接全球摄像机与网络交换机之间的双绞线电缆。

第七步：检查上述操作是否符合要求，连接是否正确。

② 枪式摄像机安装实训：

第一步：准备和检查器材。重点检查设备及其配件是否齐全，外观、接口无损伤等，如图5-70和图5-71所示。

图5-70　枪式摄像机

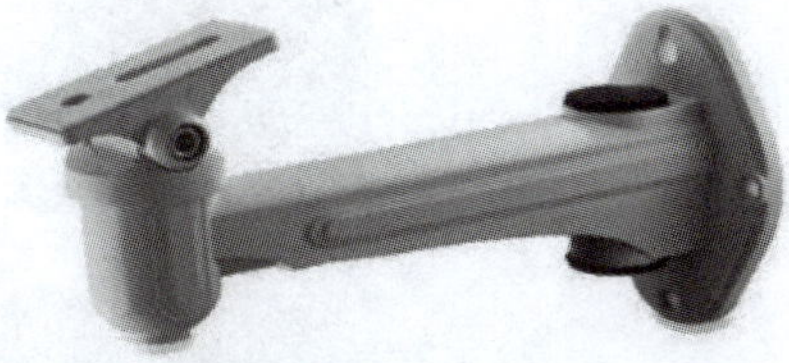

图5-71　支架

第二步：制作网络双绞线电缆一根，要求线缆电气性能正常，长度合适。

第三步：将枪式摄像机安装在其支架上，如图5-72所示，要求安装可靠牢固。

第四步：将枪式摄像机及支架安装在设备机架右侧立柱上，如图5-73所示，要求安装可靠牢固。

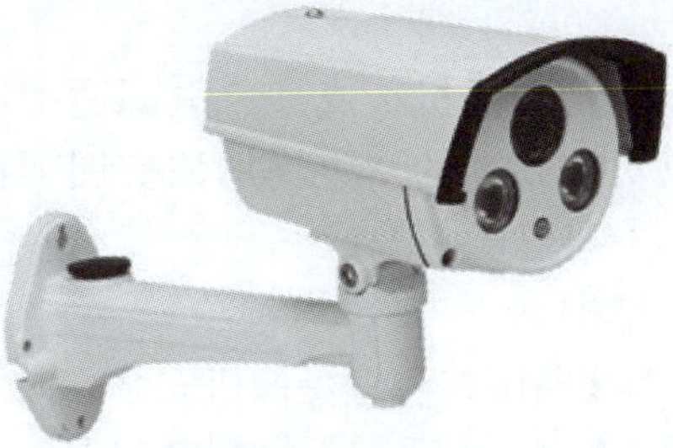

图5-72　安装支架

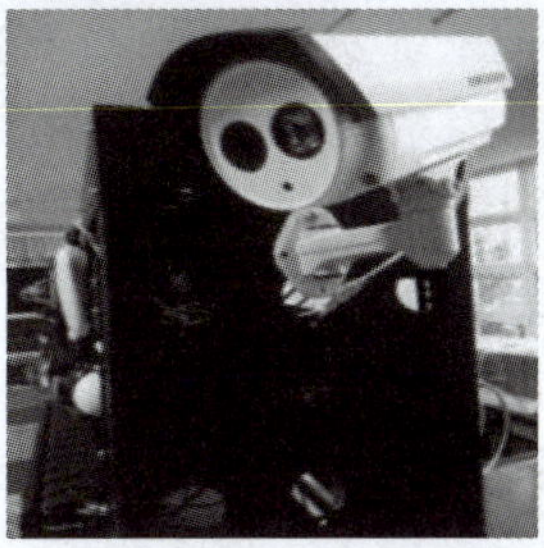

图5-73　安装摄像机

第五步：连接枪式摄像机的电源适配器，注意线缆正负极的正确端接。

第六步：连接枪式摄像机与网络交换机之间的双绞线电缆。

第七步：检查上述操作是否符合要求，连接是否正确。

③ 半球网络摄像机的安装实训：

安装半球云台摄像机和半球固定摄像机各一台。

第一步：准备和检查器材。重点检查设备及其配件是否齐全，外观、接口无损伤等，如图5-74和图5-75所示。

图5-74　半球云台摄像机

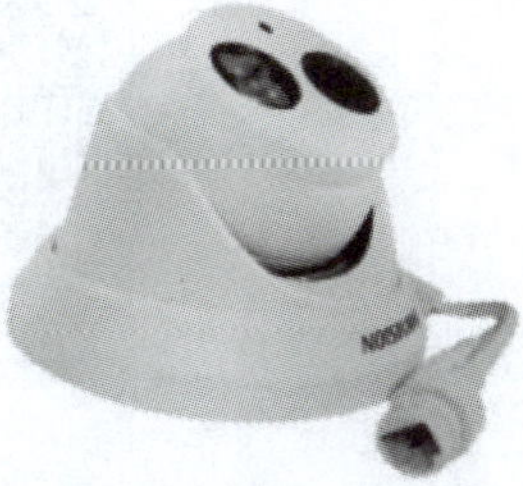

图5-75　半球固定摄像机

第二步：制作网络双绞线电缆各一根，要求线缆电气性能正常，长度合适。

第三步：将两台半球摄像机各自的安装支架安装在摄像机支架上，要求安装可靠牢固，方向正确。

第四步：分别将两台半球摄像机安装在支架上，如图5-76所示。

图5-76 安装摄像机

第五步：连接两台半球摄像机的电源适配器，注意线缆正负极的正确端接。

第六步：连接两台半球摄像机与网络交换机之间的双绞线电缆。

第七步：检查上述操作是否符合要求，连接是否正确。

④ 视频监控系统安装与调试综合实训：

西元视频监控系统实训装置为模块化设备，各种摄像机、支架、电源适配器、控制主机、显示器、线缆、机架等都可进行拆装。建议对有兴趣的学生增加该实训项目，该实训必须在老师的全程监督下进行。具体做法如下：

（1）找到产品说明书，仔细阅读，熟悉产品结构。

（2）对实训装置仔细拍照，熟悉安装位置和布线路由，注意摄像机安装方向。

（3）拆除全部设备，拆除组件，有序摆放在操作台上，妥善保管螺钉和支架。

（4）对实训装置再次进行组装，按照此前照片位置，恢复设备，注意电源接线正确。

（5）进行系统调试，完成视频监控系统的硬件安装和软件调试实训。

10. 实训报告

（1）请扫描“实训 7”二维码，下载电子版。

（2）按照单元 1 表 1-3 所示的实训报告模板，独立完成实训报告，2 课时。请扫描“实训报告”二维码，下载电子版。

文档

实训 7

文档

实训报告

单元6 视频监控系统的调试与验收

视频监控系统的调试是工程竣工前的重要技术阶段，只有完成调试和检验才能进行工程的最终验收，也标志着工程的全面竣工。调试和检验直接决定整个工程的质量和稳定性。本单元将重点介绍视频监控系统工程调试与验收的关键内容和主要方法。

学习目标：

- 掌握视频监控系统工程调试的主要内容和方法。
- 掌握视频监控系统工程验收的主要步骤和填写表格等内容。

6.1 视频监控系统的调试

6.1.1 视频监控系统的调试准备工作和要求

视频监控系统工程的调试工作应由施工方负责，由项目负责人或具有工程师资格的专业技术人员主持，必须提前进行调试前的准备工作。

1. 调试前的准备工作

（1）编制调试大纲，包括调试项目和主要内容、开始和结束时间、参加人员与分工等。

（2）编制竣工图，作为竣工资料长期保存，包括系统图、施工图。

（3）编制竣工技术文件，作为竣工资料长期保存，包括点数表、防区编号表等。

（4）整理和编写隐蔽工程验收单和照片等。

2. 调试前的自检要求

（1）按照设计图纸和施工安装要求，全面检查和处理施工安装中的质量问题。例如，接线错误、虚焊或者未可靠接地产生的图像闪烁或雪花等，以及开路造成的没有图像、临时绑扎的处理等。

（2）按正式设计文件的规定再次检查已经安装设备的规格、型号、数量、配件等是否正确。

（3）在全系统通电前，必须再次检查供电设备的输入电压、极性等。

（4）检查吸顶安装、吊装、壁装和立杆安装摄像机是否牢固、没有晃动，保证安全牢固。

3. 调试要求

（1）对各种有源设备逐台、逐个、逐点分别进行通电检查，发现问题及时解决，保证每台设备通电检查正常后，才能对整个系统进行通电调试，并做好调试记录。

（2）检查并调试每台摄像机的监控范围、角度、聚焦、环境照度与抗逆光效果等，保证图像清晰度、灰度等级达到系统设计要求。

（3）检查并调整云台、镜头等的遥控功能，排除遥控延迟和机械冲击等不良现象，使监控范围达到设计要求。

（4）检查并调整视频切换控制主机的操作程序、图像切换、字符叠加等功能，保证工作正常，满足设计要求。

（5）调整监视器、录像机、打印机、图像处理器、解码器等设备，保证工作正常，满足设计要求。

（6）当系统具有报警联动功能时，应检查与调试自动开启摄像机电源、自动切换音视频到指定监视器、自动实时录像等功能。系统应叠加摄像时间、摄像机位置的标识符，并显示稳定。当系统需要灯光联动时，应检查灯光打开后图像质量是否达到设计要求。

（7）检查与调试监视图像与回放图像的质量，在正常工作照明环境下，监视图像质量不应低于现行国家标准的相关规定。

4. 供电、防雷与接地设施的检查

（1）检查系统的主电源和备用电源。应根据系统的供电消耗，按总系统额定功率的1.5倍设置主电源容量。应根据管理工作对主电源断电后系统防范功能的要求，选择配置持续工作时间符合管理要求的备用电源。

（2）检查系统在电源电压规定范围内的运行状况，应能正常工作。

（3）分别用主电源和备用电源供电，检查电源自动转换和备用电源的自动充电功能。

（4）当系统采用稳压电源时，检查其稳压特性、电压纹波系数应符合产品技术条件。当采用UPS作备用电源时，应检查其自动切换的可靠性、切换时间、切换电压值及容量，并应符合设计要求。

（5）检查系统的防雷与接地设施，复核土建施工单位提供的接地电阻测试数据，如达不到要求，必须整改。

（6）按设计文件要求，检查系统室外设备是否有防雷措施。

5. 填写调试报告

在视频监控系统调试结束后，应根据调试记录，按表6-1的要求如实填写调试报告。调试报告经建设单位签字认可后，整个视频监控系统才能进入试运行。

表6-1 视频监控系统调试报告

<table>
<tr><td colspan="2">工程单位</td><td colspan="2"></td><td>工程地址</td><td colspan="3"></td></tr>
<tr><td colspan="2">使用单位</td><td colspan="2"></td><td>联系人</td><td></td><td>电话</td><td></td></tr>
<tr><td colspan="2">调试单位</td><td colspan="2"></td><td>联系人</td><td></td><td>电话</td><td></td></tr>
<tr><td colspan="2">设计单位</td><td colspan="2"></td><td>施工单位</td><td colspan="3"></td></tr>
<tr><td rowspan="3">主要设备</td><td colspan="2">设备名称、型号</td><td>数量</td><td>编号</td><td>出厂年月</td><td>生产厂</td><td>备注</td></tr>
<tr><td colspan="2"></td><td></td><td></td><td></td><td></td><td></td></tr>
<tr><td colspan="2"></td><td></td><td></td><td></td><td></td><td></td></tr>
<tr><td colspan="2">遗留问题记录</td><td colspan="2"></td><td>施工单位联系人</td><td></td><td>电话</td><td></td></tr>
<tr><td colspan="2">调试情况记录</td><td colspan="6"></td></tr>
</table>

续表

调试单位人员（签字）		建设单位人员（签字）	
施工单位负责人（签字）		建设单位负责人（签字）	
填表日期			

6.1.2　调试中的常见故障与处理方法

虽然在视频监控系统的设备安装之前，都对每台设备进行了通电测试和调试等工作，根据实际施工安装经验，在调试中往往会出现一些新的故障，常见的有以下几类问题：

1. 设备电源的问题

当前端摄像机等设备出现不工作问题时，建议首先检查设备的供电电压是否合格。如果是电源问题，大致有如下几种可能：

（1）前端摄像机等设备的工作电压太低。主要原因是供电线路太长，例如超过200 m，或者导线线径太小，或者电线质量差、电阻值高等，在供电线路产生较大的电压差，导致前端摄像机工作电压太低，低于摄像机等设备输入电压要求，设备不能正常工作。

（2）供电线路的短路烧坏电源等问题。特别要注意供电电路没有接线错误。如果出现短路时，瞬间产生的高电压或者大电流将烧坏摄像机等设备电源。因此在进行通电调试前，必须用万用表测量供电线路的电阻值，确认供电线路正常时才能通电。

2. 设备供电线路的问题

在施工安装中，必须认真规范地安装设备接线，保证接线正确。如果操作不当或者不规范，很容易产生短路、断路、线间绝缘不良，甚至误接线等状况，这些电气接线故障将会直接导致设备的损坏、性能下降等系统故障。

在视频监控系统中，摄像机的连线往往会有很多条，如视频线、控制线、电源线等。如果接线不正确或者插接不牢固，就会出现故障。特别是BNC接头，对焊接工艺、视频线的连接安装工艺要求都非常高，经常出现虚焊和开路问题。监控系统的摄像机和云台等设备的接线螺钉一般为M3、M4等小螺钉，必须使用仪表螺丝刀安装，如果用力过大，就会发生滑丝，产生虚接。

建议在项目施工安装前对项目安装人员进行专门的培训，特别是焊接BNC头的训练，需要反复练习，保证连续焊接50个BNC头无故障才能上岗工作。

3. 设备的旋钮或开关的设置问题

摄像机上有一些需要设置的开关或者旋钮，请按照说明书方法和使用要求进行正确地设置和调整。如果确认为产品自身质量问题，联系厂家进行处理或更换产品，不应自行拆卸修理。

4. 设备与设备之间的连接问题

（1）阻抗不匹配。如视频信号接在一个高阻抗的监视器上，就会产生图像很亮、字符抖动或时有时无等问题。

（2）通信接口或通信方式不对应。这种情况一般发生在控制主机、解码器、控制键盘等具有通信控制关系的设备之间，主要原因是选用的这些设备不是一个厂家的产品。所以，对主机、解码器、控制键盘等有通信控制关系的设备，建议选用同一厂家的产品。

（3）驱动能力不够或超出规定设备连接数量。例如，解码器驱动云台的电源功率比实际云台的低，不能驱动云台。一台控制主机所对应的主控键盘和副控键盘的数量超过规定数量，导致系统不能正常工作。

6.2 视频监控系统的检验

视频监控系统在试运行后、竣工验收前，需要对系统的全部设备和性能进行检验，保证后续顺利验收，这些检验包括设备安装位置、安装质量、系统功能、运行性能、系统安全性和电磁兼容等项目。

6.2.1 一般规定

（1）视频监控系统的检验应由甲方牵头实施或者委托专门的检验机构实施。

（2）视频监控系统中所使用的产品、材料应符合国家相应的法律、法规和现行标准的要求，并与正式设计文件、工程合同的内容相符合。

（3）检验所使用的仪器仪表必须经法定计量部门检定合格，性能稳定可靠，如测线器、电磁兼容测试仪、接地电阻检测仪等。

（4）检验程序应符合下列规定：

① 受检单位提出申请，并提交主要技术文件、资料。

技术文件应包括工程合同、正式设计文件、系统配置图、设计变更文件、更改审核单、工程合同设备清单、变更设备清单、隐蔽工程随工验收单、主要设备的检验报告或认证证书等。

② 检验机构在实施工程检验前应根据相关规范和以上工程技术文件，制定检验实施细则。检验实施细则应包括检验目的、检验依据、检验内容和方法、使用仪器、检验步骤、测试方案、检测数据记录及数据处理方法等。

③ 实施检验，编制检验报告，对检验结果进行评述。

（5）检验前，系统应试运行一个月。

（6）对系统中主要设备的检验，应采用简单随机抽样法进行抽样。抽样率不应低于20%且不应少于3台，设备少于3台时应100%检验。

（7）对定量检测的项目，在同一条件下每个点必须进行3次以上读值，如接地电阻的测量等。

（8）检验中有不合格项时，允许改正后进行复测。复测时抽样数量应加倍，复测仍不合格则判该项不合格。

6.2.2 设备安装、线缆敷设检验

（1）前端设备配置及安装质量检验应符合下列规定：

① 检查系统前端设备的数量、型号、生产厂家、安装位置，应与工程合同、设计文件、设备清单相符合。设备清单及安装位置变更后应有变更审核单。

② 系统前端设备安装质量检验。检查系统前端设备的安装质量，应符合相关标准规范的规定。

（2）监控中心设备安装质量检验应符合下列规定：

① 检查监控中心设备的数量、型号、生产厂家、安装位置，应与工程合同、设计文

件、设备清单相符合。设备清单变更后应有变更审核单。

② 系统前端设备安装质量检验。检查系统前端设备的安装质量，应符合相关标准规范的施工规定。

（3）电缆、光缆敷设质量检验应符合下列规定：

① 检查系统所有电缆、光缆的型号、规格、数量，应与工程合同、设计文件、设备清单相符合。变更时，应有变更审核单。

② 检查电缆、光缆敷设的施工记录、监理报告或隐蔽工程随工验收单，应符合相关施工规定。

③ 检查综合布线的施工记录或监理报告，应符合相关施工规定。

④ 检查隐蔽工程随工验收单，要求内容完整、准确。

6.2.3　系统功能与主要性能检验

对于大型复杂视频监控系统工程，必须进行系统功能和主要性能的检验，一般按照相关国家标准的规定进行。视频监控系统检验项目、要求及测试方法应符合表6-2的要求。

表6-2　视频监控系统检验项目、检验要求及测试方法

序号	项　目		检验方法及测试方法
1	系统控制功能检验	编程功能检验	通过控制设备键盘，能够手动或自动编程，实现对所有的视频图像在指定的显示器上进行固定或时序显示、切换
		遥控功能检验	控制设备对云台、镜头、防护罩等所有前端受控部件的控制应平稳、准确
2	监视功能检验		1. 监视区域应符合设计要求。监视区域内照度应符合设计要求，如不符合要求，检查是否有辅助光源； 2. 对要求必须监视的要害部位，检查是否实现实时监视、无盲区
3	显示功能检验		1. 单画面或多画面显示的图像应清晰、稳定； 2. 监视画面上应显示日期、时间及前端摄像机的编号或地址码； 3. 应具有画面定格、切换显示、任意设定视频警戒区等功能； 4. 图像显示质量应符合设计要求，并按国家现行标准GB 50198—2011《民用闭路监视电视系统工程技术规范》对图像质量进行5级评分
4	记录功能检验		1. 对摄像机图像应能按设计要求进行记录，图像应连续、稳定； 2. 记录画面上应有日期、时间及前端摄像机的编号或地址码； 3. 应具有存储功能。在停电或关机时，编程设置、摄像机编号、时间、地址等均可存储，一旦恢复供电，系统应自动进入正常工作状态
5	回放功能检验		1. 回放图像应清晰，灰度等级、分辨率应符合设计要求 2. 回放图像画面应有日期、时间及前端摄像机的编号，应清晰、准确 3. 当记录图像为报警联动所记录图像时，回放图像应保证报警现场摄像机的覆盖范围，使回放图像能再现报警现场
6	报警联动功能检验		1. 当入侵报警系统有报警发生时，联动装置应将相应设备自动开启。报警现场画面应能显示到指定监视器上，应能显示出摄像机的地址码及时间，应能单画面记录报警画面 2. 当与入侵探测系统、出入口控制联动时，应能准确触发所联动设备

6.2.4　安全性及电磁兼容性检验

1. 安全性检验规定

（1）检查系统所用设备及其安装部件的机械强度，以产品检测报告为依据，应能防止由于机械重心不稳、安装固定不牢、突出物和锐利边缘以及显示设备爆裂等造成对人员的

伤害。

（2）主要控制设备的安全性检验应符合下列要求：

① 绝缘电阻检验：在正常大气条件下，控制设备的电源插头或电源引入端子与外壳裸露金属部件之间的绝缘电阻不应小于20 MΩ。

② 抗电强度检验：控制设备的电源插头或电源引入端子与外壳裸露金属部件之间应能承受1.5 kV、50 Hz交流电压的抗电强度试验，历时1 min应无击穿和飞弧现象。

③ 泄漏电流检验：控制设备泄漏电流应小于5 mA。

2. 电磁兼容性检验规定

（1）检查系统所用设备的抗电磁干扰能力和电磁骚扰状况，应符合相应规定。

（2）主要控制设备的电磁兼容性检验应重点检验下列项目：

① 静电放电抗扰度试验：应根据GB/T 17626.2—2018《电磁兼容 试验和测量技术 静电放电抗扰度试验》现行国家标准的规定进行测试，严酷等级按设计要求执行。

② 射频电磁场辐射抗扰度试验：应根据GB/T 17626.3—2016《电磁兼容 试验和测量技术 射频电磁场辐射抗扰度试验》现行国家标准的规定进行测试，严酷等级按设计要求执行。

③ 电快速瞬变脉冲抗扰度试验：应根据GB/T 24111—2009《工业机械电气设备 电快速瞬变脉冲抗扰度试验规范》现行国家标准的规定进行测试，严酷等级按设计要求执行。

④ 浪涌（冲击）抗扰度试验：应根据GB/T 17626.5—2019《电磁兼容 试验和测量技术 浪涌（冲击）抗扰度试验》现行国家标准的规定进行测试，严酷等级按设计要求执行。

⑤ 电压暂降、短时中断和电压变化抗扰度试验：应根据GB/T 17626.11—2023《电磁兼容 试验和测量技术 第11部分：对每相输入电流小于或等于16A设备的电压暂降、短时中断和电压变化抗扰度试验》现行国家标准的规定进行测试，严酷等级按设计要求执行。

6.2.5 电源、防雷与接地检验

1. 电源检验规定

（1）系统电源的供电方式、供电质量、备用电源容量等应符合相关规定和设计要求。

（2）主、备电源转换检验：应检查当主电源断电时，能否自动转换为备用电源供电。主电源恢复时，应能自动转换为主电源供电。在电源转换过程中，系统应能正常工作。

（3）电源电压适应范围检验：当主电源电压在额定值的85%～110%范围内变化时，不调整系统或设备，仍能正常工作。

2. 防雷设施检验内容及要求

（1）检查系统防雷设计和防雷设备的安装、施工。

（2）检查监控中心接地汇集环或汇集排的安装。

（3）检查防雷保护器数量、安装位置。

3. 接地装置检验规定

（1）检查监控中心接地母线的安装，应符合相关规定。

（2）检查接地电阻时，相关单位应提供接地电阻检测报告。当无报告时，应进行接地电阻测试，结果应符合相关规定。若测试不合格，应进行整改，直至测试合格。

6.3　视频监控系统的验收

6.3.1　验收的内容

1. 验收项目

验收是对工程的综合评价，也是乙方向甲方移交工程的主要依据之一。视频监控系统的工程验收应包括下列内容：

（1）系统工程的施工安装质量。

（2）系统功能性能的检测。

（3）图像质量的主观评价。

（4）图像质量的客观测试。

（5）图纸文件等竣工资料的移交。

2. 工程验收的一般规定

（1）系统的工程验收应由工程的设计、施工、建设单位和相关管理部门的代表组成验收小组，按验收方案进行验收。验收时应做好记录，签署验收证书，并应立卷、归档。

（2）工程项目验收合格后，方可交付使用。当验收不合格时，应由责任单位整改后，再行验收，直至合格。

6.3.2　系统工程的施工安装质量

系统工程的施工安装质量应按设计要求进行验收，检查的项目和内容应符合表6-3的规定项目和内容。

表6-3　施工质量检查项目和内容

项　　目	内　　容	抽查百分数/%
摄像机	1.设置位置，视野范围； 2.安装质量； 3.镜头、防护套、支撑装置、云台安装质量与紧固情况	10～15（10台以下摄像机至少验收1～2台）
	4.通电试验	100
显示设备	1.安装位置； 2.设置条件； 3.通电试验	100
控制设备	1.安装质量； 2.遥控内容与切换路数； 3.通电试验	100
记录设备	1.安装质量； 2.检索与回放； 3.存储时间； 4.通电试验	100
其他设备	1.安装位置与安装质量； 2.通电试验	100

续表

项　　目	内　　容	抽查百分数/%
控制台与机架	1.安装垂直水平度； 2.设备安装位置； 3.布线质量； 4.塞孔、连接处接触情况； 5.开关、按钮灵活情况； 6.通电试验	100
电（光）缆及网线的敷设	1.敷设质量与标记； 2.电缆排列位置，布放和绑扎质量； 3.地沟、走道支铁吊架的安装质量； 4.埋设深度及架设质量； 5.焊接及插头安装质量； 6.接线盒接线质量	30
接地	1.接地材料； 2.接地线焊接质量； 3.接地电阻	100

（1）由于摄像机安装位置限制和安装的数量一般较多，逐一检查质量比较困难，根据实际情况定出抽查百分数为10%～15%。

（2）电（光）缆敷设完毕，逐段的检查也比较困难，根据实际情况定出抽查数为30%。

（3）建设单位应对隐蔽工程进行随工验收，凡经过检验合格并办理验收签证后，在进行竣工验收时，可不再进行检验。如果验收小组认为必要，可进行复检，对复检发现质量不合格的项目，由验收小组查明原因，分清责任，提出处理办法。

（4）系统工程明确约定的其他施工质量要求，应列入验收内容。明确约定是指甲方、乙方所签订的合同、协议等。

6.3.3　系统功能性能的检测

对系统的各项功能及性能应进行检测，其功能性能指标应符合设计要求，性能指标还应符合下列要求：

（1）监控中心内部及监控中心之间互联的IP有线网络性能指标应符合下列规定：

① 时延应小于400 ms。

② 时延抖动应小于50 ms。

③ 丢包率应小于1×10^{-3}。

（2）当信息经由有线IP网络传输时，端到端的信息延迟时间应符合下列规定：

① 前端设备与所属监控中心相应设备间端对端的信息延迟时间不得大于2 s。

② 前端设备与监控用户终端设备间端对端的信息延迟时间不得大于4 s。

③ 视频报警联动响应时间不得大于4 s。

（3）必要时，监视电视数字信号可采用无线网络传输。

（4）每路存储的图像分辨率必须不低于352×288像素，每路存储的时间必须不少于7×24 h。

系统功能性能检验表应符合表6-4的格式要求。

表6-4　功能性能检测表

检测项目	设计要求	设备序号				
		1	2	3	4	5
云台水平转动						
云台垂直转动						
自动光圈调节						
调焦功能						
变倍功能						
切换功能						
录像（分解为检索、回访、定时）功能						
移动侦测（分解为报警、录像功能）						
防护罩功能						
存储容量						
录像保存时间						
编码率						
时延						
检测结论						

6.3.4　系统图像质量的主观评价

（1）模拟监控图像质量的主观评价应符合下列规定：

① 图像质量的主观评价可采用五级损伤制评定，五级损伤制评分分级应符合表6-5的规定。

表6-5　五级损伤制评分分级

图像质量损伤的主观评价	评分分级
图像上不觉察有损伤或干扰存在	5
图像上稍有可觉察的有损伤或干扰，但不令人讨厌	4
图像上有明显的损伤或干扰，令人感到讨厌	3
图像上损伤或干扰较严重，令人相当讨厌	2
图像上损伤或干扰极严重，不能观看	1

② 图像质量的主观评价项目应符合表6-6的规定。

表6-6　主观评价项目

项　目	损伤的主观评价现象
随机信噪比	噪波，即“雪花干扰”
单频干扰	图像中纵、斜、人字形或波浪状的条纹，即“网纹”
电源干扰	图像中上、下移动的黑白间隔的水平横条，即“黑白滚道”
脉冲干扰	图像中不规则的闪烁、黑白麻点或“跳动”

③ 图像各主观评价项目的得分值均不应低于4分。

④ 模拟监控图像质量的主观评价方法和要求应符合下列规定：

- 主观评价应在摄像机标准照度下进行。
- 主观评价应采用符合国家标准的监视器，监视器的水平清晰度不低于400线。
- 观看距离应为监视器屏幕高度的4～6倍，光线柔和。

⑤ 评价人员不应少于5名，可包括专业人员和非专业人员。评价人员应独立评价打分，取算术平均值为评价结果。

（2）数字图像质量主观评价应符合下列规定：

① 图像质量的主观评价采用五级损伤制评定，其评分分级和相应的图像损伤的主观评价应符合表6-7的规定。

表6-7　五级损伤标准

图像质量损伤的主观评价	评分分级
不觉察	5
可觉察，但不讨厌	4
稍有讨厌	3
讨厌	2
非常讨厌	1

② 数字图像质量的主观评价项目应按表6-8的规定。

表6-8　主观评价项目

项　　目	含　　义
马赛克效应	单色区域画面存在的色块
边缘处理	图像中的物体边界和线条（横、竖、斜方向），主要考查边界的对比度和变形情况
颜色平滑度	图像中单色区域画面的颜色层次丰富程度
画面的真实性	包括画面的完整性、是否存在色差、对图像的整体接受程度
快速运动图像处理	考查快速运动参考源下图像的连续性
低照度环境图像处理	考查低照度环境图像的清晰度

③ 图像质量的主观评价采用五级损伤制评定，数字图像各主观评价项目的得分值均不应低于4分。

④ 数字图像质量的主观评价方法和要求应符合下列规定：

- 主观评价应在摄像机标准照度下进行。
- 主观评价应采用符合国家标准的数字监视器。
- 观看距离应为监视器屏面高度的4～6倍，光线柔和。

⑤ 评价人员不应少于5名，可包括专业人员和非专业人员。评价人员应独立评价打分，取算术平均值为评价结果。

6.3.5　系统图像质量的客观测试

（1）图像质量的客观测试应在摄像机标准照度下进行，测试所用的仪器应有计量合格证书。

（2）图像清晰度、灰度和色彩可用综合测试卡进行抽检，抽查数不宜小于10%，其指标应符合下列规定：

① 在摄像机的标准照度下，系统的模拟监控图像质量和技术指标应符合下列规定：

- 图像质量可按五级损伤制评定，图像质量不应低于4分。
- 相对应4分图像质量的信噪比应符合表6-9的规定。

表6-9　信噪比

单位：dB

指标项目	黑白电视系统	彩色电视系统
随机信噪比	37	36
单频干扰	40	37
电源干扰	40	37
脉冲干扰	37	31

- 图像水平清晰度不应低于400线。
- 图像画面的灰度不应低于8级。
- 系统的各路视频信号输出电平值应为1 Vp-p ± 3 dB VBS。
- 监视画面为可用图像时，系统信噪比不得低于25 dB。

② 在摄像机标准照度下，系统的数字电视图像质量和技术指标应符合下列规定：

- 图像质量可按五级损伤制评定，图像质量不应低于4分。
- 峰值信噪比（PSNR）不应低于32 dB。
- 图像水平清晰度不应低于400线。
- 图像画面的灰度不应低于8级。
- 经智能化处理的图像质量不受本条上面条款规定的限制。

（3）当需要对模拟系统的图像质量进行客观测试时，可用仪器对系统的随机信噪比及各种信号的干扰进行测试。随机信噪比项目的测试，由于受仪器的限制，工程验收中往往不容易做到，在验收时，随机信噪比指标以主观评价为主，对主观评价评分有争议时，再进行客观测试。随机杂波与主观评价的关系见表6-10。

表6-10　随机杂波影响图像的程度表

随机信噪比/dB		影响程度	评分
黑白系统	彩色系统		
40以上	40以上	不觉察有杂波	5
37	36	可觉察有杂波，但不妨碍观看	4
31	28	有明显杂波，有些讨厌	3
25	19	杂波较严重，很讨厌	2
17	13	杂波严重，无法观看	1

（4）当需要对数字系统的图像质量进行客观测试时，可采用以下两种方法之一进行测试：

① 采用专用仪器对系统的峰值信噪比（PSNR）进行测试。

② 采用以下步骤对系统的峰值信噪比（PSNR）进行测试：

a. 断开摄像机和视频编码设备的连线。

b. 将播放标准的视频监控测试序列的DVD视频输出接入到视频编码设备，测试序列宜符合表6-11的内容。

表6-11 测试序列表

序　　列	备　　注
Hall	走廊监控序列（ITU标准测试序列）
Foreman	人脸序列（AVS标准测试序列）
Cross-street	街头监控序列（AVS标准测试序列）
Substation	地铁监控序列（AVS标准测试序列）
其他	可以选用实际的监控场景

c. 在系统的监控用户终端记录下标准的视频监控测试序列的图像。

d. 用峰值信噪比测试软件计算出视频监控测试序列录像的峰值信噪比（PSNR）。

6.3.6 竣工验收文件

在系统的工程竣工验收前，施工单位应按下列内容编制竣工验收文件，主要文件包括：

（1）工程设计和施工安装说明。

（2）综合系统图。

（3）线槽、管道布线图。

（4）设备配置图。

（5）设备连接系统图。

（6）设备说明书和合格证。

（7）设备器材一览表。

（8）主观评价表。

（9）客观评价表。

（10）施工质量验收记录。

（11）工程验收报告。

验收文件一式三份交建设单位，其中一份由建设单位签收盖章后，退还施工单位存档。

竣工验收文件应保证质量，做到内容齐全、标记详细、语义明晰、数据准确、互相对应。

系统工程验收合格后，验收小组应签署验收证书。验收证书的格式宜符合表6-12的规定。

表6-12 视频监控系统工程验收证书

<table>
<tr><td colspan="3">工程名称</td><td colspan="3"></td></tr>
<tr><td colspan="3">工程地址</td><td colspan="3"></td></tr>
<tr><td colspan="3">设计单位及地址</td><td colspan="3"></td></tr>
<tr><td colspan="3">施工单位及地址</td><td colspan="3"></td></tr>
<tr><td colspan="3">建设单位及地址</td><td colspan="3"></td></tr>
<tr><td rowspan="3">工程概括</td><td colspan="2">监视目标数</td><td colspan="2">联动报警数</td><td>备注</td></tr>
<tr><td>固定</td><td></td><td colspan="2" rowspan="2"></td><td rowspan="2"></td></tr>
<tr><td>移动</td><td></td></tr>
<tr><td rowspan="2">验收结果</td><td colspan="2">主观评价</td><td>客观测试</td><td>施工质量</td><td>资料移交</td></tr>
<tr><td colspan="2"></td><td></td><td></td><td></td></tr>
<tr><td colspan="3">验收结论</td><td colspan="3"></td></tr>
</table>

续表

设计单位（签章）年 月 日	施工单位（签章）年 月 日	系统管理部门（签章）年 月 日	建设单位（签章）年 月 日

6.4　典型案例4　武汉职业技术学院智能建筑工程技术实训室的调试与验收案例

为了方便读者全面直观地了解工程调试与验收流程，加深对调试与验收的理解，快速掌握关键技术和方法，掌握工程经验，保证工程项目的质量等，我们以武汉职业技术学院智能建筑工程技术实训室的调试与验收为例，重点介绍该项目的后期设备调试、检验和工程验收等关键技术和工程经验。

6.4.1　项目基本情况

（1）项目名称：武汉职业技术学院智能建筑工程技术实训室。

（2）项目地址：武汉市洪山区光谷大道62号武汉职业技术学院。

（3）建设单位：武汉职业技术学院。

（4）设计施工单位：西安开元电子实业有限公司。

（5）项目概况：武汉职业技术学院为全国最早的100所示范高职院校之一，智能建筑工程技术实训室是湖北省第一个真正的虚拟仿真工程技术实训室，以培养当地智能建筑行业、公安技防行业急需人才为目标，实训室包含视频监控、安防报警、可视对讲、消防工程、停车场、人流控制、建筑照明等模块。实训室按照任务驱动型教学理念，建设了全新的理实一体化的工程技术实训室，实训室面积为350 m²。该项目2014—2015年进行了多次项目论证，于2015年9月8日发标，2015年9月29日开标，西元产品中标，中标价213.32万元。2015年12月完成设备进场安装、竣工和验收。截至目前，整个实训室运行正常，利用率高，共承担7门专业课程实训及社会行业培训任务。图6-1所示为该项目的平面布局图，图6-2所示为项目竣工照片。

图片

图 6-1

请扫描“图6-1”二维码，观看或下载彩色高清图片。

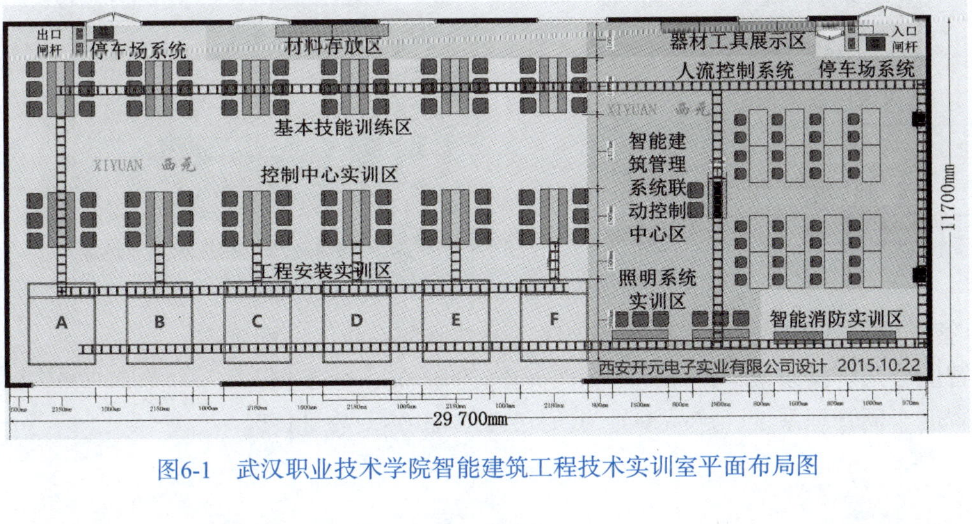

图6-1　武汉职业技术学院智能建筑工程技术实训室平面布局图

（6）项目主要设备。

武汉职业技术学院智能建筑工程技术实训室论证时间长，技术要求高，投资大，总投入213.32万元，场地面积大，实训室面积350 m^2，设备多，共分为5个区域，61台（套）。为了充分利用空间，满足多人多种项目同时实训需求，西元公司精心设计，合理分区。

图6-2 武汉职业技术学院智能建筑工程技术实训室竣工照片

实训室主要设备如下：

① 智能建筑管理系统理论教学展示区，配置有：

- 智能建筑管理系统视频监控类器材展柜，产品型号为西元KYZNH-91，数量1台。
- 智能建筑管理系统安防报警类器材展柜，产品型号为西元KYZNH-92，数量1台。
- 智能建筑管理系统接线端子类器材展柜，产品型号为西元KYZNH-93，数量1台。
- 智能建筑管理系统应用电工类器材展柜，产品型号为西元KYZNH-94，数量1台。

② 智能建筑管理系统基本技能训练区，配置有：

智能建筑管理系统电工配线端接实训装置，产品型号为西元KYZNH-21，数量6台。

③ 智能建筑管理系统工程技术实训区（安全防范系统），配置有：

智能建筑管理系统控制中心实训装置，产品型号为西元KYZNH-52，数量6台。如图6-3所示，该产品设备包括：智能视频监控系统、智能入侵报警系统、智能对讲系统、智能门禁系统、智能自动巡更系统、智能一卡通系统。

图6-3 智能建筑管理系统控制中心实训装置

④ 智能建筑管理系统工程技术实训区（公共服务系统），配置有：

- 智能公共广播系统，产品型号为西元KYZNH-06，数量1套。
- 智能车辆管理系统，产品型号为西元KYZNH-07，数量1套。

- 智能家居照明控制系统，产品型号为西元KYDG-03-01，数量2套。
- 智能楼宇消防系统，产品型号为西元KYZNH-08，数量2套。
- 公共场所人流控制系统，产品型号为西元KYZNH-22，数量1套。

⑤ 智能建筑管理系统控制中心区，配置有：

大屏拼接、联动控制，产品型号为西元KYZNH-23，数量1套。

6.4.2 项目调试与验收的关键技术

该项目设备型号多，规格复杂，技术难度大，涉及多个专业工种，调试验收任务繁重，西元公司进行了精心准备，顺利完成了调试与验收工作。下面以该项目视频监控系统部分为例，集中介绍该项目调试与验收的关键技术，分享工程经验。

1. 项目调试关键技术

1）编制调试大纲

在项目施工收尾阶段，由项目负责人开始起草编制调试大纲，包括调试项目和主要内容，各项目调试开始和结束时间、各项目调试人员分配等。同时，项目负责人应该整理项目技术文件，技术文件中应包括每种产品的施工安装图、系统图、设备安装图、设备就位图、布线图等资料，为后续的调试做足充分的准备，保证调试工作按时顺利完成。图6-4所示为准备的资料夹，图6-5所示为该项目视频监控项目的系统图。

请扫描“图6-5”二维码，观看或下载彩色高清图片。

图片

图 6-5

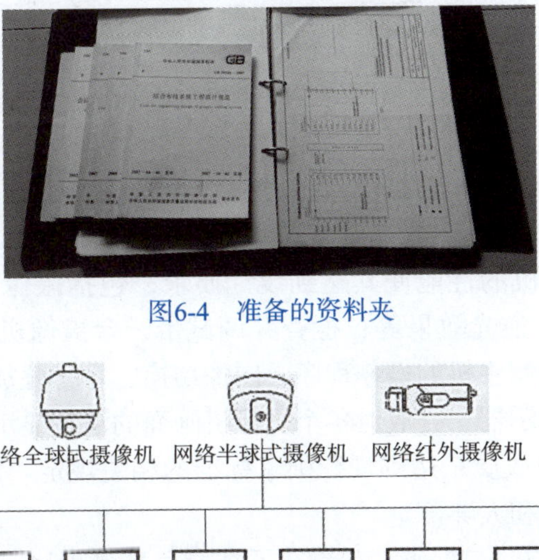

图6-4 准备的资料夹

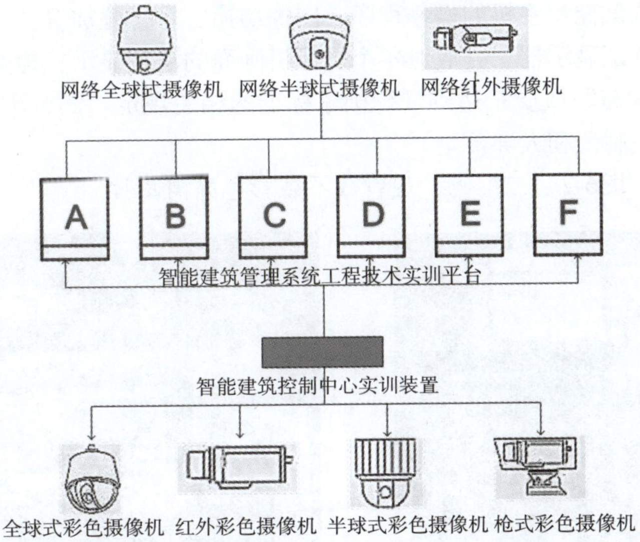

图6-5 武汉职业技术学院智能建筑管理系统工程实训室——视频监控系统图

2）施工质量及设备自检

项目施工顺利结束后，项目负责人和单项负责人根据安装过程中的现场实际情况，合理安排项目调试工作，先易后难，先简后繁，负责完成各自的调试工作。

在调试前，首先要求调试人员对施工质量及设备进行自检。

根据设计图纸和施工安装要求，全面检查和处理施工安装中的质量问题。例如接线错误、虚焊或者未可靠接地产生的图像闪烁或雪花等，以及开路造成的没有图像，临时绑扎的处理等。按正式设计文件的规定再次检查已经安装设备的规格、型号、数量、配件等是否正确。在全系统通电前，必须再次检查供电设备的输入电压、极性等。检查吸顶安装、吊装、壁装和立杆安装摄像机是否牢固、没有晃动，保证安全牢固。

3）准备调试工具和材料

该项目设备数量多、调试工作量大、周期长，为了提高安装效率，西元公司准备了大量的工具和材料，保证调试人员人手一套工具，包括测电笔、万用表、螺丝刀、电工钳、测线仪、电烙铁等，同时保证足够的材料，包括视频双绞线、同轴电缆、电源线等。图6-6所示为西元智能化系统工具箱。

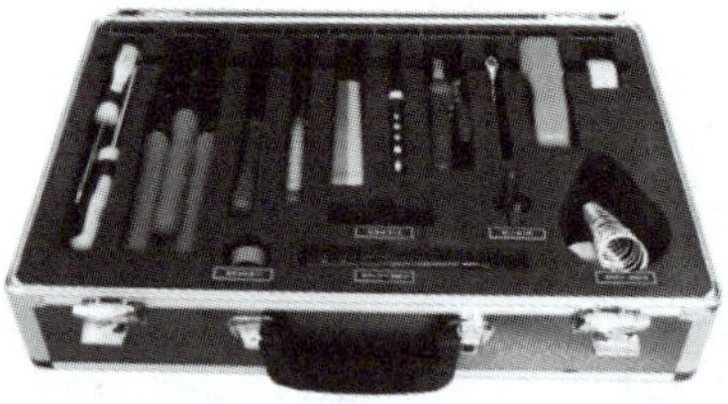

图6-6 西元智能化系统工具箱

4）逐台调试

在对系统进行通电调试前，首先应对各种有源设备逐台、逐个、逐点分别进行通电检查，发现问题及时解决，保证每台设备通电检查正常。

检查并调试每台摄像机的性能使其达到设计要求，包括摄像机的监控范围、角度、聚焦、环境照度与抗逆光效果等；检查并调试带云台摄像机的云台功能，使其工作正常；检查并调试控制主机的操作程序、图像切换、字符叠加等功能，使得满足设计要求；检查并调试显示器，完成对各个摄像机画面的清楚显示；检查并调试监控系统，使得监视图像与回放质量达到现行国家标准的相关规定。图6-7所示为调试完成的视频监控系统控制台和大屏幕。

图片

图 6-7（左）

请扫描“图6-7”二维码，观看或下载彩色高清图片。

图片

图 6-7（右）

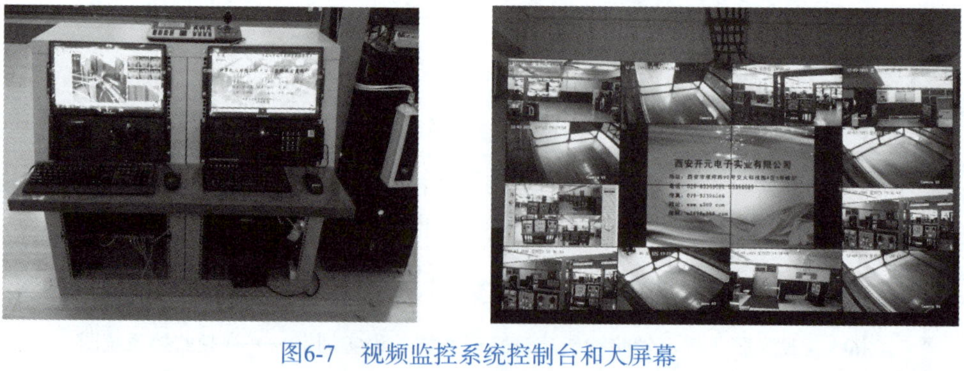

图6-7 视频监控系统控制台和大屏幕

调试人员在设备调试过程中，要发现问题、解决问题，并能事后及时总结调试工作经验，为接下来的调试工作做好铺垫，同时也能为日后的其他施工项目提供施工注意事项，保证施工质量。

5）检查供电系统

仔细检查系统的主电源和备用电源，保证系统在电源电压规定范围内能正常工作。切断主电源，检查电源能否自动切换到备用电源，保证系统正常工作，然后再接通主电源，检查备用电源是否能自动充电。

6）调试中遇到的问题

（1）设备电源问题。前端摄像机不工作时，首先应想到去检查设备的电源问题，一般可能是前端摄像机等设备的工作电压太低或者供电线路的短路烧坏电源等原因。例如导线线径太小，或者电线质量差、电阻值高等，会导致前端摄像机工作电压供电不足。特别要注意供电电路没有接线错误，防止出现短路等问题。

（2）设备供电线路问题。在视频监控系统中，摄像机的连线往往会有很多条，如视频线、控制线、电源线等。如果接线不正确或者插接不牢固时，就会出现故障。特别是BNC接头，对焊接工艺、视频线的连接安装工艺要求都非常高，经常出现虚焊和开路问题。

建议在项目施工安装前，对项目安装人员进行专门的培训，特别是焊接BNC头的训练，需要反复练习，保证连续焊接50个BNC头无故障才能上岗工作。

（3）设备的设置问题。摄像机上有一些需要设置的开关或者旋钮，请按照说明书方法和使用要求进行正确的设置和调整。如果确认为产品自身质量问题，联系厂家进行处理或更换产品，不应自行拆卸修理。

（4）设备与设备之间的连接问题。当相关设备的阻抗不匹配时，如视频信号接在一个高阻抗的监视器上，就会产生图像很亮、字符抖动或时有时无等问题。

当选用的这些设备不是一个厂家的产品时，可能会导致通信接口或通信方式不对应，设备之间无法通信。所以，对主机、解码器、控制键盘等有通信控制关系的设备，建议选用同一厂家的产品。

此外，还会遇到设备驱动能力的问题。例如，解码器驱动云台的电源功率比实际云台的低，不能驱动云台。一台控制主机所对应的主控键盘和副控键盘的数量超过规定数量，导致系统不能正常工作。

2. 项目检验关键技术

项目完成调试工作后，首先需进行试运行，在竣工验收前，需要对系统的全部设备和性能进行检验，保证后续顺利验收。当项目调试结束后，项目经理会让甲方对项目试运行一个月，无故障后，建设单位向甲方负责人提出申请，并提交主要技术文件、资料，由甲方牵头实施或者委托专门的检验机构实施。

视频监控系统的检验一般包括设备安装位置、安装质量、系统功能、运行性能、系统安全性和电磁兼容等项目，确认各项目是否满足设计要求。

对系统中主要设备逐一进行检验，做到100%的检验。

1）设备、线缆的检验

检查前端设备、监控中心设备、系统所有线缆的数量、型号、生产厂家、安装位置等应与工程合同、设计文件、设备清单相符合。图6-8所示为视频监控系统现场安装图。检查前端设备、监控中心设备的安装质量，应符合相关标准规范的施工规定。检查各种线缆及隐蔽工程相关施工记录，应符合相关施工规定。

图6-8　视频监控系统现场安装图

2）功能、性能的检验

按照相关国家标准的规定进行相应的功能、性能检验。例如系统的控制功能检验中，通过控制设备键盘，能够手动或自动编程，实现对所有的视频图像在指定的显示器上进行固定或时序显示、切换；控制设备对云台、镜头、防护罩等所有前端受控部件的控制应平稳、准确。显示功能检验中，应注意画面显示的图像应清晰、稳定，监视画面上应显示日期、时间及前端摄像机的编号等。

3）电源、防雷、接地的检验

系统电源的供电方式、供电质量、备用电源容量等应符合相关规定和设计要求，主、备电源能实现自由切换，电源电压在合理范围内变化时，系统能正常工作。

检查系统防雷设计和防雷设备的安装、施工应符合相应规定。尤其是防雷保护器数量、安装位置。

检查监控中心接地母线的安装，应符合相关规定，尤其是接地电阻的检测。

3. 项目验收关键技术

整个系统完成调试、试运行、检验后方可进行系统的工程验收，实现竣工，工程验收应由工程的设计、施工、建设单位和相关管理部门的代表组成验收小组，按验收方案进行验收。验收时应做好记录，签署验收证书，并应立卷、归档。工程项目验收合格后，方可交付使用。当验收不合格时，应由责任单位整改后，再行验收，直至合格。

1）施工质量验收

施工质量的验收，一般为视频监控系统的相关设备和线缆的质量验收。例如摄像机的验收内容包括：设置位置，视野范围；安装质量；镜头、防护套、支撑装置、云台安装质量与紧固情况；通电试验。做到100%的设备通电试验。电缆及网线的敷设验收时，应注意验收敷设质量与标记、线缆敷设需达到横平竖直、焊接及插头安装质量合格等，对线缆进行100%的全部验收。

2）功能、性能验收

对系统的各项功能及性能应进行检测，其功能性能指标应符合设计要求。例如在IP网络传输中，前端设备与所属监控中心相应设备间端对端的信息延迟时间不得大于2 s。前端设备与监控用户终端设备间端对端的信息延迟时间不得大于4 s。每路存储的图像分辨率必须不低于352×288像素，每路存储的时间必须不少于7×24 h。

3）竣工验收文件

在工程竣工验收前，施工方应按要求编制竣工验收文件，做到内容齐全，标记详细，语义明晰，数据准确，互相对应。验收文件一式三份交建设单位，其中一份由建设单位签收盖章后，退还施工单位存档。

练　习　题

请扫描“单元6练习题”二维码，下载电子版，按时完成。

文档

单元7练习题

1. 填空题（10题，每题2分，合计20分）

（1）视频监控系统工程的调试工作应由________负责，项目负责人或具有工程师资格________的主持，必须提前进行调试前的准备工作。（参考6.1.1知识点）

（2）视频监控系统调试要求，首先对各种有源设备________、逐个、逐点分别进行通电检查，发现问题及时解决，保证每台设备通电检查________后，才能对整个系统进行通电调试，并做好调试记录。（参考6.1.1知识点）

（3）监控系统的摄像机和云台等设备的接线螺钉一般为M3、M4等小螺钉，必须使用________安装，如果用力过大，就会发生滑丝，产生________。（参考6.1.2知识点）

（4）视频监控系统的检验规定，主要设备的检验，应采用简单随机抽样法进行抽样。抽样率不应低于________且不应少于3台，设备少于3台时应________检验。（参考6.2.1知识点）

（5）表6-2中，监视功能检验项目要求，监视区域应符合________要求。对要求必须监视的要害部位，检查是否实现________监视、无盲区。（参考表6-2知识点）

（6）视频监控系统的工程验收应由工程的________单位、施工单位、________单位和相关管理部门的代表组成验收小组，按验收方案进行验收。（参考6.3.1知识点）

（7）模拟图像质量的主观评价可采用五级损伤制评定，五级损伤制评分分级应符合表6-5的规定。请在表6-13中的空格内填写具体分数。（参考表6-5知识点）

表6-13　五级损伤制评分分级

图像质量损伤的主观评价	评分分级
图像上不觉察有损伤或干扰存在	
图像上稍有可觉察的损伤或干扰，但不令人讨厌	
图像上有明显的损伤或干扰，令人感到讨厌	

（8）数字图像质量的主观评价方法和要求规定，主观评价应在摄像机标准________下进行，观看距离应为监视器屏面高度的________～________倍，光线柔和。（参考6.3.4知识点）

（9）图像质量的客观测试规定，图像质量可按________损伤制评定，图像质量不应低于________分。（参考6.3.5知识点）

（10）竣工验收文件应________，做到内容齐全，标记详细，语义明晰，数据准确，互相对应。系统工程验收合格后，验收小组应________验收证书。（参考6.3.6知识点）

2. 选择题（10题，每题3分，合计30分）

（1）视频监控系统调试前的自检要求主要包括（　　）。（参考6.1.1知识点）

A. 按照设计图纸和施工安装要求，全面检查和处理施工安装中的质量问题

B. 按正式设计文件的规定再次检查已经安装设备的规格、型号、数量、配件等是否正确

C. 在全系统通电前，必须再次检查供电设备的输入电压、极性等

D. 检查吸顶安装、吊装、壁装和立杆安装摄像机是否牢固、没有晃动，保证安全牢固

（2）视频监控系统调试要求，检查并调试每台摄像机的（　　）范围、（　　）、聚焦、环境照度与抗逆光效果等，保证（　　）清晰度、灰度等级达到设计要求。（参考6.1.1知识点）

A. 角度　　B. 安装高度　　C. 监控　　D. 图像

（3）视频监控系统调试要求，检查并调整云台、镜头等的（　　）功能，排除遥控（　　）和机械冲击等不良现象，使（　　）范围达到设计要求。（参考6.1.1知识点）

A. 安装高度　　B. 遥控　　C. 监控　　D. 延迟

（4）视频监控系统调试要求，检查与调试监视图像与（　　）图像的质量，在正常工作照明环境下，监视图像质量不应（　　）现行国家标准的相关规定。（参考6.1.1知识点）

A. 遥控　　B. 低于　　C. 回放　　D. 延迟

（5）前端摄像机等设备的工作电压太低的主要原因是供电线路（　　），例如超过200 m，或者导线线径（　　），在供电线路产生较大的电压差，导致前端摄像机工作电压太低，低于摄像机等设备输入电压要求，设备不能正常工作。（参考6.1.2知识点）

A. 太短　　B. 太长　　C. 太小　　D. 太大

（6）前端设备配置及安装质量检验规定，检查系统前端设备的数量、（　　）、生产厂家、安装位置，应与工程合同、设计文件、设备清单相（　　）。（参考6.2.2知识点）

A. 型号　　B. 颜色　　C. 符合　　D. 好

（7）表6-2中，显示功能检验项目要求：单画面或多画面显示的图像应（　　）、稳定。监视画面上应显示（　　）及前端摄像机的（　　）或地址码。（参考表6-2知识点）

A. 好　　B. 日期、时间　　C. 编号　　D. 清晰

（8）表6-3规定，记录设备的抽查百分数应为安装质量（　　）、检索与回放（　　）、存储时间（　　）、通电试验（　　）。（参考表6-3知识点）

A. 85%　　B. 90%　　C. 95%　　D. 100%

（9）视频监控系统功能性能的检测规定，每路存储的图像分辨率必须不低于（　　）像素，每路存储的时间必须不少于（　　）小时。（参考6.3.3知识点）

A. 1 280 × 768　　B. 352 × 288　　C. 7 × 8　　D. 7 × 24

（10）表6-7五级损伤标准对图像质量损伤的主观评价评判得分为：不觉察（　　），可觉察，但不讨厌（　　），讨厌（　　），非常讨厌（　　）。（参考6.3.4知识点）

A. 1　　B. 2　　C. 4　　D. 5

3. 简答题（5题，每题10分，合计50分）

（1）请回答调试前的准备工作。（参考6.1.1知识点）

（2）按照表6-2规定，请回答视频监控系统检验项目。（参考表6-2知识点）

（3）视频监控系统工程的验收是对工程的综合评价，也是乙方向甲方移交工程的主要依据之一。请回答视频监控系统工程的验收应包括哪些内容。（参考6.3.1知识点）

（4）请回答工程验收的一般规定。（参考6.3.1知识点）

（5）在工程竣工验收前，施工单位应按下列内容编制竣工验收文件，请写出这些主要文件的名称，至少写出10项。（参考6.3.6知识点）

请扫描“互动练习 11”和“互动练习 12”二维码，下载 Word 版，按时完成，掌握本单元主要内容。

文档

互动练习 11

文档

互动练习 12

实训8　计算机视频监控软件的设置与调试

1. 实训任务来源

监控软件是视频监控系统管理的核心操作系统，通过对视频监控软件正确地设置与调试，才能使视频监控系统工作正常、管理高效。

2. 实训任务

熟悉计算机视频监控软件的设置与调试技术，独立完成各项功能的操作控制。

3. 技术知识点

（1）摄像机的激活、参数修改操作方法。

（2）摄像机的添加、信息设置操作方法。

4. 关键技能

（1）合理地修改摄像机相关参数。

（2）正确合理地给摄像机命名。

5. 实训课时

（1）该实训共计1课时完成，其中技术讲解7 min，视频演示8 min，学员操作25 min，实训总结5 min。

（2）课后作业2课时，独立完成实训报告，提交合格实训报告。

视频

计算机视频监控软件的设置与调试

6. 实训指导视频

VSCS28-实训8-计算机视频监控软件的设置与调试（6 min 25 s）。

7. 实训设备

“西元”视频监控系统实训装置，产品型号：KYZNH-01-2。

8. 实训步骤

（1）预习和播放视频。课前应预习，初学者提前预习，反复观看实操视频，熟悉视频监控系统相关基本操作的功能和方法。

（2）实训内容：

① 软件安装。安装摄像机监控相关软件，如图6-9所示。

图6-9　摄像机监控相关软件

“设备网络搜索”软件是用于摄像机的激活及相关参数的修改。

“iVMS-4200客户端”软件是摄像机的监控软件。

② 摄像机激活，修改参数（IP）。

第一步：运行设备网络搜索（SADP）软件。软件会自动搜索局域网内的所有在线设备，列表中会显示设备类型、IP地址、安全状态等信息，如图6-10所示。

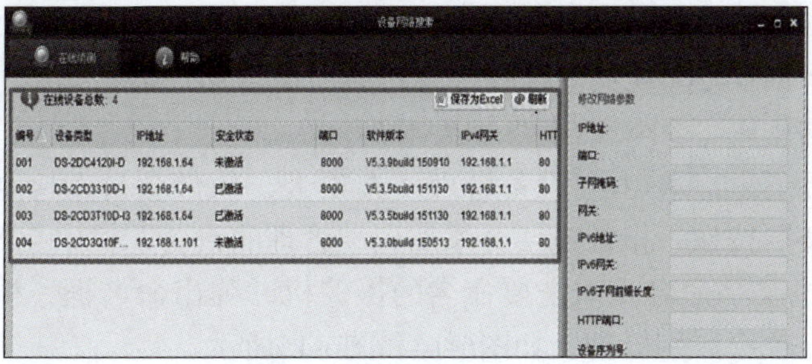

图6-10　在线设备及其信息

第二步：激活摄像机。选中需要激活的摄像机，将在列表右侧显示IP地址、设备序列号等信息，在“激活设备”栏处设置摄像机密码，单击“确定”按钮完成激活，如图6-11所示。建议统一设置摄像机密码，参考密码“xy123456789”。

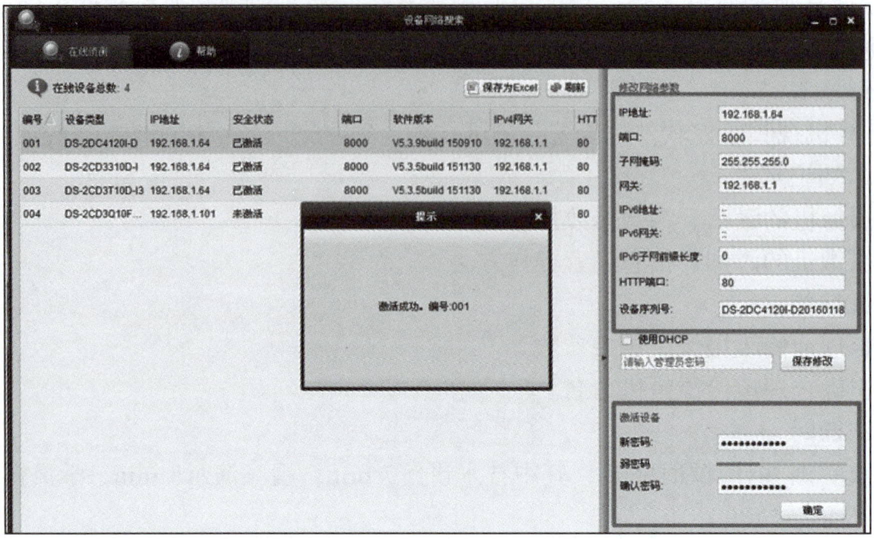

图6-11　激活摄像机

第三步：修改摄像机参数。可在“修改网络参数”栏处修改设备IP地址并输入管理员密码，单击“保存修改”按钮即可，便于设备的区别和管理，如图6-12所示。建议统一设置管理员密码，参考密码“xy123456789”。

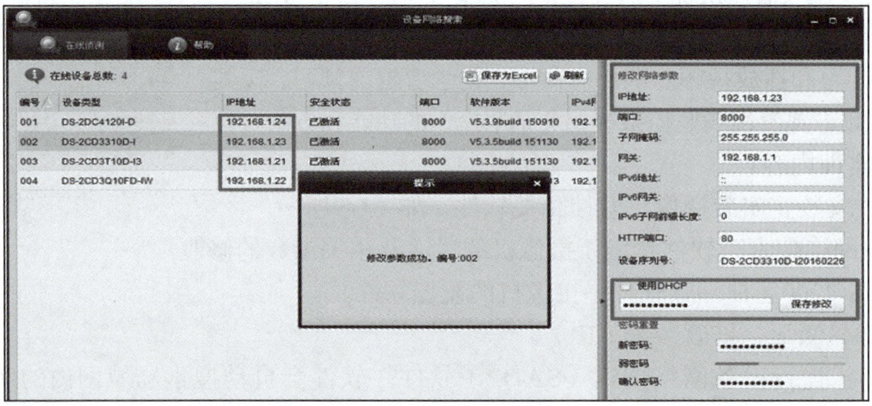

图6-12　修改摄像机参数

③ 添加摄像机、摄像机汉字命名、防区监控点编号。

第一步：打开iVMS-4200视频监控软件客户端，设置用户名密码，进入监控软件界面。建议统一设置用户名密码，参考密码“xy123456789”。

第二步：添加摄像机。单击“设备管理”选项卡，软件会自动检测出所有在线设备，单击“添加所有设备”按钮，摄像机便会添加到“管理的设备”栏中，如图6-13所示。

第三步：摄像机汉字命名。双击要命名的摄像机，弹出命名框，根据摄像机所在的防区，对其进行命名，便于区别管理，如图6-14和图6-15所示。

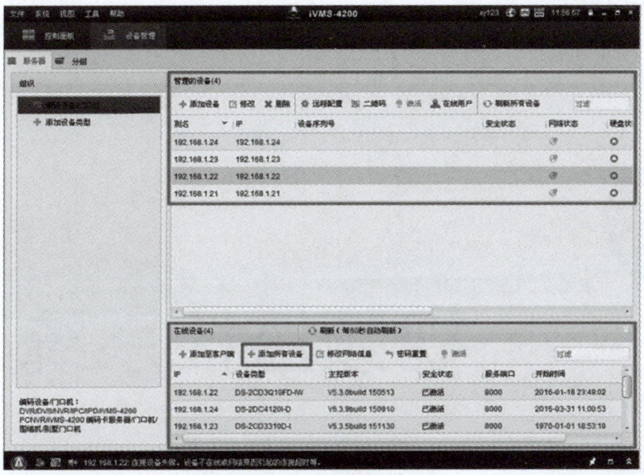

图6-13　添加摄像机

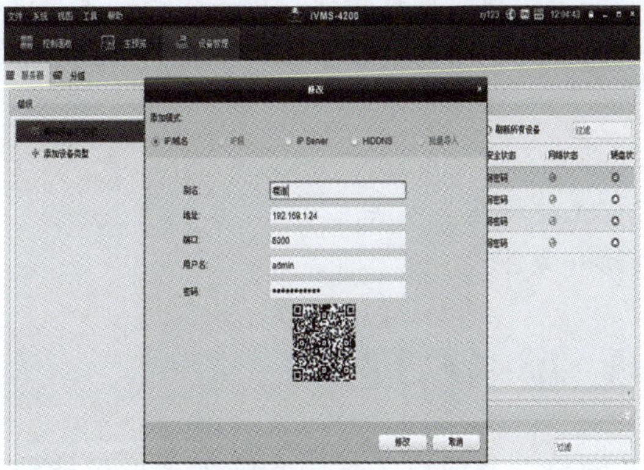

图6-14　摄像机命名框

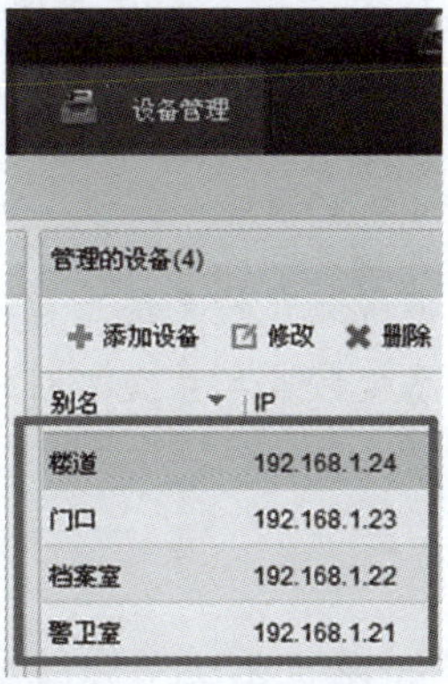

图6-15　摄像机命名

第四步：防区监控点编号。单击“分组”→“导入”→“导入全部”按钮，将所有摄像机导入分组中。双击监控点，修改监控点编号；双击分组，修改组名，如图6-16和图6-17所示。

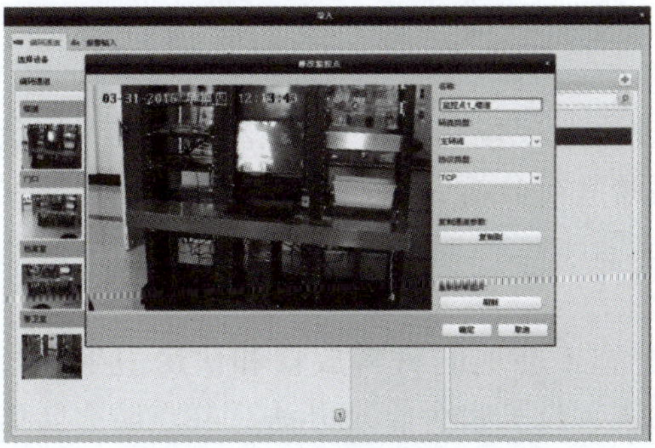

图6-16　修改监控点编号

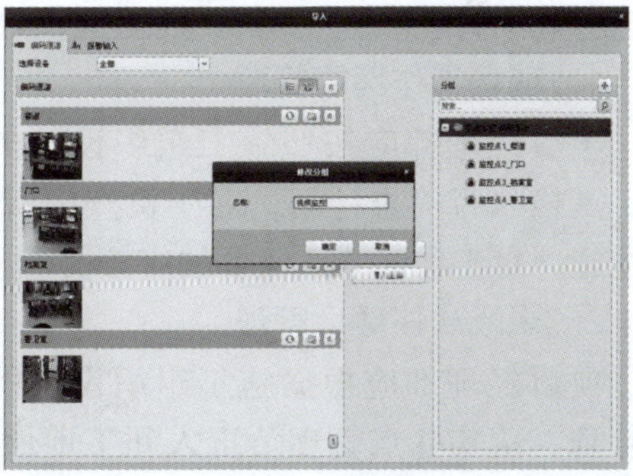

图6-17　修改组名

第五步：单击“主预览”，即可看到摄像机的实时画面。

9. 实训报告

（1）请扫描“实训 8”二维码，下载电子版。

（2）按照单元 1 表 1-3 所示的实训报告模板，独立完成实训报告，2 课时。请扫描“实训报告”二维码，下载电子版。

文档

实训 8

文档

实训报告

单元7

视频监控系统工程管理

工程管理的能力和水平、方法与措施直接决定项目质量、成本、工期和安全，主要包括现场管理、技术管理、人员管理、材料管理、安全管理、质量管理、成本管理、工期管理等，也涉及大量的工作表格和文件。本单元汇集了编者几十年大型复杂工程管理的实战经验，建议作为教学重点。

学习目标：

- 掌握视频监控系统工程项目管理内容、主要措施与方法。
- 熟悉视频监控系统工程常用的工作表格和文件。

7.1 现场管理

施工现场是指施工活动所涉及的施工场地以及项目各部门和施工人员可能涉及的一切活动范围。现场管理工作应着重考虑对施工现场工作环境、居住环境、自然环境、现场物资以及所有参与项目施工的人员行为进行管理，应按照事前、事中、事后的时间段，采用制订计划、实施计划、过程检查、发现问题后对问题进行分析、制订预防和纠正措施的程序进行现场管理。施工现场管理的基本要求主要包括以下方面：

1. 现场工作环境管理

项目经理部应按照施工组织设计的要求管理作业现场工作环境，落实各项工作负责人，严格执行检查计划，对于检查中所发现的问题进行分析，制定纠正及预防措施，并予以实施。对工程中的责任事故应按奖惩方案予以奖惩。

2. 现场居住环境管理

项目经理部应根据施工组织设计的要求，对施工驻地的材料放置和伙房卫生进行重点管理，落实驻点管理负责人和工地伙房管理办法、员工宿舍管理办法、驻点防火防盗措施、驻点环境卫生管理办法，教育员工清楚火灾时的逃生通道，保证施工人员和施工材料的安全。

3. 现场周围环境管理

项目经理部需要考虑施工现场周围环境的地形特点、施工的季节、现场的交通流量、施工现场附近的居民密度、施工现场的高压线和其他管线情况、与公路及铁路的交越情况、与河流的交越情况等，在此前提下进行施工作业，对重要环境因素应重点对待。

4. 现场物资管理

在工地驻点的物资存放方面，应根据施工工序的前后次序放置施工材料，并进行恰当标识，现场物资应整齐堆放，注意防火、防盗、防潮。物资管理人员还应做好现场物资的进货、领用的账目记录，并负责向业主移交剩余物资，办理相应手续。对于上述工作的完成情况，项目经理部应在施工过程中进行检查，发现问题时应按相关要求进行处理。

7.2 技 术 管 理

1. 图纸审核

在工程开工前，工程管理及技术人员应该充分地了解和掌握设计图纸的设计意图、工程特点和技术要求。

1）施工图的自审

施工单位收到有关技术文件后，应尽快地组织有关的工程技术人员对施工图设计进行熟悉，写出自审的记录。自审施工图设计的记录应包括对设计图纸的疑问和对设计图纸的有关建议等。

2）施工图设计会审

一般由业主主持，由设计单位、施工单位和监理单位参加，四方共同进行施工图设计的会审。由设计单位的工程主设计人向与会者说明拟建工程的设计依据、意图和功能要求，并对特殊结构、新材料、新工艺和新技术提出设计要求，例如对桥架的材料、尺寸、结构、连接方式等进行讨论和确定，方便后续设计。图7-1所示为桥架连接结构和安装图。

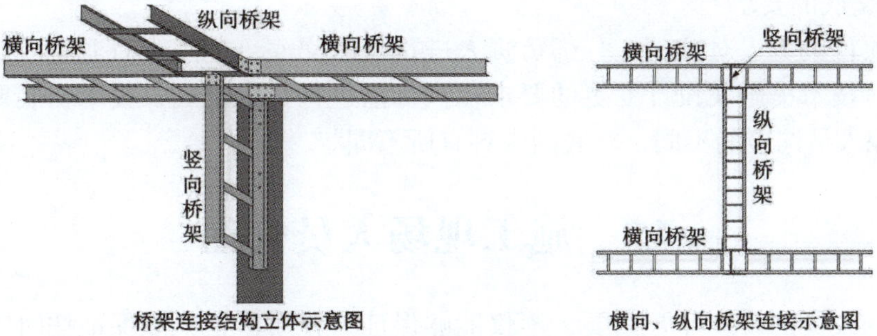

图7-1　桥架连接结构和安装图

施工单位根据自审记录以及对设计意图的了解，提出对施工图设计的疑问和建议，在统一认识的基础上，对所探讨的问题逐一地做好记录，形成“施工图设计会审纪要”，由业主正式行文，作为与设计文件同时使用的技术文件和指导施工的依据，以及业主与施工单位进行工程结算的依据。审定后的施工图设计与施工图设计会审纪要，都是指导施工的法定性文件，在施工中既要满足规范、规程，又要满足施工图设计和会审纪要的要求。例如图7-2对立柱与设备之间的距离，明确规定为“预留机动间隙110 mm”，同时清晰标注了桥架的具体尺寸和安装位置等。

图纸会审记录是施工文件的组成部分，与施工图具有同等效力，所以图纸会审记录的管理办法和发放范围同施工图管理、发放，并认真实施。

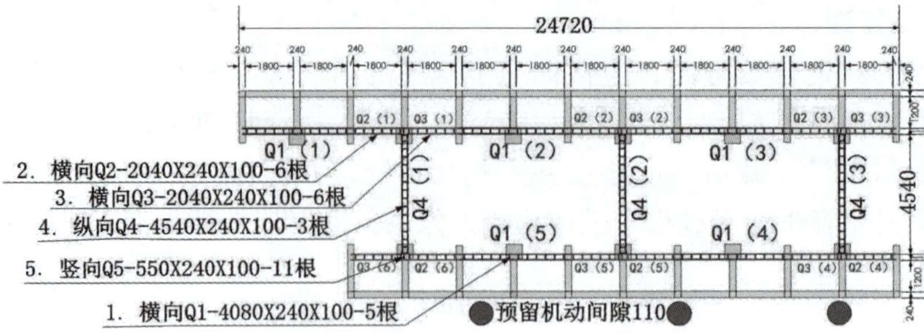

图7-2 实训室设备安装位置和桥架结构

2. 技术交底

为确保所承担的工程项目满足合同规定的质量要求，保证项目的顺利实施，应使所有参与施工的人员熟悉并了解项目的概况、设计要求、技术要求、工艺要求。技术交底是确保工程项目质量的关键环节，是质量要求、技术标准得以全面认真执行的保证。

1）技术交底的依据

技术交底应在合同交底的基础上进行，主要依据有施工合同、施工图设计、工程摸底报告、设计会审纪要、施工规范、各项技术指标、管理体系要求、作业指导书、业主或监理工程师的其他书面要求等。

2）技术交底的内容

技术交底的内容主要包括工程概况、施工方案、质量策划、安全措施、“三新”技术、关键工序、特殊工序和质量控制点、施工工艺、法律、法规、对成品和半成品的保护等，以及制定保护措施、质量通病预防及注意事项。

3）技术交底的要求

施工前项目负责人对分项、分部负责人进行技术交底，施工中对业主或监理提出的有关施工方案、技术措施及设计变更的要求在执行前进行技术交底，技术交底要做到逐级交底，接受交底人员岗位的不同，交底的内容有所不同。

7.3 施工现场人员管理

施工现场人员的管理非常重要，不仅能够保证工程质量，也能保证按时完工，主要包括下列内容：

（1）收集和编制施工人员档案。

（2）佩戴有效工作证件。

（3）所有进入场地的员工均给予一份安全守则。

（4）加强离职或被解雇人员的管理。

（5）项目经理要制定施工人员分配表。

（6）项目经理每天向施工人员发出工作责任表。

（7）制订定期会议制度。

（8）每天均巡查施工场地。

（9）按工程进度制定施工人员每天的上班时间。

对现场施工人员的行为进行管理，要求项目经理部组织制定施工人员行为规范和奖惩制度，教育员工遵守当地的法律法规、风俗习惯、施工现场的规章制度，保证施工现场的秩序。同时项目经理部应明确由施工现场负责人对此进行检查监督，对于违规者应及时予以处罚。

7.4 材料管理

施工现场的材料管理不仅能够保证工程进度，避免因为材料短缺影响工期，也直接关系到工程项目的直接成本，加强已经开箱材料和半成品的现场管理，有利于直接降低项目成本，材料丢失、损坏和临时采购等将增加直接成本，也涉及工程质量。工程施工现场材料规格多，环境复杂，加强项目现场材料管理非常重要，需要做好以下工作：

1. 做好材料采购前的基础工作

工程开工前，项目经理、施工员必须反复认真地对工程设计图纸进行熟悉和分析，根据工程测定材料实际数量，提出材料申请计划，申请计划应做到准确无误。

2. 各分项工程都要严格控制材料的使用

在前期布线阶段每天检查剩余的各种材料和线缆等，在保证质量的前提下，充分利用短线，防止每箱剩余几十米，每天剩余几箱，做到每天收集和分类整理剩余短线、半盒材料等，第二天首先利用，往复循环，只有这样才能严格控制材料的使用。

一般安装现场都需要准备螺钉、螺母等零件盒，如图7-3所示，分为4格，分别放置螺钉、螺母、平垫圈和弹簧垫圈。每天安装结束，将工具归类摆放整齐，进行检查。图7-4所示为现场摆放的常用工具。

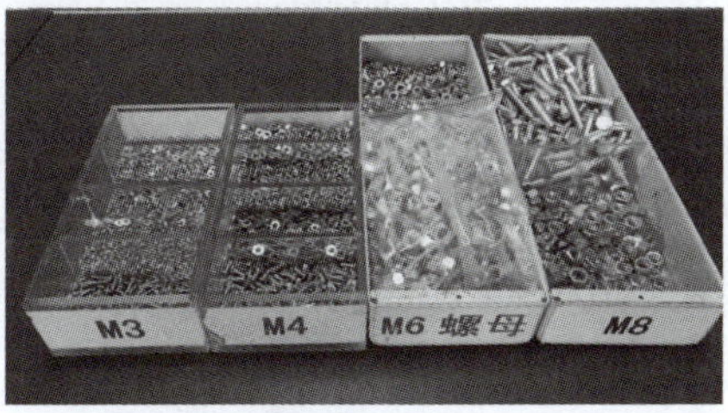

图7-3 放置螺钉的4格零件盒

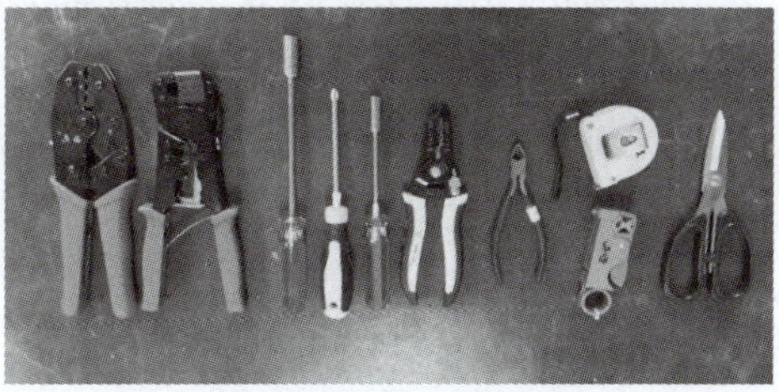
图7-4 施工现场摆放的常用工具

3. 规范领取材料

在材料领取、入库出库、投料、用料、补料、退料和废料回收等环节上花时间，做文件，严格管理。

4. 项目经理直接负责材料管理

对于材料消耗特别大的工序，由项目经理直接负责。具体施工过程中可以按照不同的施工工序，将整个施工过程划分为几个阶段，在工序开始前由施工员分配大型材料使用数量，工序施工过程中如发现材料数量不够，由施工员报请项目经理领料，并说明材料使用数量不够的原因。每一阶段工程完工后，由施工员清点、汇报材料使用和剩余情况，材料消耗或超耗，分析原因并与奖惩挂钩。

5. 建立奖惩制度

对价值高、用量大的材料实行包干使用，制定节约有奖、超耗则罚的制度，及时发现和解决材料使用不节约、出入库不计量、生产中超额用料和废品率高等问题。

6. 以旧换新

特殊材料实行以旧换新，领取新料由材料使用人或负责人提交领料原因。材料报废须及时提交报废原因，以旧换新，以便有据可循，作为以后奖惩的依据。

7.5 安全管理

施工安全非常重要，甲方、乙方和监理方都应该高度重视，施工阶段安全控制要点和主要措施包括以下几个方面：

1. 施工现场防火

施工现场应实行逐级防火责任制，施工单位应明确一名施工现场负责人为防火负责人，全面负责施工现场的消防安全管理工作，根据工程规模配备消防员和义务消防员。

临时使用的仓库应符合防火要求。在机房施工作业使用电焊、气割、砂轮锯等时，必须有专人看管。施工材料的存放、保管应符合防火安全要求。易燃品必须专库储存，尽可能采取随用随进，由专人保管、发放、回收。

熟悉施工现场的消防器材，机房施工现场严禁吸烟。电气设备、电动工具不准超负荷运行，线路接头要结实、接牢、防止设备线路过热或打火短路。现场材料堆放不宜过多，垛之间保持一定防火间距。

2. 施工现场用电安全

施工现场临时用电多，电气设备和电动工具多，必须非常重视安全用电，项目经理必须对全员进行安全教育，保证安全用电。主要包括以下内容：

（1）临时用电作业的安全控制措施应在《施工组织设计》中予以明确。

（2）施工人员进入施工现场后，应进行安全教育，强调用电安全知识。

（3）施工现场需要临时用电时，操作人员应检查临时供电设施、电动机械与手持电动工具是否完好，是否符合规定要求，安装漏电保护装置，注意防止过压、过流、过载及触电等情况发生。接通电源之前，应设警示标志，临时用电结束后，立即做好恢复工作。

（4）禁止任何人员带电作业。

（5）在涉及36 V以上电气布线和安装时，或者临近电力线施工作业时，应视为电力线带电，操作人员必须戴安全帽，穿绝缘鞋，戴绝缘手套，并且随时与电力线，尤其是高压电力线保持安全距离。在交流配电箱、列柜及其他带电设备附近作业时，操作人员应有保护措施，所用工具应做绝缘处理，严格操作规程，保持集中精力。

3. 低温雨季施工防潮

低温季节施工时，施工人员应尽量避免高空作业，必须进行高空作业时，应穿戴防冻、防滑的保温服装和鞋帽。吊装机具在低温下工作时，应考虑其安全系数。光缆的接续机具和测试仪表工作应采取保温措施，满足其对温度要求。车辆应加装防冻液、防滑链，注意防冻、防滑。

雨季施工时，雷雨天气禁止从事高空作业，空旷环境中施工人员避雨时应远离树木，注意防雷。雨天施工时，施工人员应注意道路状况，防止滑倒摔伤。雨天及湿度过高的天气施工时，作业人员在与电力设施接触前，应检查其是否受潮漏电。施工现场的仪表及接续机具在不使用时应及时放到专用箱中保管。

在雨天使用时，应采用帐篷、雨具等防雨工具，避免其受潮。下雨前，施工现场的材料应及时遮盖，对于易受潮变质的材料应采取防水、防潮措施单独存置。

4. 机房内施工的防护措施

机房内进行电源割接时，应注意所使用工具的绝缘防护，检查新装设备，在确保新设备电源系统无短路、接地等故障时，方可进行电源割接工作，以防止发生设备损坏、人员伤亡事故。

在机房内施工需要用电锤、切割机时，应使用防尘罩降低灰尘排放量，对施工现场的新旧设备应采取防尘措施，保持施工现场清洁。禁止动与施工无关的设备，需要用到机房原有设备时，应当首先征得机房技术负责人的同意，以机房值班人员为主进行工作，保证通信设备网络的安全。需要拔插机盘时，应佩戴防静电手环。保证在机房内施工时通信设备、网络等电信设施的安全

5. 高空作业时的安全措施

视频监控系统施工安装中经常需要高空作业，例如吊顶和立杆安装摄像机、室外架空布线等。高空作业是一项危险性较大的作业项目，容易造成人员、物体坠落。建议采取以下控制措施：

高空作业人员必须经过专门的安全培训，取得资格证书后方可上岗作业。安全员必须严格按照操作规程进行现场检查。作业人员应接受书面的危险岗位操作规程，并明白违章操作的危害。

作业人员应佩戴安全帽、安全带，穿工作服、工作鞋，并认真检查各种劳动保险用具是否安全可靠。

高空作业应划定安全禁区，安置好警示牌。操作时必须统一指挥、统一工作口令。需要上下塔时，人与人之间应保持一定距离，行进速度宜慢不宜快。高空作业用的各种工、器具要加保险绳、钩、袋，防止失手散落伤人。作业过程中禁止无关人员进入安全禁区。在杆子、铁塔上传递物件严禁抛掷，相互传送物品时要用口令呼应。

高处作业须确保踩踏物牢靠，作业人员健康状况良好，做好自身安全保护。预防坠物伤害他人。

7.6 质量控制管理

质量控制主要表现为施工组织和施工现场的质量控制，控制的内容包括工艺质量控制和产品质量控制。影响质量控制的因素主要有“人、材料、机械、方法和环境”五大方面。因此，对这五方面因素严格控制，是保证工程质量的关键。

具体措施如下：

（1）现场成立以项目经理为首、由各分组负责人参加的质量管理领导小组。

（2）承包方在工程中应投入受过专业训练及经验丰富的人员来施工及督导。

（3）施工时应严格按照施工图纸、操作规程及现阶段规范要求进行施工。

（4）认真做好施工记录。

（5）加强材料的质量控制是提高工程质量的重要保证。

（6）认真做好技术资料和文档工作，对于各类设计图纸资料仔细保存，对各道工序的

工作认真做好记录和文字资料，完工后整理出整个系统的文档资料，为今后的应用和维护工作打下良好的基础。

7.7 成本控制管理

7.7.1 成本控制管理内容

1. 施工前计划

（1）做好项目成本计划。

（2）组织签订合理的工程合同与材料合同。

（3）制定合理可行的施工方案。

2. 施工过程中的控制

（1）降低材料成本，实行三级收料及限额领料。

（2）组织材料合理进出场，节约现场管理费。

3. 工程总结分析

（1）根据项目部制定的考核制度，体现奖优罚劣的原则。

（2）竣工验收阶段要着重做好工程的扫尾工作。

7.7.2 工程的成本控制基本原则

（1）加强现场管理，合理安排材料进场和堆放，减少二次搬运和损耗。

（2）加强材料的管理工作，做到不错发、领错材料，不丢窃遗失材料，施工班组要合理使用材料，做到材料精用。在敷设线缆当中，既要留有适量的余量，还应力求节约，不予浪费。

（3）材料管理人员要及时组织使用材料的发放，以及施工现场材料的收集工作。

（4）加强技术交流，推广先进的施工方法，积极采用先进科学的施工方案，提高施工技术。

（5）积极鼓励员工“合理化建议”活动的开展，提高施工班组人员的技术素质，尽可能地节约材料和人工，降低工程成本。

（6）加强质量控制、加强技术指导和管理，做好现场施工工艺的衔接，杜绝返工，做到一次施工，一次验收合格。

（7）合理组织工序穿插，缩短工期，减少人工、机械及有关费用的支出。

（8）科学合理安排施工程序，搞好劳动力、机具、材料的综合平衡，向管理要效益。

平时施工现场由1～2人巡视了解施工进度和现场情况，做到有计划性和预见性，预埋条件具备时，应采取见缝插针、集中人力预埋的办法，节省人力物力。

7.8 施工进度控制

项目的进度管理通常采用计划、实施、检查和总结四个过程的不断循环，通过对人力资源和物力投入的不断调整，以保证进度和计划不发生偏差，从而达到按计划实现进度目标。施工进度控制关键就是编制施工进度计划，根据工程规模，合理规划、调整各阶段前后作业的工序和时间。视频监控系统工程的一般过程为“施工准备—管路敷设—线缆敷设—前端设备安装—监控中心安装—系统调试—工程验收”。施工进度协调管理的最重要环节如下：

（1）通过与业主、监理、土建总包方、安装方（包括机电安装和强电安装）、装修及其他工种之间的沟通和协调，确定与其他工程相关的节点，制订相应进度计划，与整个工程的进度计划相匹配，在施工前制订出工程的基准进度计划，作为施工作业的进度管理目标。

（2）理清施工管理的各个协调界面，并与其他工种施工以及各子系统内部协调进行统一的施工部署，保证系统的总体实施。

（3）进度计划不是不变的，当其他工程的节点计划发生改变时，工程的基准计划将作出相应的调整，也就是说施工过程中需要不断地沟通和协调。

（4）根据进度的需要，合理安排人力资源和物力投入，并在实施过程中不断地进行进度的动态管理，以防止进度发生偏差而影响整个工程的工期，其中，工程的协调与合作是施工协调的关键。

（5）当总工期要求缩短时，在关键路径的施工工期中加强人力和物力投入，重点保证在关键路径段的任务计划，和其他工种协同作战，以确保工程赶工要求。

7.9 工程各类报表

1. 施工进度日志

施工进度日志由现场工程师每日随工程进度填写施工中需要记录的事项，具体表格样式见表7-1。

表7-1 施工进度日志

组别： 人数： 负责人： 日期：				
工程进度计划：				
工程实际进度：				
工程情况记录：				
时间	方位、编号	处理情况	尚待处理情况	备注

2. 施工人员签到表

每日进场施工的人员必须签到，签到按先后顺序，每人须亲笔签名，签到的目的是明确施工的责任人。签到表由现场项目工程师负责落实，并保留存档。具体表格样式见表7-2。

表7-2 施工责任人签到表

项目名称： 项目工程师：							
日期	姓名1	姓名2	姓名3	姓名4	姓名5	姓名6	姓名7

3. 施工事故报告单

施工过程中无论出现何种事故，都应由项目负责人将初步情况填报“事故报告”。具体格式见表7-3。

表7-3 施工事故报告单

填报单位： 项目工程师：	
工程名称：	设计单位：
地点：	施工单位：
事故发生时间：	报出时间：
事故情况及主要原因：	

4. 工程开工报告

工程开工前，由项目工程师负责填写开工报告，待有关部门正式批准后方可开工，正式开工后该报告由施工管理员负责保存待查。具体报告格式见表7-4。

表7-4 工程开工报告

工程名称：		工程地点：	
用户单位：		施工单位：	
计划开工：	年 月 日	计划竣工：	年 月 日
工程主要内容：			
工程主要情况：			
主抄： 抄送： 报告日期：	施工单位意见： 签名： 日期：		建设单位意见： 签名： 日期：

5. 施工报停表

在工程实施过程中可能会受到其他施工单位的影响，或者由于用户单位提供的施工场地和条件及其他原因造成施工无法进行。为了明确工期延误的责任，应该及时填写施工报停表，在有关部门批复后将该表存档。具体施工报停表样式见表7-5。

表7-5 施工报停表

工程名称：		工程地点：	
建设单位：		施工单位：	
停工日期：	年 月 日	计划复工：	年 月 日
工程停工主要原因：			
计划采取的措施和建议：			
停工造成的损失和影响：			
主抄： 抄送： 报告日期：	施工单位意见： 签名： 日期：		建设单位意见： 签名： 日期：

6. 工程领料单

项目工程师根据现场施工进度情况安排材料发放工作，具体的领料情况必须有单据存档。具体格式见表7-6。

表7-6 工程领料单

工程名称		领料单位	
批料人		领料日期	年 月 日

续表

序号	材料名称	材料编号	单位	数量	备注

7. 工程设计变更单

工程设计经过用户认可后，施工单位无权单方面改变设计。工程施工过程中如确实需要对原设计进行修改，必须由施工单位和用户主管部门协商解决，对局部改动必须填报“工程设计变更单”，经审批后方可施工。具体格式见表7-7。

表7-7 工程设计变更单

工程名称		原图名称	
设计单位		原图编号	
原设计规定的内容：		变更后的工作内容：	
变更原因说明：		批准单位及文号：	
原工程量		现工程量	
原材料数		现材料数	
补充图纸编号		日　期	年　月　日

8. 工程协调会议纪要

工程协调会议纪要格式见表7-8。

表7-8 工程协调会议纪要

日期：			
工程名称		建设地点	
主持单位		施工单位	
参加协调单位			
工程主要协调内容：			
工程协调会议决定：			
仍需协调的遗留问题：			
参加会议代表签字：			

9. 隐蔽工程阶段性合格验收报告

隐蔽工程阶段性合格验收报告格式见表7-9。

表7-9 隐蔽工程阶段性合格验收报告

工程名称		工程地点	
建设单位		施工单位	
计划开工	年　月　日	实际开工	年　月　日
计划竣工	年　月　日	实际竣工	年　月　日
隐蔽工程完成情况：			
提前和推迟竣工的原因：			
工程中出现和遗留的问题：			

续表

主抄： 抄送： 报告日期：	施工单位意见： 签名： 日期：	建设单位意见： 签名： 日期：

10. 工程验收申请

施工单位按照施工合同完成了施工任务后，会向用户单位申请工程验收，待用户主管部门答复后组织安排验收。具体申请表格式见表7-10。

表7-10 工程验收申请

工程名称		工程地点	
建设单位		施工单位	
计划开工	年 月 日	实际开工	年 月 日
计划竣工	年 月 日	实际竣工	年 月 日
工程完成主要内容：			
提前和推迟竣工的原因:			
工程中出现和遗留的问题：			
主抄： 抄送： 报告日期：	施工单位意见： 签名： 日期：	建设单位意见： 签名： 日期：	

7.10 典型案例5 天津市现代服务业职业技能培训鉴定基地——智能楼宇工程实训中心项目工程管理

为了方便读者全面直观地了解工程管理，加深对工程管理的理解和学习，快速掌握工程管理的主要措施和方法，提高工程管理的能力和水平，保证工程项目的质量、成本、工期和安全等，我们给出2017年实施的天津市现代服务业职业技能培训鉴定基地——智能楼宇工程实训中心实训设备工程案例，重点介绍该项目的现场管理、技术管理、人员管理、材料管理、安全生产管理、质量管理等。

7.10.1 项目基本情况

（1）项目名称：智能楼宇工程实训中心实训设备。

（2）项目地址：中国公共实训中心（天津）。

（3）建设单位：天津市现代服务业职业技能培训鉴定基地。

（4）设计施工单位：西安开元电子实业有限公司

（5）项目概况：天津市现代服务业高技能人才培训基地建设项目是目前全国最大的产教融合示范工程，该项目位于中国公共实训中心（天津），为十二五重点规划项目，2012年开始规划和方案论证，实训室总面积560 m^2。2016年5月发标，2016年11月开标，西元公司中标，中标价268.52万元。2017年3月开始进场安装，2017年4月竣工交付，2017年5～7月，西元公司与实训中心深度校企合作，联合举行了6次职业技能鉴定培训班，培训鉴定300多名专业技能人才，培训鉴定费收入85万元，全年培训1 000人，培训鉴定费收入285万元。图7-5所示为平面布局图，图7-6所示为每个工位设备安装位置图。

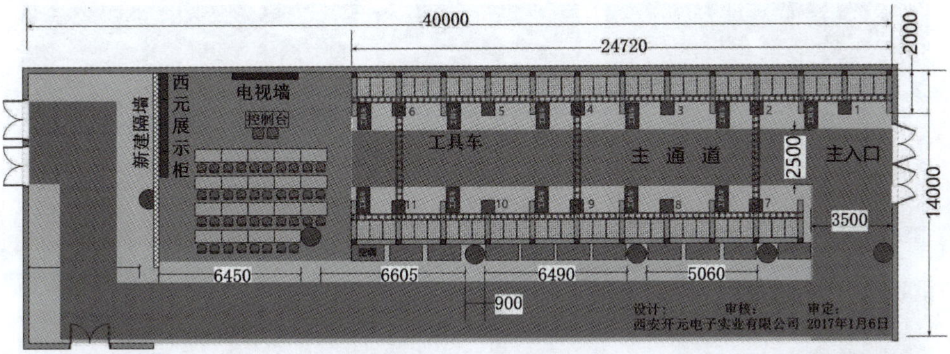

图7-5 中国公共实训中心（天津）智能楼宇工程实训中心平面布局图（单位：mm）

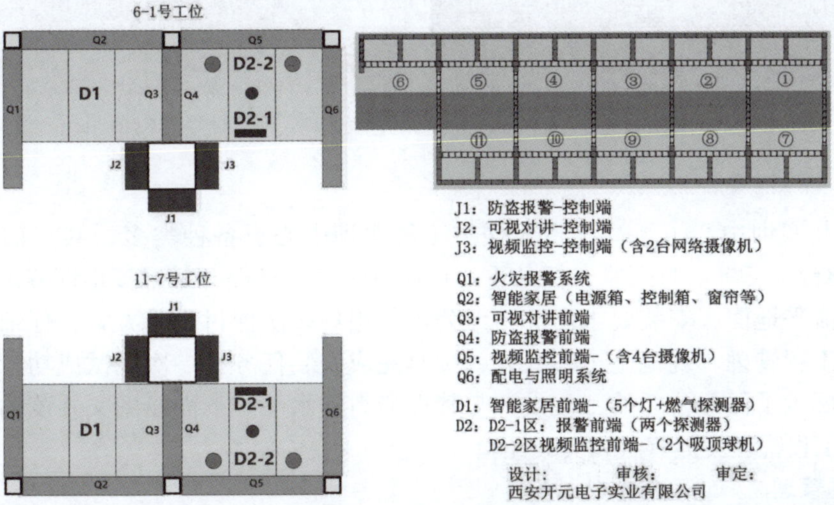

图7-6 中国公共实训中心（天津）智能楼宇工程实训中心工位设备安装位置图

（6）主要设备：

① 智能楼宇工程技术实训装置，西元KYSYZ-05-04E，数量11套。
② 智能楼宇工程技术实训工具车，西元KYSYT-1200-600，数量11套。
③ 智能楼宇控制中心实训装置，西元KYZNH-600-600，数量11套。
④ 视频监控及周边防范实训装置，西元KYZNH-01-2，数量11套。
⑤ 出入口防盗报警实训装置，西元KYZNH-02-2，数量11套。
⑥ 可视对讲及室内安防实训装置，西元KYZNH-04-2，数量11套。
⑦ 楼宇综合布线实训装置，西元KYPXZ-01-52，数量11套。
⑧ 楼宇综合布线器材展示柜，西元KYZNH-91,92,93,94，数量4台。
⑨ 火灾自动报警及消防实训装置，西元KYZNH0-08，数量11套。
⑩ 楼宇设备智能监控实训装置，西元KYZNH-09，数量11套。
⑪ 智能家居实训装置，西元KYZNH-53，数量11套。
⑫ 控制中心实训系统，西元KYZNH-62，数量11套。
⑬ 光纤熔接机，西元KYRJ-369,数量1台。

图7-7所示为主要设备安装竣工后照片。

请扫描“图 7-5”和“图 7-6”二维码，观看或下载彩色高清图片。

图片
图 7-5

图片
图 7-6

图7-7　中国公共实训中心（天津）智能楼宇工程实训中心设备照片

7.10.2　工程管理

中国公共实训中心（天津）智能楼宇工程实训中心设备种类多，共有13大类，数量多，共有148台（套），时间紧，任务重，在项目竣工前已经开始承接培训鉴定班。实训中心全部为自流平地面，安装要求高。西元公司与用户多次探讨设计方案，仔细规划，精心设计，严格工程管理，规范施工和安装，按时完成安装任务，一次调试成功，满足了用户急需，充分展示了西元公司的工程设计与管理能力和水平。下面以图文并茂的方式直观介绍该项目的工程管理关键节点和实战经验。

1. 现场管理

中国公共实训中心（天津）是天津重点工程和亮点，每年全国技能大赛都在这里举行，由政府直接管理，对现场管理要求严格规范。西元专门成立项目部，由工程部和技术部总经理直接负责。对现场工作环境和物资堆放提前规划，严格管理。每天进行现场整理整顿，及时回收包装箱，及时清洁地面，始终保持工作现场的地面整洁，器材有序堆放。图7-8所示为货物安装前堆放照片，图7-9所示为安装现场照片。

图7-8　货物安装前堆放照片

图7-9　安装现场照片

2. 技术管理

（1）技术文件和图纸审核。西元项目部主要负责人直接参与了该项目的前期技术文件编制和图纸设计工作，在开工前组织销售、工程、技术等人员召开了多次施工图自审和会审会议，保证全体施工人员充分掌握技术文件、设计图纸，深刻理解和吃透理解设计意图、工程特点和技术要求。图7-10所示为视频监控系统安装接线图。

请扫描“图 7-10”二维码，观看或下载高清图片。

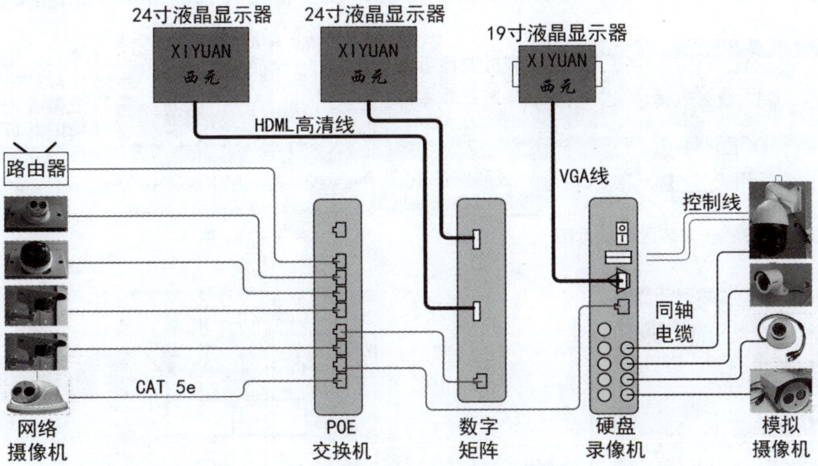

图7-10　视频监控系统安装接线图

图 片

图 7-10

（2）技术交底会。在项目发货后，销售部牵头，再次召开技术交底会，重点强调了合同规定的质量要求、技术要求、工艺要求、施工规范、作业指导书等，保证严格按照合同和相关国家标准施工安装。检查了项目部制定的施工方案、质量保证策划、安全措施、关键工序实施方案等文件，特别强调了对成品和半成品的保护措施等。

我们以视频监控系统安装要求为例，说明前期技术交底会的准备细节，图7-11所示为安装位置设计图，图7-12所示为安装和竣工照片。具体安装要求和说明如下：

① 前端摄像机安装在工位墙面Q5面，监控主机等主控设备安装在机架J3位置。

② 彩色一体化网络摄像机使用专用支架，图号KYDZ2017-0320-11，安装在顶板图示位置。

③ 半球网络摄像机使用专用支架，图号KYDZ2017-03-20-11，安装在顶板图示位置。

④ 红外夜视摄像机使用专用支架，图号KYDZ201608-01-01，安装在墙面图示位置。

⑤ 半球网络摄像机和半球模拟摄像机安装在机架图示位置。

⑥ 枪式摄像机使用自带支架安装在墙面图示位置。

⑦ 电源适配器、电源插座按图示位置安装在墙面。

⑧ 显示器使用配套的底座，开5个孔固定在墙面图示位置。

⑨ 所有线缆在工厂全部做好，用蛇形管缠绕，做好标记。

⑩ 现场安装时按照图示位置和路径用理线环固定在墙面，理线环安装位置和数量按照图示。

图 片

图 7-11

请扫描“图 7-11”二维码，观看或下载彩色高清图片。

3. 人员管理

施工现场人员管理非常重要，不仅能够保证工程质量，也能保证按时完工。西元公司对项目部人员管理主要措施包括下列内容：

（1）只有公司正式员工，经过严格培训，考核合格，取得智能楼宇工程师资格证书的人员才能参加项目部。

（2）公司全体出差和施工安装人员办理商业意外保险。

（3）全员戴安全帽，佩戴西元公司统一工牌，统一服装，统一双肩包，统一工具包等。

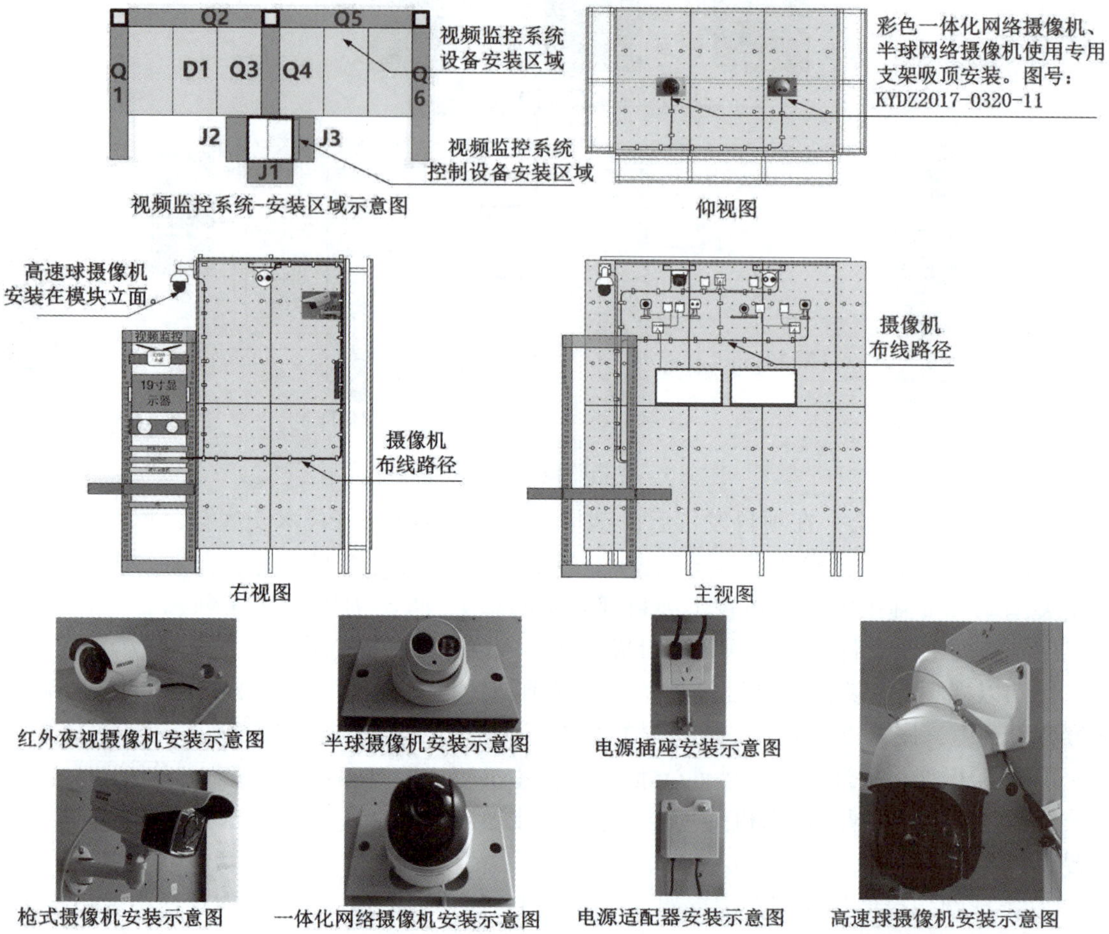

图7-11　视频监控系统安装位置设计图

图7-12　视频监控系统安装和竣工图

（4）项目部每天统一上下班，施工现场每天召开班前会和班后会，安排和总结当天的工作，解决问题，表扬先进。

（5）项目经理每天向公司总部QQ、微信、电话汇报安装进度，及时通报和协调工程进度。

（6）项目经理和各个单项负责人每天巡查施工现场，及时发现和排除不安全因素，及时解决技术问题。

（7）销售部产品经理到现场抽查，监督和检查安装质量与进度。

（8）项目竣工后，公司举行总结表彰会，给项目部人员发放奖金，颁发证书表扬。

4. 材料管理

施工现场的材料管理不仅能够保证工期，也能降低直接成本，丢失、损坏和临时采购等将增加直接成本。该项目设备、器材、工具等全部从西安的西元科技园发货到天津，在材料准备和管理阶段，做了大量的基础性工作，在现场严格器材管理，该项目安装非常顺利，按时竣工，没有出现坏件或更换产品。下面介绍该项目材料管理方法和经验：

（1）认真仔细做好材料采购清单和计划。项目中标后，项目经理反复认真地研读设计图纸，亲自设计安装施工图和布线路由，编制材料清单，进行预装配，确保器材规格和数量正确。

（2）进行预装配，确保配件齐全。项目使用的一些特殊材料必须进行预装配。例如该项目摄像机安装时使用1/4英寸的螺钉，数量少，体积小，市场也很难买到，因此在工厂进行预装配，直接安装到摄像机上，保证不会遗失。对于电气开关、控制器等在工厂完成装配，减少现场工作量，也能避免漏项，图7-13所示为完成装配的控制箱。施工现场准备零件工具盒，分类存放和保管螺钉、接头等小件材料，不仅能够防止小件散落在地面，也能提高工作效率。

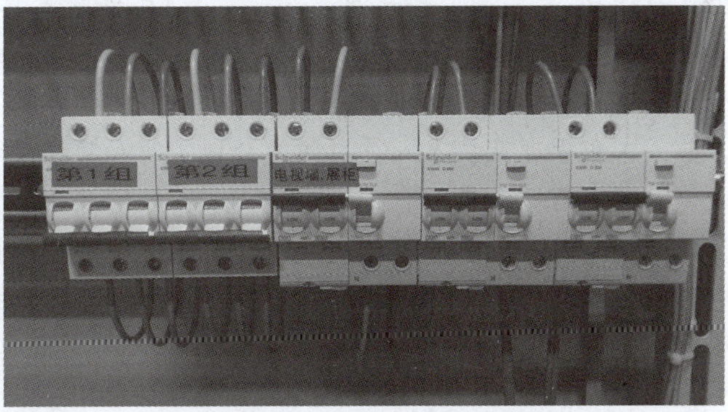

图7-13 完成装配的控制箱

（3）设备和材料分类保管和装箱，保证阶段性施工需求，充分合理使用材料。在保证质量的前提下，充分利用短线，防止每箱剩余几十米，每天剩余几箱，做到每天收集和分类整理剩余短线、半盒材料等，第二天首先利用，往复循环，只有这样才能严格控制材料的使用。

（4）项目经理直接负责材料管理。对于消耗大和容易丢失的材料由项目经理直接负责，将施工过程划分为几个阶段，按阶段发放材料。每一阶段工程完工后，清点、汇报材料使用和剩余情况，分析材料超耗原因，并且与奖惩挂钩。

（5）安全生产管理。政府非常重视安全生产，该项目实施期间，实训中心不允许使用电焊，也不能从事高空作业。因此西元公司提前计划和安排，将电焊任务在工厂提前完成，现场组装。现场安装施工人员穿劳保鞋，戴手套，严格按照图纸施工。在电气安装中，坚持两人一组，一人操作，一人保护，坚持断电操作等措施。

（6）质量管理。为了保证产品质量，西元公司在工厂进行了大量的调试工作，并且将货物分类包装，图7-14所示为分类调试照片。为了避免物流运输损坏，采用专车门到门运输方案，项目部负责在工厂装车，在现场卸车，从货物装车顺序、堆放层数、卸车顺序等全盘考虑，保证运输安全。在现场安装中，严格按照图纸规定安装。图7-15所示为在西元科技园装车照片。

图7-14　分类调试照片

图7-15　在西元科技园装车照片

练　习　题

文档

单元7练习题

请扫描“单元7练习题”二维码，下载电子版，按时完成。

1. 填空题（10题，每题2分，合计20分）

（1）工程管理的________和水平、________与措施直接决定项目质量、成本、工期和安全，主要包括现场管理、技术管理、人员管理、材料管理、安全生产管理、质量管理、成本管理、工期管理等。（参考单元7摘要）

（2）在工程开工前，工程管理及技术人员应该充分地了解和掌握设计图纸的________、工程特点和________。（参考7.2知识点）

（3）施工现场的材料管理不仅能够保证________，避免因为材料短缺影响工期，也直接关系到工程项目的直接成本，加强已经开箱材料和半成品的现场管理，有利于直接降低________，丢失、损坏和临时采购等将增加直接成本，也涉及到工程质量。（参考7.4知识点）

（4）在涉及36 V以上的电气布线和安装时，或者临近电力线施工作业时，应视为电力线________，操作人员必须戴安全帽，穿绝缘鞋，戴________，并且随时与电力线，尤其是高压电力线保持安全距离。（参考7.5知识点）

（5）高空作业人员必须经过专门的________培训，取得________后方可上岗作业。（参考7.5知识点）

（6）高空作业应划定安全________，安置好警示牌。操作时必须统一________、统一工作口令。（参考7.5知识点）

（7）质量控制主要表现为施工组织和施工现场的质量控制，控制的内容包括________

质量控制和________质量控制。（参考7.6知识点）

（8）工程成本控制的原则之一为加强现场管理，合理________材料进场和堆放，减少________搬运和损耗。（参考7.7.2知识点）

（9）施工进度协调管理的最重要环节之一为，根据进度需要，合理安排________资源和物力投入，并在实施过程中不断地进行进度的________管理。（参考7.8知识点）

（10）当总工期要求缩短时，在________的施工工期中加强人力和________投入，重点保证在关键路径段的任务计划，和其他工种协同作战，以确保工程赶工要求。（参考7.8知识点）

2. 选择题（10题，每题3分，合计30分）

（1）施工现场管理的基本要求主要包括（　　）。（参考7.1知识点）

A. 现场工作环境管理　　B. 现场居住环境管理
C. 现场周围环境管理　　D. 现场物资管理

（2）技术管理包括哪两项主要内容？（　　）（参考7.2知识点）

A. 现场勘测　B. 图纸审核　C. 编制施工进度表　D. 技术交底

（3）质量控制主要表现为施工组织和施工现场的质量控制，控制的内容包括工艺质量控制和产品质量控制。影响质量控制的因素主要有“人、（　　）、机械、（　　）方法、环境”等五大方面。（参考7.6知识点）

A. 图纸审核　B. 材料　C. 方法　D. 温度

（4）工程成本控制基本原则之一为，积极鼓励员工（　　）活动的开展，提高施工班组人员的（　　），尽可能地节约材料和人工，降低工程成本。（参考7.7.2知识点）

A. 合理化建议　B. 遵守考勤制度　C. 技术素质　D. 数量

（5）项目的进度管理通常采用（　　）、实施、（　　）和总结四个过程的不断循环，通过对人力资源和物力投入的不断调整，以保证进度和计划不发生偏差，从而达到按计划实现进度目标的过程。（参考7.8知识点）

A. 考勤　B. 计划　C. 检查　D. 奖励

（6）施工进度控制关键就是编制施工进度计划，根据工程规模，（　　）、调整各阶段前后作业的（　　）。（参考7.8知识点）

A. 安排人员　B. 合理规划　C. 设备　D. 工序和时间

（7）施工进度日志由（　　）每日随工程进度填写施工中需要（　　）的事项。（参考7.9知识点）

A. 安装技工　B. 现场工程师　C. 工序和时间　D. 记录

（8）工程开工报告，在工程开工前，由项目工程师负责填写开工报告，待有关部门正式（　　）后方可开工，正式开工后该报告由施工管理员负责（　　）待查。（参考7.9知识点）

A. 批准　B. 立项　C. 编制　D. 保存

（9）请填写表7-11工程开工报告中预留（　　）内的内容。（参考7.9知识点）

表7-11　工程开工报告

工程名称		工程地点	
用户单位		（　　）	
（　　）	年　月　日	计划竣工	年　月　日
工程主要（　　）：			
工程主要情况：			
主抄： 抄送： 报告日期：	施工单位意见： 签名： 日期：	（　　）单位意见： 签名： 日期：	

A. 计划开工　B. 建设　C. 施工单位　D. 内容

（10）在工程实施过程中可能会受到其他施工单位的影响，或者由于用户单位提供的施工场地和条件及其他原因造成施工无法进行。为了明确工期延误的（　　），应该及时填写施工报停表，在有关部门（　　）后将该表存档。（参考7.9知识点）

A. 原因　B. 责任　C. 批复　D. 检查

3. 简答题（5题，每题10分，合计50分）

（1）请简述技术交底的依据、内容和要求。（参考7.2知识点）

（2）施工现场人员的管理非常重要，不仅能够保证工程质量，也能保证按时完工，主要包括哪些内容？（参考7.3知识点）

（3）简述成本控制管理内容。（参考7.7.1知识点）

（4）请列出视频监控工程常用的各类报表。（参考7.9知识点）

（5）请以本校校园安全防范视频监控系统工程为例，以表7-12为模板，填写工程验收申请。（参考7.9知识点）

表7-12　工程验收申请

工程名称		工程地点	
建设单位		施工单位	
计划开工	年　月　日	实际开工	年　月　日
计划竣工	年　月　日	实际竣工	年　月　日
工程完成主要内容：			
提前和推迟竣工的原因：			
工程中出现和遗留的问题：			
主抄： 抄送： 报告日期：	施工单位意见： 签名： 日期：	建设单位意见： 签名： 日期：	

请扫描“互动练习 13”和“互动练习 14”二维码，下载 Word 版，按时完成，掌握本单元主要内容。

文档

互动练习 13

文档

互动练习 14

实训9　视频监控系统工程综合实训

1. 实训任务来源

视频监控系统是一个包括前端、传输、控制、显示与记录四个组成部分的综合性系统，掌握视频监控系统在实际工程中的综合安装和调试，是系统调试和运维人员必备的岗位技能。

2. 实训任务

学生将实训装置上的摄像机拆下，安装在教室等实际环境中，进行视频监控真实工程项目的布线、安装和调试等实际工程操作，使得视频监控系统工作正常。通过本实训内容，掌握视频监控系统从前端到控制中心的系统性综合安装工程技术。

3. 关键技能

（1）合理规划和设计前端摄像机的安装位置。

（2）正确敷设线缆，包括信号传输线缆、供电线缆等，尽量避免线缆交叉。

4. 实训课时

（1）该实训共计4课时完成，其中技术讲解20 min，设计90 min，学员操作60 min，实训总结10 min。

（2）课后作业2课时，独立完成实训报告，提交合格实训报告。

5. 实训设备和工具

（1）“西元”视频监控系统实训装置，产品型号：KYZNH-01-2。

（2）西元智能化系统工具箱，型号KYGJX-16。

6. 实训步骤

将西元视频监控实训装置自带的4个摄像机安装到实训室墙角或者楼道、门口等位置，图7-16所示为安装位置示意图。根据本校情况，由学生设计，老师确认后进行综合实训，实训只能适合少量学生一次性安装，不适合全班学生多次重复安装实训。

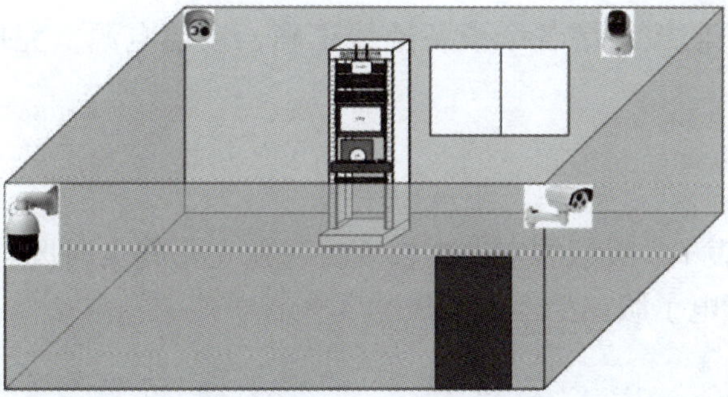

图7-16　视频监控系统工程应用安装位置示意图

下面以西元ICT工程技术实训平台为例，说明安装方法和关键技术。适合全班学生多次重复安装实训，也适合学生按照自己的设计方案进行个性化安装实训。具体实训步骤如下：

第一步：将图7-17西元视频监控系统实训装置移到西元ICT工程技术实训平台中间的U字形位置，模拟视频监控系统的监控中心。

请扫描“图 7-17”二维码，观看或下载彩色高清图片。

图 片

图 7-17

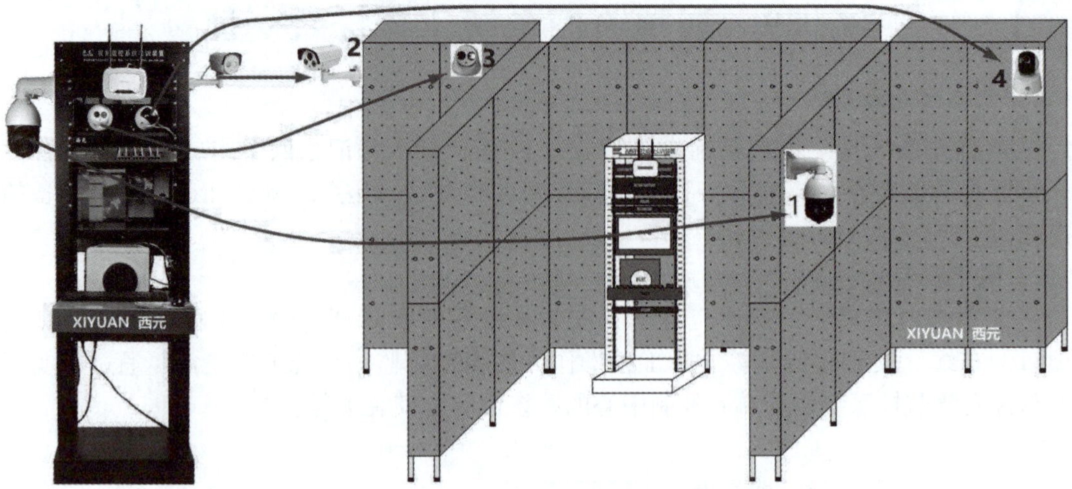

图7-17　视频监控系统综合实训安装位置示意图

第二步：拆下左侧一体化全球摄像机和电源等配件，安装到工程实训平台的右侧位置，作为前端监控点1。

第三步：拆下右侧枪式摄像机和电源等配件，安装到工程实训平台的左侧，作为前端监控点2。

第四步：拆下中间半球固定摄像机和电源等配件，安装到工程实训平台的左侧L角位置，作为前端监控点3。

第五步：拆下中间半球云台摄像机和电源等配件，安装在工程实训平台的右侧，作为前端监控点4。

第六步：完成4个监控点摄像机到监控中心的信号线和控制线布线，要求布线符合相关施工要求、安全可靠、布线路由合理等。

第七步：完成4个监控点摄像机到监控中心的电源线布线，要求布线符合相关施工要求、安全可靠、布线路由合理等。

第八步：确认视频监控系统各个设备连线正确，接通电源，完成设备调试，实现系统正常工作。

7. 实训报告

（1）请扫描“实训 9”二维码，下载电子版。

（2）按照单元 1 表 1-3 所示的实训报告模板，独立完成实训报告，2 课时。请扫描“实训报告”二维码，下载电子版。

文档

实训 9

文档

实训报告

练习题参考答案

请扫描下列二维码，阅读练习题参考答案。

练习题
参考答案

参考文献

[1] 王公儒. 综合布线工程实用技术[M]. 3版. 北京：中国铁道出版社有限公司，2021.

[2] 王公儒. 智能管理系统工程实用技术[M]. 北京：中国铁道出版社有限公司，2012.

[3] 王公儒. 计算机应用电工技术[M]. 2版. 大连：东软电子出版社，2021.

[4] 雷玉堂. 安防视频监控实用技术[M]. 北京：电子工业出版社，2012.

[5] 中华人民共和国住房和城乡建设部. 智能建筑设计标准[S]. 北京：中国计划出版社，2015.

[6] 中华人民共和国住房和城乡建设部. 智能建筑施工规范[S]. 北京：中国计划出版社，2010.

[7] 中华人民共和国住房和城乡建设部. 智能建筑工程质量验收规范[S]. 北京：中国建筑工业出版社，2013.

[8] 中华人民共和国建设部. 视频安防监控系统工程设计规范[S]. 北京：中国计划出版社，2007.

[9] 中华人民共和国建设部. 安全防范工程技术标准[S]. 北京：中国计划出版社，2018.

[10] 中华人民共和国住房和城乡建设部. 民用闭路电视监视系统工程技术规范[S]. 北京：中国建筑工业出版社，2011.

[11] 中华人民共和国公安部. 安全防范系统通用图形符号[S]. 北京：中国标准出版社，2017.